IC（集積回路）ができるまで

ICは，写真感光技術と微細加工技術によって，シリコン基板上にトランジスタやダイオードなどをつくり込み，これらの間を配線して電子回路としての機能を形成している。おもな製造工程は以下の通りである。

シリコンウェーハの作成

ICチップのもととなるシリコンウェーハを作成する

1 単結晶シリコンの製造

高純度のシリコンを溶融し，ゆっくり引き上げて単結晶の柱（インゴット）を製造する。

2 ウェーハの切り出し・鏡面研磨

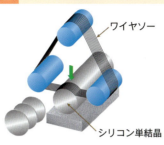

インゴットをワイヤソーなどで薄く切断し，切り出したウェーハを鏡面状に研磨する。

3 シリコン酸化膜の生成

高温炉に置いたウェーハに水蒸気を反応させ，ウェーハ表面にシリコン酸化膜（SiO_2）を生成する。

論理回路設計 → ホトマスク（回路パターン）作成

前工程（ウェーハプロセス）

写真感光技術と微細加工技術により，シリコンウェーハに立体的な電子回路を形成する

4 露光（フォトリソグラフィ）・現像

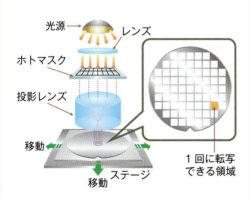

ウェーハ上に塗布した感光体に，ホトマスクに描かれた回路パターンを露光によって転写する。その後，現像処理することで，レジスト膜がウェーハ上に形成される。

5 エッチング（薄膜形状加工）

化学薬品処理

化学薬品などの腐食作用を利用し，レジスト膜で覆われていない部分の酸化膜を除去する。

6 不純物拡散

エッチングによって除去された部分に，価電子の数が3個または5個の原子を拡散し，トランジスタやダイオードを形成する。

7 配線

アルミニウム蒸着

後工程（組立・検査）

前工程が終了したウェーハをICチップに分離し，ICパッケージにする

8 ダイシング（切断）

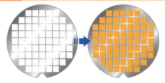

ウェーハを一つ一つのICチップに切り離す。

9 ボンディング（接着）・樹脂封入

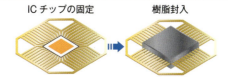

ICチップの固定 → 樹脂封入

ICチップをリードフレームと呼ばれる薄板の金属に固定し，ICチップの各電極とリードフレームを接続したあと樹脂で封入して，ICチップとリードフレームを保護する。

10 検査・完成

ICの電気的特性や外観を検査・選別し，ICが完成する。

抵抗器・コンデンサの表示記号

(JIS C 60062:2019, JIS C 60063:2018, JIS C 5101-1:2019 より作成)

抵抗器の表示記号

4色表示　$56 \times 10^2 \Omega$ (5.6 kΩ) ±5% の例

抵抗器の端に近い色帯を左にして読み取る

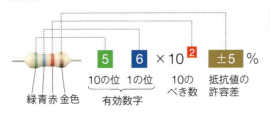

数表示　10Ω±5%の例

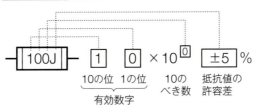

●色に対応する数値

色名	数字	10のべき数	抵抗値の許容差[%]
黒	0	1	—
茶色	1	10	±1
赤	2	10^2	±2
橙	3	10^3	±0.05
黄	4	10^4	±0.02
緑	5	10^5	±0.5
青	6	10^6	±0.25
紫	7	10^7	±0.1
灰色	8	10^8	±0.01
白	9	10^9	—
桃色	—	10^{-3}	—
銀色	—	10^{-2}	±10
金色	—	10^{-1}	±5
無色	—	—	±20

●抵抗値の許容差(%)を表す文字記号の例(数表示)

F	G	J	K	M	N	S	Z
±1	±2	±5	±10	±20	±30	−20 +50	−20 +80

コンデンサの表示記号

比較的に容量の大きい電解コンデンサなどでは，定格電圧や静電容量値を下の写真(a), (b)のように，数値で表示することが多いが，フィルムコンデンサやセラミックコンデンサなどでは，下図のように記号で表示する。

数表示　20000 pF(0.02 μF) ±10 % 定格電圧 50 V の例

※省略されることがある

●定格電圧の数値を表す文字記号の例

A	B	C	D	E	F	G	H	J	K
1.0	1.25	1.6	2.0	2.5	3.15	4.0	5.0	6.3	8.0

●静電容量値の許容差(%)を表す文字記号の例

F	G	J	K	M	N	S	Z
±1	±2	±5	±10	±20	±30	−20 +50	−20 +80

■極性を含む表示例

コンデンサ(a), (b)では⊖端子側が図示され，コンデンサ(c)では⊕端子側が記号で表されている。

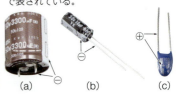

抵抗値と静電容量値の数値

抵抗値と静電容量値には，いくつかの標準数列が規定され，推奨されている。以下に，代表的な標準数列のE24系列の数値を示す。

| 10 | 11 | 12 | 13 | 15 | 16 | 18 | 20 | 22 | 24 | 27 | 30 | 33 | 36 | 39 | 43 | 47 | 51 | 56 | 62 | 68 | 75 | 82 | 91 |

First Stage シリーズ

新訂電子回路概論

髙木茂孝・堀桂太郎　[監修]

幸田憲明・佐藤幸一・髙田直人・田中伸幸・都築正孝・吉田元直　[編修]

実教出版

目次 Contents

「電子回路」を学ぶにあたって …………………… 4
1 電子回路とは …………………………………… 4
2 学習上の留意点 ………………………………… 5
3 電子回路を学ぶための基礎知識 ……………… 6

第1章 電子回路素子 9

1 半導体 …………………………………………… 10
1 半導体と原子 …………………………………… 10
2 自由電子と正孔の働き ………………………… 12
3 半導体の種類 …………………………………… 14
4 キャリヤのふるまい …………………………… 16
5 pn 接合 ………………………………………… 17
6 ショットキー接合 ……………………………… 18

2 ダイオード ……………………………………… 19
1 pn 接合ダイオード ……………………………… 19
2 ショットキー接合ダイオード ………………… 22
3 ダイオード回路 ………………………………… 23
4 ダイオードの最大定格 ………………………… 26
5 ダイオードの利用 ……………………………… 26
6 その他のダイオード …………………………… 27
実験 ダイオードの V_F-I_F 特性の測定 ………… 33

3 トランジスタ …………………………………… 34
1 トランジスタの基本構造 ……………………… 34
2 トランジスタの静特性 ………………………… 35
3 トランジスタの基本動作 ……………………… 36
4 トランジスタの最大定格 ……………………… 38
実験 トランジスタの I_B-I_C 特性・V_{CE}-I_C 特性
の測定 ………………………………………… 40

4 FET(電界効果トランジスタ) …………………… 41
1 FET の特徴 ……………………………………… 41
2 接合形 FET ……………………………………… 42
3 MOS FET ………………………………………… 44
実験 FET の V_{GS}-I_D 特性の測定 ……………… 48

5 その他の半導体素子 …………………………… 49

6 集積回路 ………………………………………… 51
1 集積回路 (IC) の製造と分類 ………………… 51
2 集積回路の特徴と分類 ………………………… 53
▶ 章末問題 …………………………………………… 59

第2章 増幅回路の基礎 61

1 増幅とは ………………………………………… 62
1 増幅の原理 ……………………………………… 62
2 増幅器の分類 …………………………………… 62

2 トランジスタ増幅回路の基礎 ………………… 65
1 トランジスタによる増幅の原理 ……………… 65
2 トランジスタの基本増幅回路 ………………… 68

3 トランジスタの h パラメータと
小信号等価回路 ………………………………… 77
実験 トランジスタの直流負荷線と動作点の測定 …… 84

3 トランジスタのバイアス回路 ………………… 85
1 バイアス回路の安定度 ………………………… 85
2 バイアス回路の種類と特徴 …………………… 86

4 トランジスタによる小信号増幅回路 ………… 92
1 小信号増幅回路の基本特性 …………………… 92

5 トランジスタによる小信号増幅回路の設計 … 100
1 設計条件 ………………………………………… 100
2 バイアス回路の設計 …………………………… 100
3 電圧・電流増幅度と入出力インピーダンス … 102
4 C_1，C_2，C_E の計算 ………………………… 104
5 まとめ …………………………………………… 105
実験 小信号増幅回路の製作と周波数特性の測定 … 106
チャレンジ 自動点灯するイルミネーションを
設計してみよう ……………………………… 107

6 FET による小信号増幅回路 …………………… 108
1 FET の相互コンダクタンスと等価回路 …… 108
2 MOS FET による小信号増幅回路の設計 … 110
3 接合形 FET による小信号増幅回路の設計 … 118
▶ 章末問題 …………………………………………… 123

第3章 いろいろな増幅回路 125

1 負帰還増幅回路 ………………………………… 126
1 負帰還の原理 …………………………………… 126
2 エミッタ抵抗 R_E による負帰還 …………… 128
3 エミッタホロワ ………………………………… 130
4 多段増幅回路の負帰還 ………………………… 132

2 差動増幅回路と演算増幅器 …………………… 135
1 差動増幅回路の概要 …………………………… 135
2 差動増幅回路の動作点と増幅度 ……………… 137
3 演算増幅器の特性と等価回路 ………………… 139
4 演算増幅器の基本的な使い方 ………………… 140
製作 演算増幅器を用いた増幅回路の製作 ………… 146

3 電力増幅回路 …………………………………… 147
1 電力増幅回路の基礎 …………………………… 147
2 A 級シングル電力増幅回路 ………………… 150
3 B 級プッシュプル電力増幅回路 …………… 156

4 高周波増幅回路 ………………………………… 165
1 高周波増幅の基礎 ……………………………… 165
2 高周波増幅回路の特性 ………………………… 168
▶ 章末問題 …………………………………………… 177

第4章 発振回路 179

1 発振回路の基礎 ………………………………… 180
1 発振回路のなりたち …………………………… 180

2	発振回路の原理	182
3	発振回路の分類	184

2 **LC 発振回路** 185
- **1** 反結合発振回路 185
- **2** ハートレー発振回路 186
- **3** コルピッツ発振回路 188
- **4** クラップ発振回路 190
- 製作 コルピッツ発振回路の製作 192

3 **CR 発振回路** 193
- **1** ウィーンブリッジ形発振回路の原理 193
- **2** ウィーンブリッジ形発振回路の実際例 194
- **3** CR 移相形発振回路 194
- 製作 CR 移相形発振回路の製作 196

4 **水晶発振回路** 197
- **1** 水晶振動子 197
- **2** 水晶発振回路の種類と特徴 199
- **3** 水晶発振回路の実際例 200
- **4** PLL 202

▶ 章末問題 206

第 5 章 変調回路・復調回路 207

1 **変調・復調の基礎** 208
- **1** 変調・復調の意味 208
- **2** 変調・復調の種類 209

2 **振幅変調・復調** 211
- **1** 振幅変調 (AM) の基礎 211
- **2** 振幅変調波の電力 214
- **3** 振幅変調回路 215
- **4** 振幅変調波の復調 218

3 **周波数変調・復調** 220
- **1** 周波数変調 (FM) の基礎 220
- **2** 周波数変調回路 222
- **3** 周波数変調波の復調 223
- 製作 FM ワイヤレスマイクロホンの製作 226

4 **その他の変調・復調** 227
- **1** 位相変調 (PM)・復調 227
- **2** ディジタル変調・復調 228
- **3** パルス変調 230

▶ 章末問題 232

第 6 章 パルス回路 233

1 **パルス波形と CR 回路の応答** 234
- **1** パルス波形 234
- **2** CR 回路の応答 235

2 **マルチバイブレータ** 238
- **1** 非安定マルチバイブレータ 238
- 製作 非安定マルチバイブレータの製作 242

- 製作 IC を用いた非安定マルチバイブレータの製作 245
- **2** 単安定マルチバイブレータ 246
- **3** 双安定マルチバイブレータ 247

3 **波形整形回路** 249
- **1** クリッパ 249
- **2** リミタ 250
- **3** スライサ 250
- **4** クランプ 251
- **5** シュミットトリガ回路 252

▶ 章末問題 255

第 7 章 電源回路 257

1 **電源回路の基礎** 258
- **1** 電源回路の構成 258
- **2** 変圧回路 259
- **3** 整流回路 260
- **4** 平滑回路 263
- **5** 電源回路の諸特性 265

2 **直列制御電源回路** 267
- **1** 直列制御方式による安定化回路 267
- **2** 3 端子レギュレータ 268
- 製作 5 V, 0.5 A 直流電源の製作 270

3 **スイッチング制御電源回路** 271
- **1** スイッチング制御 271
- **2** スイッチング制御電源回路の構成 272
- **3** スイッチングレギュレータ方式 272
- **4** スイッチングレギュレータによる安定化回路 274
- **5** 直列制御電源回路との比較 276

▶ 章末問題 279

付録 「鳳・テブナンの定理」のコレクタ接地
増幅回路への適用 280

問題解答 282

索引 286

■本書の扱い方

①半導体素子などの外観写真に示されている定規の数値の単位は，mm です。

②各章末に「この章のまとめ」を掲げ，その章で学んだ重要事項を箇条書きで示しています。学習内容の整理や復習をするさい，参考にしてください。

（本書は，高等学校用教科書「工業 745 電子回路」（令和 6 年発行）を底本として制作したものです。）

『電子回路』を学ぶにあたって

わたしたちは，図1のように，スマートホン・カーナビゲーション・コンピュータなどを使って，便利で快適な生活をしている。これらの電子機器には，電子回路が組み込まれている。

電子回路技術は時代とともに進展し，電子機器の小型化や高機能化が実現した。その進展の流れの中で，電子回路はプリント基板になり，多くの電子回路がIC（集積回路）化されている。

「電子回路」を学ぶことによって，電子回路の構成要素である電子回路素子の機能と特徴を理解し，それに基づき電子回路を設計・製作し，また応用する知識と技術を身につけよう。

1 電子回路とは

図2は，プリント基板を用いた基本的な電子回路の例である。

電子機器を製作する場合，電子回路およびその回路を構成する素子を適切に選択することがたいせつである。適切な選択を行うためには，電気の基礎的理論および電子回路素子と電子回路に関する正しい知識と技術が必要である。

▲図1　電子回路技術の活用

a　電子回路素子　電子回路素子には，ダイオード・トランジスタ・FET（電界効果トランジスタ）・ICなどがある。これらを中心として，抵抗・コンデンサ・コイルなどを組み合わせて電子回路が構成される。

主要な電子回路素子として，トランジスタに代わってFET，とくにMOS FETが使用されることが多くなっている。したがって，トランジスタの機能や特性をしっかり理解したうえで，FETについてもじゅうぶんに習得することが，次に学ぶ電子回路の動作原理を理解するうえでもたいせつである。

▲図2　電子回路の例

b　電子回路の動作原理　図3のように，電波などの電気信号が入力として加わると，いくつかの回路を通り，出力として得たい結果が現れる。電子回路の種類には，増幅回路，発振回路，変調・復調回路，パルス回路，電源回路などがあり，それぞれの回路の特性や動作原理を正しく理解する必要がある。

▲図3 ラジオ放送と受信の流れの例

2 学習上の留意点

本書で学習する内容は，実験や製作を行うことでより理解が深まり，実際に活用する能力と態度を養うことができる。このため，学習した電子回路素子や電子回路の特性・動作を，本書の随所に設けている実験コーナーや製作コーナーで確かめてみよう。

実験コーナーでは，電子回路素子および電子回路の入力の数値や回路の条件を変化させて，記録しよう。

製作コーナーでは，実際に製作し，正しく動作することを確かめよう。予想した結果にならなかったときには，その原因を自ら考え，自ら判断して，実験を繰り返したり，製作し直したりすることがたいせつである。

また，学習のさいには，「主体的な学び」，「対話的な学び」，「深い学び」をこころがけることがたいせつである。本書では，これらの学びを実践するための課題として「Let's Try」や「チャレンジ」を設けている。これらの課題では，正解が必ずしも1種類であるとは限らない場合もある。自身で主体的に考え，グループ討議（図4）をしながら，いろいろな考え方を検討し，課題に関連する事項についての理解を深めよう。

▲図4 グループ討議

3 電子回路を学ぶための基礎知識

本書を学ぶには，科目「電気回路」で学んだ知識や理論が必要となる。ここでは，最低限おさえておきたい基礎知識をまとめる。

a 抵抗の直列接続 ▶ n 個の抵抗 $R_1, R_2, R_3, \cdots, R_n$ [Ω] を直列接続したときの合成抵抗 R [Ω] は，次の式で表される。

● 直列接続の合成抵抗
$$R = R_1 + R_2 + R_3 + \cdots + R_n \text{ [Ω]} \tag{1}$$

図 5 に示すように，抵抗 2 個の直列接続に電圧 V [V] が加えられているとき，それぞれの抵抗に加わる電圧を V_1, V_2 [V] とすると，次の式で表される。

● 電圧の分圧（分圧の式）
$$\begin{cases} V_1 = R_1 I = \dfrac{R_1}{R_1 + R_2} V \text{ [V]}, \\ V_2 = R_2 I = \dfrac{R_2}{R_1 + R_2} V \text{ [V]} \end{cases} \tag{2}$$

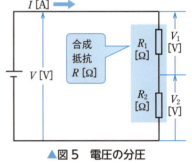
▲図 5　電圧の分圧

このように，回路に加えた電圧 V [V] は，式(2)で表される V_1, V_2 [V] に分けられる。これを**電圧の分圧**といい，各抵抗に生じる電圧の比は，各抵抗値の比に等しい。

b 抵抗の並列接続 ▶ n 個の抵抗 $R_1, R_2, R_3, \cdots, R_n$ [Ω] を並列接続したとき，合成抵抗 R [Ω] は，次の式で表される。

● 並列接続の合成抵抗
$$R = \dfrac{1}{\dfrac{1}{R_1} + \dfrac{1}{R_2} + \dfrac{1}{R_3} + \cdots + \dfrac{1}{R_n}} \text{ [Ω]} \tag{3}$$

なお，図 6 のように，抵抗 R_1, R_2 を並列接続したときの合成抵抗 R [Ω] は，次の式で表される。

● 並列接続した 2 個の抵抗の合成抵抗
$$R = \dfrac{R_1 R_2}{R_1 + R_2} \text{ [Ω]} \tag{4}$$

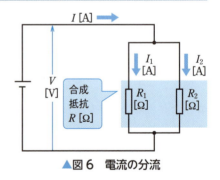
▲図 6　電流の分流

図 6 に示すように，抵抗 2 個の並列接続に電圧 V [V] が加えられているとき，それぞれの抵抗に流れる電流を I_1, I_2 [A]，全電流を I [A] とすると，次の式で表される。

● 電流の分流（分流の式）
$$I_1 = \dfrac{V}{R_1} = \dfrac{R_2}{R_1 + R_2} I \text{ [A]}, \quad I_2 = \dfrac{V}{R_2} = \dfrac{R_1}{R_1 + R_2} I \text{ [A]} \tag{5}$$

このように，回路に流れる全電流 I [A] は，式(5)で表される I_1, I_2 [A] に分けられる。これを**電流の分流**といい，各抵抗に流れる電流の比は，各抵抗値の逆数の比に等しい。

c コイルの合成インダクタンス ▶ 図 7 のように，二つのコイルのインダクタンスが L_1, L_2 [H] で，相互インダクタンスが M [H] のコイルを直列接続したときの合成インダクタンス L

[H] は，二つのコイルがつくる磁束の向きが同じになるように接続されている（和動接続）とすると，次の式で表される。

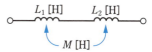
▲図7 コイルの直列接続

●合成インダクタンス（和動接続）　　$L = L_1 + L_2 + 2M$ [H]　　(6)

相互インダクタンス M [H] は，L_1 と L_2 の電磁的な結合の度合いを意味する結合係数 k を使って，$M = k\sqrt{L_1 L_2}$ と表すことができる。

d **コンデンサの合成静電容量** ▶ n 個のコンデンサ $C_1, C_2, C_3, \cdots, C_n$ [F] を並列接続したときの合成静電容量 C [F] は，次の式で表される。

●並列接続の合成静電容量　　$C = C_1 + C_2 + C_3 + \cdots + C_n$ [F]　　(7)

また，n 個のコンデンサを直列接続したときの合成静電容量 C [F] は，次の式で表される。

●直列接続の合成静電容量　　$C = \dfrac{1}{\dfrac{1}{C_1} + \dfrac{1}{C_2} + \dfrac{1}{C_3} + \cdots + \dfrac{1}{C_n}}$ [F]　　(8)

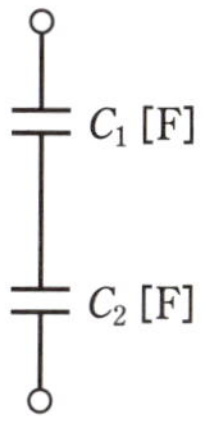

なお，図8のように，コンデンサ C_1, C_2 を直列接続したときの合成静電容量 C [F] は，次の式で表される。

▲図8 コンデンサの直列接続

●直列接続した2個のコンデンサの合成静電容量　　$C = \dfrac{C_1 C_2}{C_1 + C_2}$ [F]　　(9)

e **正弦波交流の表し方** ▶ 図9に，正弦波交流電圧の波形を示す。各時刻における電圧の値（瞬時値）e [V] は，角周波数を ω [rad/s]，周波数を f [Hz] とすると，次の式で表される。

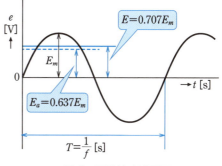

●正弦波交流電圧の瞬時値　　$e = E_m \sin \omega t = E_m \sin 2\pi f t$ [V]　　(10)

▲図9 正弦波交流電圧

E_m は正弦波交流電圧の**最大値**を表し，**振幅**ともいう。最大値 E_m は，実効値 E，平均値 E_a と次の関係がある。

●実効値　　$E = \dfrac{1}{\sqrt{2}} E_m \fallingdotseq 0.707 E_m$ [V]　　(11)

●平均値　　$E_a = \dfrac{2}{\pi} E_m \fallingdotseq 0.637 E_m$ [V]　　(12)

また，周期 T [s] と周波数 f [Hz] には，次のような関係がある。

●周期と周波数　　$T = \dfrac{1}{f}$ [s]，または，$f = \dfrac{1}{T}$ [Hz]　　(13)

f 交流回路における R, L, C 単独回路 ▶ 表1は，抵抗 R，コイル L，コンデンサ C をそれぞれ正弦波交流に接続したときの，電圧 v と電流 i および両者の位相関係，さらに，インピーダンス $\dot{Z}$ とその大きさ Z の関係を表している。

▼表1　R，L，C 単独回路

	抵抗 R だけの回路	コイル L だけの回路	コンデンサ C だけの回路
回路			
電圧・電流の波形とベクトル図			
インピーダンス $\dot{Z}$ [Ω]	R	$j\omega L$	$-j\dfrac{1}{\omega C}$
インピーダンスの大きさ Z [Ω]	R	ωL	$\dfrac{1}{\omega C}$

g 交流回路における R, L, C 組み合わせ回路 ▶ 表2は，抵抗 R，コイル L，コンデンサ C を組み合わせて正弦波交流に接続したときの，インピーダンス $\dot{Z}$ とその大きさ Z の関係を表している。

▼表2　R，L，C 組み合わせ回路

	RC 直列回路	RLC 直列回路	RC 並列回路	RLC 並列回路
回路				
インピーダンス $\dot{Z}$ [Ω]	$R-j\dfrac{1}{\omega C}$	$R+j\omega L-j\dfrac{1}{\omega C}$	$\dfrac{R}{1+j\omega CR}$	$\dfrac{1}{\dfrac{1}{R}+\dfrac{1}{j\omega L}+j\omega C}$
インピーダンスの大きさ Z [Ω]	$\sqrt{R^2+\left(\dfrac{1}{\omega C}\right)^2}$	$\sqrt{R^2+\left(\omega L-\dfrac{1}{\omega C}\right)^2}$	$\dfrac{R}{\sqrt{1+(\omega CR)^2}}$	$\dfrac{1}{\sqrt{\left(\dfrac{1}{R}\right)^2+\left(\omega C-\dfrac{1}{\omega L}\right)^2}}$

第 1 章　電子回路素子

　スマートホンをはじめとする身近な携帯機器から，産業用の電子機器にいたるまで，すべての電子機器は集積回路，ダイオード，トランジスタ，FET，抵抗，コンデンサ，コイルなどの素子で構成されている。電子機器の各種機能は，これらの電子回路素子の性質を活用して実現されている。
　この章では，このような電子回路素子のなかから，代表的なものを取り上げ，その構造や電気的な性質および機能などについて学ぶ。

トランジスタの開発

　大きくて重い真空管の代わりに，小さくて軽い半導体で同様の増幅作用が担えないか。そんな課題にさまざまな研究者が取り組んでいた。

　1947年，アメリカの物理学者ウォルター・ブラッテンは，ジョン・バーディーンとともに，半導体の表面における研究で，単体の高純度ゲルマニウムの結晶に2本の針を立て，片方に電流を流すと，もう片方に大きな電流が流れる現象を発見した。これが点接触トランジスタの発明であった。

　この発明に触発されたアメリカの物理学者ウィリアム・ショックレーは，点接触トランジスタをもとに，1948年，接合トランジスタを発明し，現在のトランジスタの原型となった。その後，この発明はバーディーン，ブラッテンらとともに公式に発表され，1956年にノーベル物理学賞を受賞した。

　一方，1954年，ゴードン・ティールは，シリコンの単結晶を引き上げながらつくる，成長形トランジスタを実現した。これがシリコントランジスタ時代の幕開けとなり，集積回路の発明へとつながっていくことになる。

1. 半導体
2. ダイオード
3. トランジスタ
4. FET（電界効果トランジスタ）
5. その他の半導体素子
6. 集積回路

1節 半導体

この節で学ぶこと 物質は，その電気的性質から，導体・半導体・絶縁体に分けられる。電子回路を形づくるダイオードやトランジスタは，半導体のもつ特有な電気的性質を利用したものである。ここでは，半導体の種類や電気的性質などについて学ぶ。

1 半導体と原子

1 半導体とは

a 半導体の抵抗率 銀や銅などの金属は，抵抗率が小さく電気をよく通すので**導体**❶と呼ばれ，ガラスやゴムなどのように抵抗率が大きく，電気を通しにくい物質は**絶縁体**❷と呼ばれる。

半導体❸とは，図1のように，抵抗率が導体と絶縁体の中間の物質である。

❶ conductor
❷ insulator
❸ semiconductor

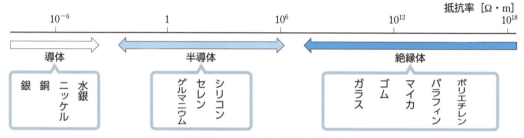

▲図1 いろいろな物質の抵抗率

b 半導体の種類 半導体としてよく知られているものに，単体の元素としてはシリコン Si，ゲルマニウム Ge がある。このほかに，複数の元素でできた化合物半導体（ガリウムヒ素 GaAs，インジウムリン InP など）も使用されている。

c 半導体の性質 半導体には，次のような性質がある。

(1) 図2のように，導体（金属）の抵抗率は温度が上昇すると増加するが，半導体では減少する。
(2) 半導体は，不純物原子に対してきわめて敏感で，それがわずかに加えられただけで抵抗率に大きな変化が現れる。

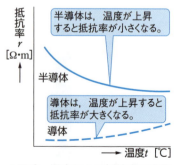

▲図2 温度による抵抗率の変化

📝 半導体は「負の温度係数をもっている」といいます。

このような半導体の性質を理解するために，物質を構成する原子の構造や，電子の働きについて，シリコンを中心に調べてみよう。

2 原子

a 原子の構造 すべての物質は原子からなりたっており，原子は原子核とその外側にある何個かの電子で構成されている。

原子核は正の電荷を，電子は負の電荷をもっており，原子としては電気的に中性になっている。

図3のように，原子核のまわりには，電子がいくつかの層に分かれて存在している。これらの層を**電子殻**(かく)といい，それぞれの電子殻に存在できる最大の電子の数が決まっている❶。図4に，いくつかの原子における電子配列の例を示す。

❶ 原子核に近い内側の電子殻から順に，2個，8個，18個，32個，…の電子が存在することができる。

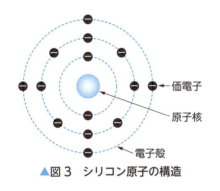

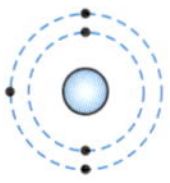

▲図3 シリコン原子の構造

族		13族	14族	15族
価電子の数		3個	4個	5個
周期	2	${}_{5}$B ホウ素	${}_{6}$C 炭素	${}_{7}$N 窒素
周期	3	${}_{13}$Al アルミニウム	${}_{14}$Si ケイ素	${}_{15}$P リン
周期	4	${}_{31}$Ga ガリウム	${}_{32}$Ge ゲルマニウム	${}_{33}$As ヒ素

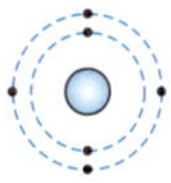

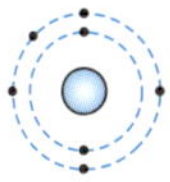

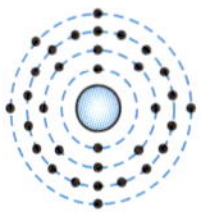

▲図4 周期表（一部）と電子配列

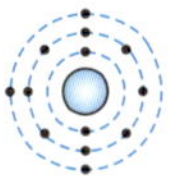

18族の元素を除き，最も外側の電子殻にある電子を**価電子**(かでんし)❷という。たとえば，図4のシリコンSiやゲルマニウムGeの価電子の数は4個であり，ホウ素Bは3個，ヒ素Asは5個である。

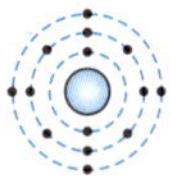

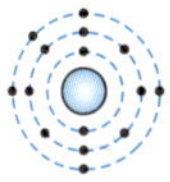

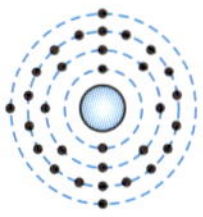

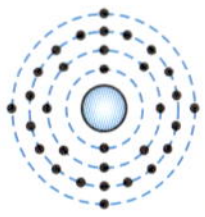

❷ valence electron

b 原子の大きさ 原子核とそのまわりの電子が存在する範囲を，原子の大きさと考える。

いま，原子を球とみたとき，その直径 d は図5(a)のように 10^{-10} m くらいである。そこで図5(b)に示すように，原子を直径 3.58×10^{-2} m の球体❸と比べてみると，その直径の比は，球体と地球❹の直径の比と同じくらいになる。つまり，原子を球体の大きさに拡大すると，球体は地球の大きさくらいになる。

❸ ゴルフボールや硬式卓球のボールよりも少し小さい大きさである。

❹ 直径約 1.28×10^{7} m である。

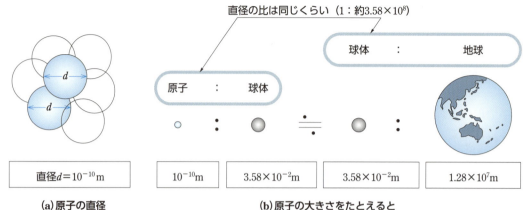

(a) 原子の直径　　　　　(b) 原子の大きさをたとえると

▲図5　原子の大きさ

　原子核は，原子の大きさに比べてきわめて小さく，原子核の直径は原子の直径の1万分の1から10万分の1程度にしか相当しない。したがって，原子の中はほとんど何もないかのような状態といえる。❶ 以上のことから，原子内の空間は，電子にとってひじょうに広大なものであると想像することができる。

c　自由電子　原子核に近い内側の電子殻に存在している電子は，原子核と強く結びつけられているが，価電子は図6のように，外部からのエネルギーによって原子核との結びつきから容易に離れ移動することができる。このような電子を，**自由電子**という。❷

問 1　半導体は，導体や絶縁体と比べてどのような特徴をもつか。抵抗率および外部条件などから考えよ。

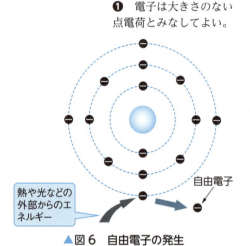

❶　電子は大きさのない点電荷とみなしてよい。

▲図6　自由電子の発生

❷　free electron

2　自由電子と正孔（せいこう）の働き

1　共有結合　シリコン原子を模型的に示すと，図7(a)のようになる。

　シリコンの単結晶（原子がすべて規則正しく配列している結晶）では，ふつう，各原子は図7(b)のように，価電子をたがいに共有しながら，規則正しく並んでいる。このような構造を**共有結合**という。❸

2　キャリヤ　図7(b)の状態の単結晶では，電子が束縛されているため，電流が流れることはないが，図8に

✏️ 図7(a)は，図3において，最も外側の電子殻を残し，それよりも内側の電子殻と原子核をまとめて Ⓢⁱ と表しています（p. 15 図9(a)，図10(a)も同じです）。

❸　covalent bond

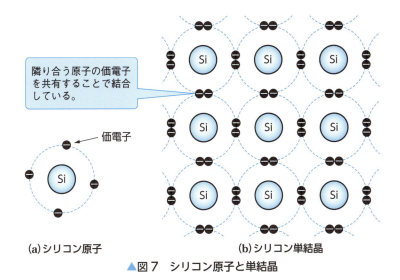

▲図7 シリコン原子と単結晶

示すように，自由電子と正孔の発生により，電流が流れることがある。

① シリコンの結晶に光を当てたり，熱を加えたりする。

② それらのエネルギーによって，結晶中の価電子は原子核の束縛から離れるのに必要なエネルギーを得て自由電子となる。この自由電子は結晶中を自由に動くことができるようになる。

③ 負の電荷をもった価電子が自由電子となって抜けたあとには，自由電子が生じるまえの電気的に中性だったときと比べて，正の電荷をもった孔が生じているようにみえる。これを，正孔❶という。

④ 正孔は近くの価電子を引きよせる。

⑤ 引きよせられた価電子のあとには，別の正孔が生じることになる。この結果，正の電荷をもつ正孔もまた，移動しているようにみえる。

❶ hole

✎ 価電子が自由電子となって抜けたあとを正孔とみなすので，光や熱によって生じる自由電子の数と正孔の数は同じです。

✎ 実際に正の電荷をもった「物体」があるわけではないことに注意しましょう。

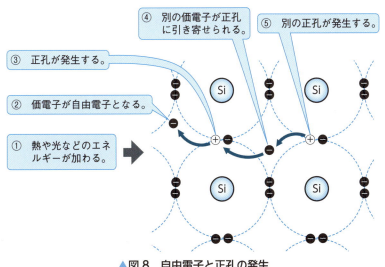

▲図8 自由電子と正孔の発生

1 半導体 13

このように，自由電子と正孔は移動することによって，半導体の電気伝導にかかわっている。自由電子と正孔を，電荷の運び手という意味で**キャリヤ**❶と呼ぶ。②，③のように，エネルギーが与えられることによってキャリヤが生じることを，**キャリヤの発生**という。半導体に電気が流れるということは，発生したキャリヤの移動を意味している。

❶ carrier
　次に学ぶように，不純物の原子を混ぜることによって生じる自由電子や正孔のことも，キャリヤと呼ぶ。

3 半導体の種類

半導体は，次のように分類できる。

半導体 ┌ 真性半導体
　　　　└ 不純物半導体 ┌ n 形半導体
　　　　　　　　　　　　└ p 形半導体

1 真性半導体

p. 10~11 で学んだように，半導体はわずかな不純物原子の影響で電気的な性質が変わり，不純物原子に対してひじょうに敏感な物質である。

シリコンやゲルマニウムの結晶は，99.999 999 999 9 ％というように，9 が 12 個も並ぶような純度（**トゥエルブナインの純度**という）にまで精製されている。このような半導体を**真性半導体**❷という。

❷ intrinsic semiconductor

すでに学んだように，真性半導体には自由電子がないため，電流は流れない。しかし，実際の真性半導体では，光や熱などのエネルギーの影響や，不純物半導体との接合による自由電子または正孔の流入などにより，キャリヤが増えて電流が流れる。

2 不純物半導体

一般に半導体素子は，真性半導体に不純物としてほかの原子をわずかに混ぜて利用されている。これを真性半導体に対して**不純物半導体**❸といい，n 形と p 形に分けられる。

❸ impurity semiconductor

a n 形半導体

シリコンの真性半導体の中に，価電子の数が 5 個の原子❹，たとえばヒ素 As（図 9(a)）をごく少量混ぜ合わせて結晶をつくると，図 9(b)のように，5 個の価電子のうち 1 個が余ってしまう。この電子は，ほかのシリコン原子と結合していないため，原子核に拘束される力が弱い。このため，共有結合によって束縛された価電子が，光や熱によって自由電子になるエネルギーよりも小さなエネルギーで自由電子となる❺。

❹ ヒ素 As，リン P，アンチモン Sb などがある（p. 11 図 4 参照）。

❺ 自由電子を除いた結晶に注目すると，正に帯電していることになる。

14 第 1 章 電子回路素子

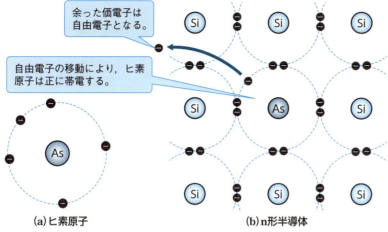

▲図9 ヒ素原子と n 形半導体

このように，人工的に自由電子をつくるために混入する不純物を**ドナー**❶という。ドナーを混入した半導体では，自由電子の数が正孔の数より多い。この半導体を **n 形半導体**❷という。

b　p 形半導体　シリコンの真性半導体の中に，価電子の数が 3 個の原子❸，たとえばホウ素 B（図10(a)）をごく少量混ぜ合わせて結晶をつくると，図10(b)のように，n 形半導体の場合とは逆に，価電子が 1 個たりなくなり，ここは正の電荷をもった正孔となる❹。

このように，人工的に正孔をつくるために混入する不純物を**アクセプタ**❺という。アクセプタを混入した半導体では，正孔の数が自由電子の数より多い。この半導体を **p 形半導体**❻という。

❶ donor
　与えるものという意味がある。

✏ 光や熱によって生じる自由電子と正孔の数は等しいので，ドナーによって与えられる分だけ自由電子のほうが多くなります。

❷ n-type semiconductor

❸ ホウ素 B，ガリウム Ga，インジウム In などがある（p. 11 図4 参照）。

❹ 正孔に自由電子が流れ込んだ結晶に注目すると，負に帯電していることになる。

❺ acceptor
　受けとるものという意味がある。

✏ 光や熱によって生じる自由電子と正孔の数は等しいので，アクセプタによって与えられる分だけ正孔のほうが多くなります。

❻ p-type semiconductor

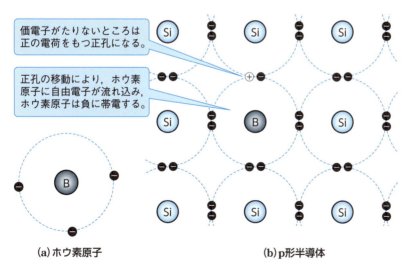

▲図10　ホウ素原子と p 形半導体

c 多数キャリヤ・少数キャリヤ 図 11 に示す n 形半導体の自由電子のように，数の多いほうのキャリヤを**多数キャリヤ**[2]といい，正孔のように数の少ないほうのキャリヤを**少数キャリヤ**[3]という。p 形半導体では，正孔は多数キャリヤであり，自由電子は少数キャリヤである。

　n 形半導体や p 形半導体中では少数キャリヤの数はきわめて少ないが，あとで学ぶように，少数キャリヤは重要な働き[4]をするので，無視することはできない。

問 2 p 形半導体および n 形半導体は，真性半導体にどのような原子を加えることでつくられるか。

▲図 11　n 形半導体のキャリヤ[1]

[1] これ以降の半導体の図においては，結晶構造を省略し，キャリヤだけを表示する。
[2] majority carrier
[3] minority carrier
[4] pn 接合での逆電流 (p. 20) や MOS FET の動作 (p. 44) などがある。

4　キャリヤのふるまい

1　ドリフト

図 12 のように，半導体に電界を加えると，キャリヤである正孔と自由電子は，電界による力を受けて，正孔は電界の向き，また自由電子はその逆の向きにそれぞれ移動する。このため，電界の向きに電流が流れる。この現象を**ドリフト**[5]といい，ドリフトによって流れる電流を**ドリフト電流**という。

[5] drift

2　拡散

水の中にインクをたらすと，図 13(a) のようにインクは全体にしだいに広がって水と混じり合ってしまう。この現象を**拡散**[6]という。同様に半導体においてもキャリヤの濃度に差（濃度こう配）があると，図 13(b) のように濃度の高い部分から低い部分に向かってキャリヤの移動が起こる。この現象も拡散と呼ばれ，拡散によってキャリヤが移動することにより流れる電流を**拡散電流**という。拡散電流の大きさはキャリヤの濃度こう配に比例する。

[6] diffusion
[7] 単位体積中のキャリヤの数のこと。

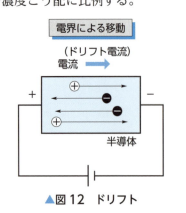

▲図 12　ドリフト

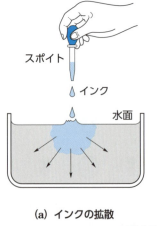

(a) インクの拡散

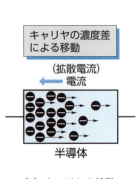

(b) キャリヤの拡散

▲図 13　拡散

3 キャリヤの発生と再結合

熱や光などのエネルギーによって発生した半導体内の自由電子と正孔は，一定時間のうちにたがいに結合して消滅する。この現象を**キャリヤの再結合**という。

図14のように，電圧を加えた半導体では，キャリヤの発生と再結合が同時に行われている。ここではキャリヤが再結合した分だけキャリヤの発生が行われるため，半導体内のキャリヤの総数は変わらないことになる。

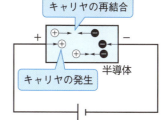

▲図14 キャリヤの発生と再結合

問 3 次の三つの現象を説明せよ。
 (1) ドリフト　(2) 拡散　(3) キャリヤの再結合

5 pn接合

1 pn接合とは

p形半導体とn形半導体は，組み合わせることによりいろいろな働きをする。いま，シリコンの結晶をつくるとき，アクセプタとしてホウ素B，ドナーとしてヒ素Asなどを混入することによって，図15のように，結晶の一部分をp形（p形領域），ほかをn形（n形領域）にすることができる。このように，p形とn形の領域が接した構造を**pn接合**といい，両方の領域の接している面を**接合面**という。

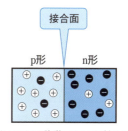

（キャリヤの移動はないと考える）
▲図15 pn接合

❶ 一つの半導体結晶の中で，p形領域とn形領域が接していることをいう。

2 キャリヤの移動と空乏層

pn接合ができると，拡散により，接合面付近のn形領域の自由電子はp形領域へ，p形領域の正孔はn形領域へと移動する。このように相手領域へ移動したキャリヤを，**注入キャリヤ**という。このときの接合面付近におけるキャリヤの移動のようすを，図16に示す。

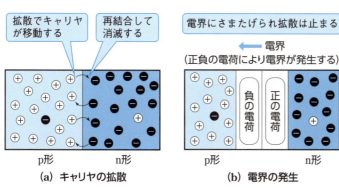
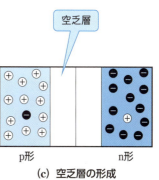

▲図16 pn接合における空乏層のでき方

① 接合面付近のp形領域では，正孔がキャリヤの濃度こう配によって，正孔の濃度が低いn形領域へ拡散する。同様に，n形領域の自由電子は，自由電子の濃度が低いp形領域へ拡散する（図16(a)）。

② 拡散によってp形領域の正孔は移動してなくなるので，そのあとには負に帯電したアクセプタにより，負の電荷が生じる。同様に，n形領域の自由電子が移動したあとには正に帯電したドナーにより，正の電荷が生じる。これらの電荷によってキャリヤの移動をさまたげる方向の電界が発生するため，拡散は停止し安定する（図16(b)）。

③ 以上のように，接合面付近では自由電子と正孔が拡散によって移動し，たがいに再結合して消滅するため，キャリヤが存在しない領域ができる。この領域を**空乏層**❶という。空乏層は，絶縁体と同じように，電流が流れにくい性質をもつ（図16(c)）。

問 4 空乏層はどのような性質をもつか説明せよ。

6 ショットキー接合

金属と半導体を接合させたとき，図17のように空乏層を形成する場合を，**ショットキー接合**❷という。接合面では，図17(a)のように，n形領域の自由電子は金属領域へ移動する❸。自由電子が移動したあとのn形領域には正に帯電したドナーが残るため，電位が高くなり，キャリヤの移動をさまたげる向きに電界が発生し，移動が停止する。つまり，図17(b)のように，n形領域に空乏層が形成される。

一方，金属は，n形半導体に対して，pn接合のp形半導体と同じ役割をもつが，金属中の自由電子の濃度がひじょうに高いので，n形領域から電子が移動してきても，金属にはほとんど変化が起こらない。

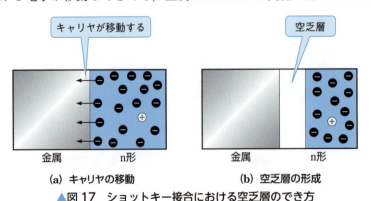

▲図17 ショットキー接合における空乏層のでき方

❶ depletion layer

📝 空乏層の存在は，次節で学ぶダイオードの整流作用をはじめとしたさまざまな特性に深く関係しているので，空乏層の形成原理をしっかり理解しよう。

❷ Schottky junction
金属の種類と半導体の組み合わせによっては，空乏層が形成されない場合があり，次節で学ぶダイオードやトランジスタにおいて，半導体と端子部の接続に用いられている。

❸ ショットキー接合では，金属中の自由電子よりもn形半導体の自由電子のほうが大きなエネルギーをもっているため，金属領域へ移動する。

2節 ダイオード

この節で学ぶこと 半導体および pn 接合の特性をたくみに利用したものに，ダイオードと呼ばれる電子回路素子がある。ダイオードには，pn 接合ダイオードのほか，各種のものがある❶。ここでは，これらのダイオードの特性，種類，利用法などについて学ぶ。

1 pn 接合ダイオード

1 構造と図記号

pn 接合ダイオードは，図1(a)のような構造をしており，pn 接合の p 形に接続された端子を**アノード**❷，n 形に接続された端子を**カソード**❸という。

ダイオードの図記号を図1(b)に示す。また，図1(c)は極性表示の例である。

❶ ダイオードにはいろいろな種類があるが，たんにダイオードという場合，pn 接合ダイオードを指す場合が多い。

❷ anode
　回路図中では A と表記することがある。

❸ cathode
　回路図中では K と表記することがある。

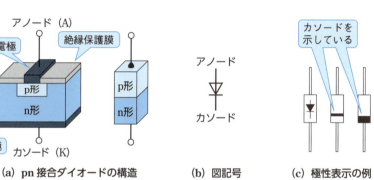

(a) pn 接合ダイオードの構造　　(b) 図記号　　(c) 極性表示の例

▲図1　pn 接合ダイオード

図2(a)に，pn 接合ダイオードの外観例を，図2(b)に，4個の pn 接合ダイオードを用いたブリッジダイオードの回路図と外観例を示す。
▶第7章

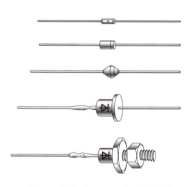

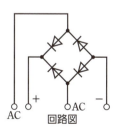
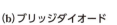

(a) pn接合ダイオードの外観例　　(b) ブリッジダイオード

▲図2　ダイオード

2 基本動作

a 順電圧・順電流 図3のように，pn接合のp形が正，n形が負となるような電圧を**順電圧**①という。順電圧 V_F を加えると，シリコンの場合，およそ0.6V程度で空乏層が消滅し，正孔はp形領域からn形領域へ移動し，自由電子はn形領域からp形領域へ移動する。このため，矢印の方向に電流 I_F が流れはじめる。

さらに順電圧を増加していくと，それに従い電流も増加する。この電流を**順電流**②という。ここで重要なことは，p形，n形それぞれの領域の多数キャリヤが移動するため，大きな電流が流れることである。

① forward voltage
順方向電圧ともいう。

② forward current
順方向電流ともいう。

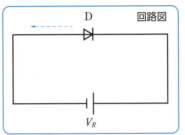

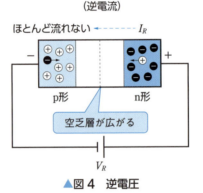

▲図3 順電圧　　▲図4 逆電圧

b 逆電圧・逆電流 図4のように，n形が正，p形が負となるような電圧を**逆電圧**③という。逆電圧 V_R を加えると，pn接合面付近の空乏層の幅が広がる。このため，多数キャリヤの移動は起こらず，多数キャリヤによる電流は流れない。

しかし，n形，p形それぞれの領域の少数キャリヤは，逆電圧によって移動することになるので，きわめてわずかな電流が流れる。これを**逆電流**④という。

このようにpn接合には，順電流が流れやすく，逆電流は流れにくい性質がある。これを**整流作用**という。

③ reverse voltage
逆方向電圧ともいう。

④ reverse current
逆方向電流ともいう。

✐ 順電流は多数キャリヤの移動によるもので，逆電流は少数キャリヤの移動によるものです。

C 特性図 図5に，ダイオードに流れる電流の方向を示す。図6は電圧・電流特性である。pn接合ダイオードは，小さな順電圧で大きな順電流を流すことができるが，逆電圧ではほとんど電流が流れない。しかし，逆電圧をさらに大きくしていくと，ある電圧で急に大きな逆電流が流れはじめる。これを**降伏現象**といい，このときの電圧を**降伏電圧**❶という。

❶ breakdown voltage

図7は，2種類のダイオードの順方向特性を示したものである。順電流が流れはじめる電圧は異なり，ゲルマニウムダイオードが約 0.2 V，シリコンダイオードが約 0.6 V である。また，順電流が流れはじめるまでの部分を**不感領域**という。

🖉 ダイオードには，適切な大きさの順電圧をかけないと，順電流が流れません。

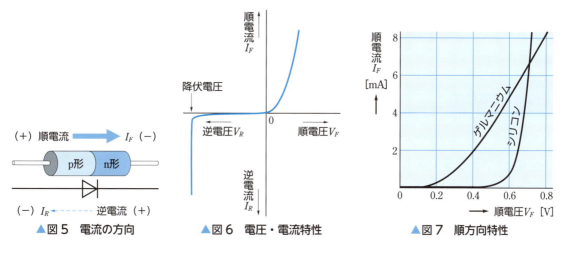

▲図5 電流の方向　　▲図6 電圧・電流特性　　▲図7 順方向特性

問 1 図8のダイオードは，a, b に加える電圧の極性をどのようにしたら，電流がよく流れるか。

▲図8

問 2 整流作用とは，ダイオードのどのような性質をいうのか答えよ。

💡参考　ダイオードの微分抵抗

図7の特性において，グラフの傾きは，ダイオードの順電圧 V_F の変化量 $\varDelta V_F$ に対する順電流 I_F の変化量 $\varDelta I_F$ の割合を示している。この割合（傾き）の逆数 $\dfrac{\varDelta V_F}{\varDelta I_F}$ を**微分抵抗**という。

図7をみると，V_F が 0.65 V 付近では，ゲルマニウムダイオードの傾きのほうが小さい。つまり，シリコンダイオードと同じ $\varDelta I_F$ を得るためには，より大きな $\varDelta V_F$ が必要となる。これにより，ゲルマニウムダイオードのほうが，大きな微分抵抗をもつことがわかる。

2 ショットキー接合ダイオード

1 構造と図記号

ショットキー接合ダイオード[1]は，図9(a)のように，ショットキー接合となる金属[2]と半導体を接合させた構造をしている。金属に接続された端子を**アノード**，n形に接続された端子を**カソード**という。ショットキー接合ダイオードの図記号を図9(b)に示す。

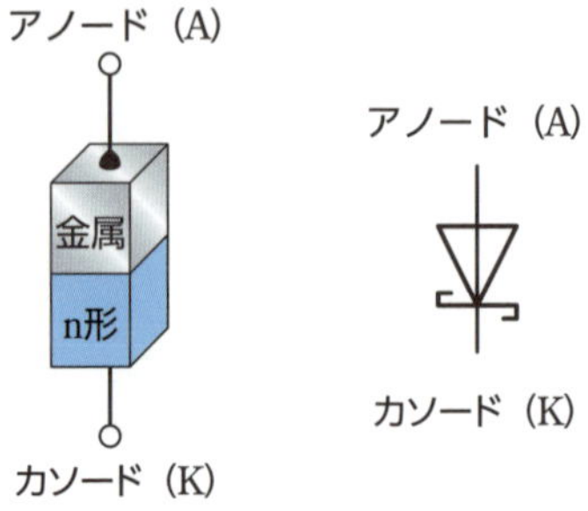

ショットキー接合ダイオードは，pn接合ダイオードと同じように，順電流が流れやすく，逆電流は流れにくい**整流作用**がある。

▶ p.18

アノード (A)

金属

n形

カソード (K)

アノード (A)

カソード (K)

(a) 構造　　**(b) 図記号**

▲図9　ショットキー接合ダイオード

[1] ショットキーバリアダイオードまたはSBD(Schottky barrier diode)ともいう。
[2] 使われる金属には，白金 Pt，バナジウム V，チタン Ti などがある。

2 基本動作

ショットキー接合ダイオードの基本動作は，pn接合ダイオードと同じである。図10のように，ショットキー接合の金属が正，n形が負となるような順電圧 V_F を加えると，0.3 V 程度で空乏層が消滅し，n形の多数キャリヤである自由電子は n形領域から金属領域へ移動し，矢印の方向に電流 I_F が流れる。

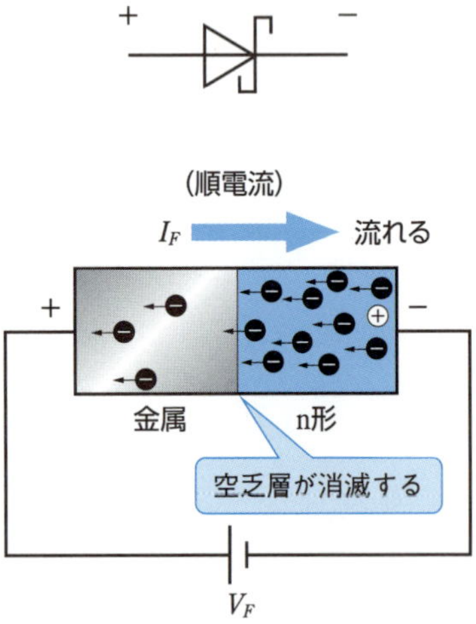

✐ 空乏層は，n形と金属の接合では，n形だけに形成されているので，pn接合の約 0.6 V より小さい電圧の約 0.3 V で消滅します。

(順電流)

I_F　　流れる

金属　　n形

空乏層が消滅する

V_F

▲図10　順電圧

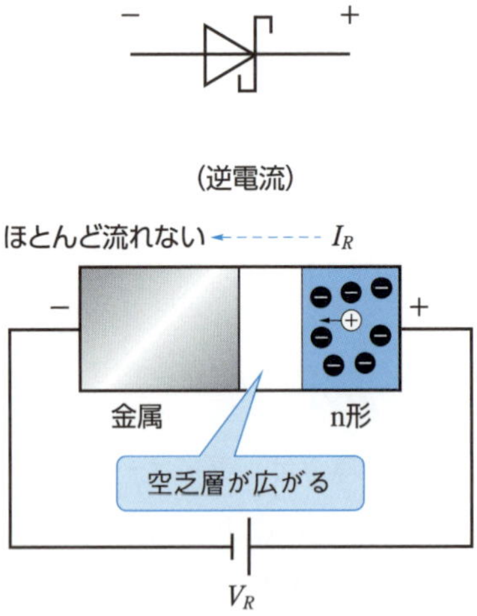

(逆電流)

ほとんど流れない ←---- I_R

金属　　n形

空乏層が広がる

V_R

▲図11　逆電圧

一方，図11のように，n形が正，金属が負となるような逆電圧 V_R を加えると，接合面付近の空乏層の幅が広がる。このため，多数キャリヤの移動は起こらず，多数キャリヤによる電流は流れない。

3 特性図

図12は，ショットキー接合ダイオードとpn接合のシリコンダイオードの電圧・電流特性を示したものである。ショットキー接合ダイオードは，シリコンダイオードと比較すると，小さい順電圧で順電流を流すことができるので，高速な動作が必要な回路に向いている。❶ 一方，逆電圧では，シリコンダイオードより逆電流が流れやすい。

順電流が流れはじめる電圧は，ショットキー接合ダイオードは約 0.3 V，シリコンダイオードは約 0.6 V である。

❶ 順電圧の大きさが，0 V から増加する場合，より早く順電流が流れるためである。

🖉 ダイオードの順電流が流れはじめる電圧には製品によって幅があり，一般的には，ショットキー接合ダイオードは 0.3〜0.5 V，シリコンダイオードは 0.6〜0.7 V です。

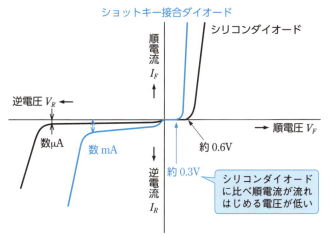

▲図12　ショットキー接合ダイオードとpn接合ダイオードの電圧・電流特性

3 ダイオード回路

図13は，ダイオードと抵抗を直列に接続し，順方向に電圧 E [V] をかけた回路である。ダイオードの順方向特性が図14のとき，ダイオードの端子電圧と回路に流れる電流を求めてみよう。❷

❷ ダイオードの順電圧になる。

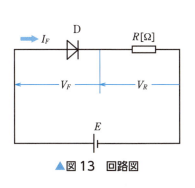

▲図13　回路図

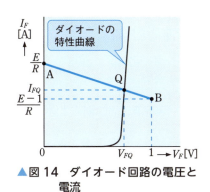

▲図14　ダイオード回路の電圧と電流

ダイオードと抵抗の端子電圧をそれぞれ V_F [V], V_R [V], 回路に流れる電流を I_F [A] とすると, 次の式がなりたつ。

$$E = V_F + V_R \tag{1}$$
$$V_R = R I_F \tag{2}$$

式(2)を式(1)に代入して, I_F について解くと, 式(3)が得られる。

$$I_F = -\frac{1}{R} V_F + \frac{E}{R} \quad [\text{A}] \tag{3}$$

式(3)から, 次の手順で図14に直線 AB を引く。

① $V_F = 0$ V のとき, $I_F = \dfrac{E}{R}$ [A] となる。これを点 A とする。

② $V_F = 1$ V のとき, $I_F = \dfrac{E-1}{R}$ [A] となる。これを点 B とする。❶

③ 点 A と点 B を直線で結ぶ。

この直線とダイオードの特性曲線の交点 Q の値 V_{FQ} [V] と I_{FQ} [A] が, ダイオードの端子電圧 V_F [V] と回路に流れる電流 I_F [A] である。

> 横軸 x に直交する縦軸 y でできる平面において, 傾き a, 切片 b の直線は, 次の式で表されます。
> $$y = ax + b$$
> 式(3)は, 横軸 V_F, 縦軸 I_F でできる平面において, 傾き $-\dfrac{1}{R}$, 切片 $\dfrac{E}{R}$ の直線を表しています。

❶ 点 B は, V_F がダイオードの特性曲線よりも右側になるように選ぶ。

例題 1 図13の回路において, $E = 4$ V, $R = 80$ Ω のとき, ダイオードの端子電圧 V_F [V] と回路に流れる電流 I_F [mA] を求めよ。ただし, ダイオードの順方向特性は図15とする。

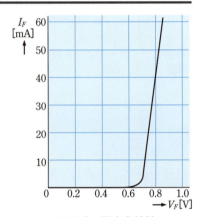

▲図15 順方向特性

解答 式(3)より, $I_F = -\dfrac{1}{80} V_F + \dfrac{4}{80}$ となる。

$V_F = 0$ V のとき, $I_F = \dfrac{4}{80} = 0.05$ A $= 50$ mA

$V_F = 1$ V のとき, $I_F = -\dfrac{1}{80} + \dfrac{4}{80} = \dfrac{3}{80} = 0.0375$ A $= 37.5$ mA

図 15 で，この 2 点を結んで直線を引くと，図 16 のようになる。交点 Q が求める V_F [V] と I_F [mA] である。

したがって，交点 Q の値は，次のようになる。

$V_F = 0.8$ V，$I_F = 40$ mA

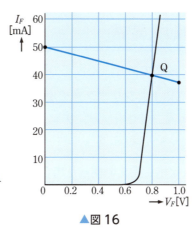

▲図 16

問 3 図 13 の回路において，$E = 6$ V，$R = 100$ Ω のとき，ダイオードの端子電圧 V_F [V]，回路に流れる電流 I_F [mA] および抵抗の端子電圧 V_R [V] を求めよ。ただし，ダイオードの順方向特性は，図 15 とする。

これまで学んだように，シリコンダイオードは順電圧が約 0.6 V で順電流が流れはじめ，順電流が変化しても順電圧は 0.6〜0.9 V 程度になる。そこで，はじめからダイオードにおける順電圧の値を仮定して，回路に流れる電流の近似値を求めることが多い。❶

図 17 の回路において，ダイオードの順電圧（端子間電圧）を 0.6 V❷ として，回路に流れる電流 I_F [A] を求めてみよう。

回路に流れる電流 I_F [A] は，式(3)に，$V_F = 0.6$ V を代入して，次のように求められる。

$$I_F = -\frac{1}{R} \times 0.6 + \frac{E}{R} \quad [\text{A}] \tag{4}$$

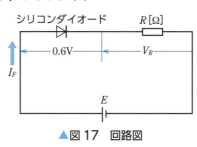

▲図 17　回路図

❶ この考え方は，あとで学ぶトランジスタのベース・エミッタ間電圧にもあてはまる。
❷ 異なる特性のダイオードを使う場合は，その特性に合わせて 0.6 V という数値を変えればよい。

例題 2 図 17 の回路において，$E = 4$ V，$R = 80$ Ω のとき，回路に流れる電流 I_F を求めよ。

解答 式(4)より，$I_F = -\dfrac{0.6}{80} + \dfrac{4}{80} = 0.0425$ A $= \mathbf{42.5}$ **mA**

問 4 図 17 の回路において，電源電圧が 6 V で回路に流れる電流が 20 mA のとき，ダイオードに 0.6 V が生じるとして，抵抗 R を求めよ。

4 ダイオードの最大定格

ダイオードは温度変化に敏感であり，接合部の温度 T_j がゲルマニウムダイオードで 75〜80 ℃以上，シリコンダイオードで 150〜175 ℃以上になると焼損してしまう。シリコンダイオードは，ゲルマニウムダイオードに比べて高温で使えるので，一般によく用いられている。また，ダイオードは，最大定格を超えて使った場合，破壊したり，特性が劣化したりすることもある。そのため，定められた最大定格を 1 項目でも超えないようにしなければならない。

表 1 に，最大定格の一部を示す。また，表 2 に最大定格の例を示す。

▼表 1　最大定格

名　称	記号	内　容
せん頭逆電圧	V_{RM}	逆方向に繰り返し加えることのできる電圧の最大値
逆電圧	V_R	逆方向に連続的に加えることのできる電圧の最大値
サージ電流	I_{FSM}	順方向に流すことのできる過渡的な電流の最大値
平均整流電流	I_0	抵抗負荷の半波整流回路で，流せる電流の最大値 ▶ p. 260

▼表 2　ダイオードの最大定格の例

形名	V_{RM} [V]	V_R [V]	I_{FSM} [A]	I_0 [A]
1S1886	200	—	60	1
1S2076A	70	60	1	0.15

5 ダイオードの利用

pn 接合ダイオードは，第 2 章以降で学ぶ次のような電子回路に利用される。

(1) 図 18 に示す整流回路をはじめ，電源回路の整流用として用いられる。
　　▶ p. 260

(2) 高周波信号から信号成分を取り出す検波回路に用いられる。
　　▶ p. 218

(3) 順電圧，逆電圧によって電流が流れたり流れなかったりすることを利用して，信号をオン・オフする電子的なスイッチング回路に用いられる。

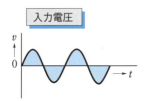
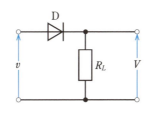
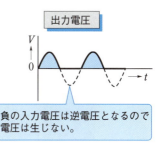

▲図18 ダイオードを利用した整流回路の例

6 その他のダイオード

1 点接触ダイオード

図19のようなゲルマニウムやシリコンの単結晶半導体（ペレット）に金属針を押しつけた構造をもつダイオードを，**点接触ダイオード**[❶]といい，10 GHz程度までの高周波の検波用として用いられている。

❶ point-contact diode

▶p.218

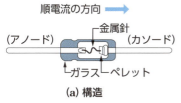

(a) 構造　　　　　(b) 外観例

▲図19 点接触ダイオード

2 可変容量ダイオード

可変容量ダイオード[❷]は，**バラクタダイオード**ともいう。pn接合の空乏層は，図20(a)のように，正負の電荷によって一種のコンデンサのような状態となっている。この静電容量に相当するものを**接合容量**[❸]という。その容量は，空乏層の幅 w に反比例する。

❷ variable capacitance diode
　バリキャップともいう。

❸ junction capacitance

空乏層の幅は，逆電圧の大きさによって変化するので，これを利用して電圧による可変容量素子をつくることができる。

可変容量ダイオードは，p.191で学ぶ電圧制御発振器などに用いられる。図20(b), (c)は，可変容量ダイオードの外観例と図記号である。

図21に，可変容量ダイオードを利用する一例として，FMラジオ受信機に使われるダイオードの特性を示す。

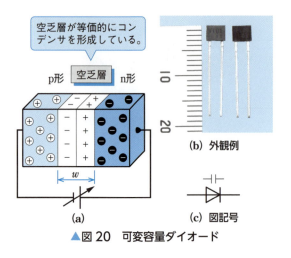

▲図20 可変容量ダイオード

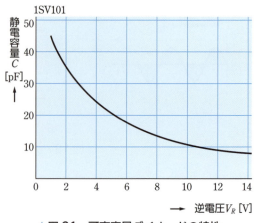

▲図21 可変容量ダイオードの特性

3 定電圧ダイオード

定電圧ダイオード❶は，ツェナーダイオード❷ともいい，ダイオードにみられる逆電圧・電流特性の急激な降伏現象を利用したものである。

p.23で学んだように，ダイオードは，逆電圧 V_R を大きくしていくと，図22(a)に示すように，ある電圧で急激に電流が流れはじめる。この電圧を降伏電圧または，**ツェナー電圧**といい，電流の広い範囲に渡って電圧が一定になる特性がある。これをダイオードの降伏特性といい，これを利用してつくられたものが定電圧ダイオードである。

降伏特性の降伏電圧付近では，電流の広い範囲にわたって電圧が一定である。すなわち，ダイオードに流れる電流の大きさにかかわらず，ダイオードの電圧は一定に保たれるので，定電圧源❸として利用される。図22(b)に定電圧ダイオードの外観例，図22(c)に図記号を示す。

❶ voltage-regulator diode
❷ Zener diode

❸ 一定の直流電圧を発生する電圧源のこと。

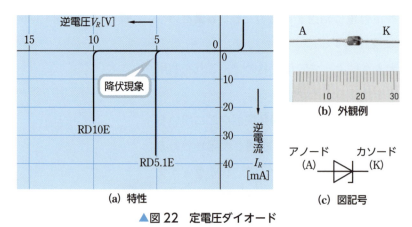

▲図22 定電圧ダイオード

4 pin ダイオード

pin ダイオードは，図23(a)に示すように，pn 接合ダイオードの pn 接合の間に真性半導体 i をはさんだ構造をしたダイオードである。図23(b)に図記号を示す。

pn 接合と同様に，キャリヤの拡散により，p 形と i の接合面付近では，p 形から i に正孔が移動し，p 形領域に空乏層が形成される。また，n 形と i の接合面付近では，n 形から i に自由電子が移動し，n 形領域に空乏層が形成される。i では，p 形と n 形から移動してきた正孔と自由電子の多くが再結合して消滅するが，キャリヤの一部は残る。

図24(a)のように，pin ダイオードに順電圧を加えると，pn 接合ダイオードとほぼ同じ，0.6 V 程度で空乏層が消滅し，正孔は p 形領域から i を通過して n 形領域へ移動し，自由電子は n 形領域から i を通過して p 形領域へ移動する。したがって，矢印の方向に順電流が流れる。

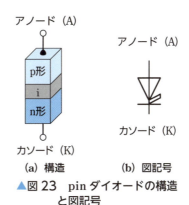

▲図23 pin ダイオードの構造と図記号

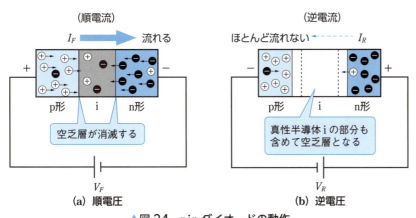

▲図24 pin ダイオードの動作

図24(b)のように，逆電圧を加えると，n 形領域と i に残った自由電子が正極側に移動し，p 形領域と i に残った正孔が負極側に移動することで，空乏層の幅が大きく広がる。これにより，pin ダイオードは，pn 接合ダイオードやショットキー接合ダイオードより降伏電圧が高くなり，逆電流が流れないため，スイッチング回路などに使われる。

❶ ピンまたはピーアイエヌと呼ぶ。

❷ 真性半導体の英字(p.14)の頭文字から i と表すことがある。

❸ 空乏層の幅が大きいので，接合容量がひじょうに小さい特徴がある。

5 発光ダイオード

発光ダイオード[1]は，次に示すような半導体素子である。

a 材料 ガリウムヒ素 GaAs，ガリウムリン GaP，窒化ガリウム GaN など，価電子の数が 3 個と 5 個の原子を用いた化合物を材料として pn 接合をつくる。

b 原理 順方向に電流を流すと，接合面付近の自由電子と正孔が再結合して消滅する。そのとき光が発生し，その光の強さは電流の大きさに比例する。また，用いる材料によって，異なった発光色が得られる[2]。

c 用途 各種表示装置，表示灯の光源，照明機器，光通信の送信部の光源など，多方面に利用される。

d 特徴 タングステンフィラメントの電球に比べると，低電圧，小電流，長寿命，応答速度が速い，発光色の異なる素子が得られるなどの特徴がある。

順方向特性の例を図 25(a)に示す。一般のダイオードに比べて順方向の電圧降下が大きいのが特徴である。図 25(b)～(e)に構造，外観例，図記号，回路例を示す。

また，ひじょうに明るく発光する発光ダイオード[3]があり，照明機器や信号機などに使われている。

[1] light emitting diode LED ともいう。

[2] 混ぜる材料によって光の波長が変わり，赤や青などの可視光を発するものや，赤外線や紫外線を発するものもある。

[3] 高輝度発光ダイオードと呼ばれることがある。

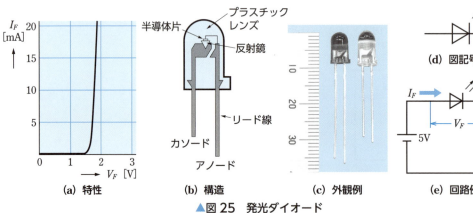

▲図 25 発光ダイオード

光の三原色である赤，緑，青を発する発光ダイオードを一つの素子としてまとめたものを，**フルカラー発光ダイオード**という。構成する各発光ダイオードに流す電流を調整することにより，さまざまな色をつくりだすことができる。駅や列車内の電光掲示板および球場の大型映像表示装置などに使われている。

参考　発光ダイオードの点灯

LEDを点灯させるには，図26のように，LEDと直列に抵抗 R [Ω] を接続し，LEDに10〜20 mA（20 mAのほうが明るい）程度の電流を流すのが一般的である。

したがって，電流設定用に使用する抵抗 R [Ω] の値は，$V_O = V_R + V_F$ および $V_R = RI_F$ から V_R を消去して計算すると，次のようになる。

$$R = \frac{V_O - V_F}{I_F}$$

たとえば，出力電圧が5 Vの直流電源において，LEDに15 mAの電流を流す場合，図25(a)の特性図から，$I_F = 15$ mA のとき $V_F = 1.85$ V と読み取れるので，抵抗 R は次のように求められる。

$$R = \frac{5 - 1.85}{0.015} = 210 \text{ Ω}$$

したがって，E24系列の抵抗のなかから，$R = 220$ Ω とする。 ▶見返し3

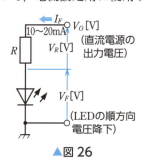

▲図26

問 5　以下の(a)〜(c)のダイオードは，図27に示す特性図の三つの領域Ⓐ〜Ⓒのどの部分で動作させるか答えよ。

(a) 可変容量ダイオード
(b) 定電圧ダイオード
(c) 発光ダイオード

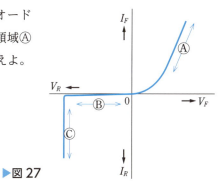

▶図27

6　レーザダイオード

a　構造と原理

レーザダイオード❶は，図28(a)のような3層構造をしている。p形層とn形層にはさまれた層を活性層といい，この層はp形層やn形層とは性質の異なる材料でつくられている。放射面の端面は半導体結晶による反射鏡になっている。次に原理を示す。

❶ laser diode

❷ 構造としては，＋電極と－電極（GND）の2端子である。しかし，素子としては，レーザダイオードが出力した光を認識するためのホトダイオードがはいっているので，一般には，レーザダイオードとホトダイオードの＋電極と両者で共通の－電極の3端子となる。

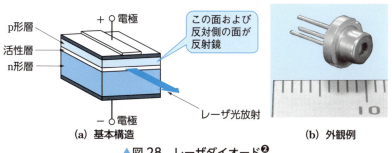

▲図28　レーザダイオード❷

① 順電流を流すと，活性層の自由電子が正孔と再結合して消滅するとき光を放出する。

② この光が二つの反射鏡の間に閉じ込められ，反射を繰り返すと，その光が他の自由電子に当たることによって，次々と入射した光と同じ波長と同じ位相の光を発生❶し，光が強められる。

③ 光がある一定以上の強さになったとき，この光がレーザ光として放出される。図28(b)に外観例を示す。

発光ダイオードの発する光と，レーザ光の違いは，発光ダイオードが複数の周波数の光を含んでいるのに対し，レーザ光は単一周波数で位相がそろった光であることである。

❶ 誘導放出という。

✏ 直接みてはいけません。

[b] **用途** レーザ光は焦点をきわめて小さく結ぶことができるので，**光ディスク**❷に記録されたピットと呼ばれるマークを読み取る光源や，光通信の光源に使われる。

❷ CD(compact disc), DVD(digital versatile disc), BD(blu-ray disc) がある。

7 フォトダイオード

フォトダイオードは，光を電気信号に変える素子である。ダイオードの pn 接合面に光を当てると起電力が発生するので，この起電力のことを**光起電力**という。図29(a)に外観例，図29(b)に図記号を示す。

(a) 外観例　　　　(b) 図記号

▲図29　フォトダイオード

Experiment

実験コーナー

ダイオードの V_F-I_F 特性の測定

いろいろなダイオードの特性を調べてみよう。

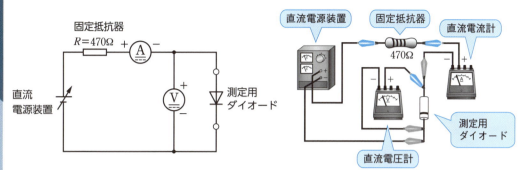

▲回路図と実体配線図

実験器具 直流電源装置，直流電流計，直流電圧計，測定用ダイオード（ショットキー接合ダイオード（SBD）：1SS106，シリコンダイオード（Si）：1S2076A，発光ダイオード（LED）），固定抵抗器（470 Ω，1/4 W）

実験方法
(1) 上図のように接続する。
(2) 電源装置の電圧を調整して，直流電流計の値を読みながら順電流 I_F の値を変化させ，直流電圧計で順電圧 V_F の値を読み，記録する。測定のさい，順電流の値がダイオードの最大定格を超えないように注意する。
(3) それぞれの測定用ダイオードについて，(2)の測定を行う。
(4) 測定結果から，グラフをかく。

▼測定結果

I_F [mA]	V_F [V] SBD	Si
0.00		
0.05		
0.10		
0.20		
0.30		
0.40		
0.50		
0.60		
0.70		
0.80		
0.90		
1.00		
2.00		
3.00		
⋮		
8.00		

I_F [mA]	V_F [V] LED
0.0	
0.1	
0.2	
0.3	
0.4	
0.5	
0.6	
0.7	
0.8	
0.9	
1.0	
2.0	
3.0	
4.0	
5.0	
6.0	
⋮	
20.0	

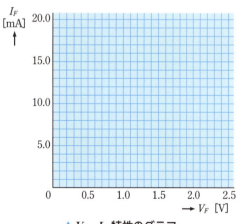

▲V_F-I_F 特性のグラフ

3節 トランジスタ

この節で学ぶこと トランジスタは，構造の違いからバイポーラ❶トランジスタと電界効果トランジスタ（FET❷）に分けられる。この節ではバイポーラトランジスタの動作原理や特性などについて学ぶ。トランジスタといえば，バイポーラトランジスタをいう場合が多いので，ここではバイポーラトランジスタのことを，たんにトランジスタと表記する。

1 トランジスタの基本構造

トランジスタ❸の外観例を，図1(a)に示す。内部は図1(b)のように，半導体の小さなチップが，3本の電極に接続された構造になっている。チップの構造を図1(c)に示す。

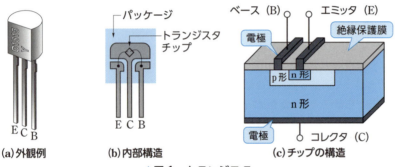

(a) 外観例　(b) 内部構造　(c) チップの構造

▲図1　トランジスタ

図2(a)は，チップの断面を簡略化して示したものである。このようにトランジスタは，半導体の結晶の中に，薄いp形半導体をn形半導体で，またはn形半導体をp形半導体で，両側からはさみ込むような構造をしている。

図2(a)①のような構造のものを **npn形トランジスタ**，図2(a)②のような構造のものを **pnp形トランジスタ** という。

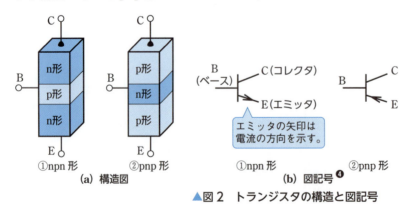

(a) 構造図　(b) 図記号❹　(c) 端子配置例

▲図2　トランジスタの構造と図記号

❶ バイ（bi）は「2」，ポーラ（polar）は「極性」の意味がある。すなわち，キャリヤが2種類（電子と正孔）あるトランジスタという意味である。

❷ FETをユニポーラトランジスタということがある。ユニは「1」を意味する。FETについては，4節（p.41）で学ぶ。

❸ transistor

❹ 外囲器を表す場合は，図記号を円で囲む。

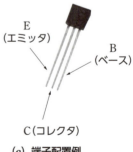

各半導体から引き出された三つの端子を，それぞれ**コレクタ**(C)，
ベース(B)，**エミッタ**(E)と呼ぶ。図2(b)に，それぞれの図記号を示す。
また，端子配置例を図2(c)に示す。

図3に，各種のトランジスタの外観例を示す。

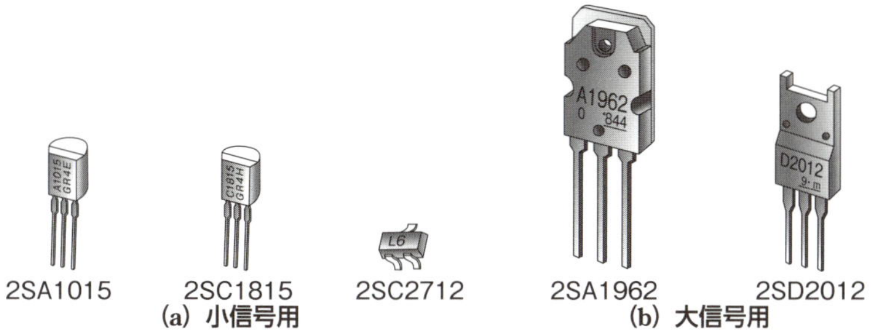

❶ collector
　「集めるもの」の意味。
❷ base
　「基準」の意味。
❸ emitter
　「放射するもの」の意味。

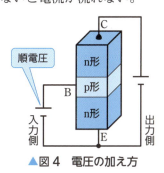

▲図3　各種のトランジスタの外観例

a　電圧の加え方　トランジスタは，ベース・コレクタ・エミッタの各端子に適切な向きの直流電圧を加えないと電流が流れない。

　図4のように，エミッタEを入力側と出力側との共通端子とする場合は，ベース・エミッタ間には順電圧，コレクタにはnpn形の場合は正の電圧，pnp形の場合は負の電圧を加える。

❹ エミッタ接地という。

▲図4　電圧の加え方

2　トランジスタの静特性

　図5のように，トランジスタの各端子に加わる直流電圧と電流を定めたとき，これらの関係を示したものをトランジスタの**静特性**という。
図6に，特性例と，この特性からわかることを示す。

❺ static characteristics

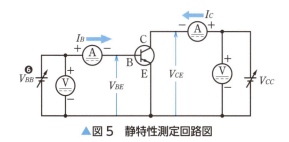

▲図5　静特性測定回路図

❻ V_{BB} は約 0.7 V 未満で測定している。

3　トランジスタ　35

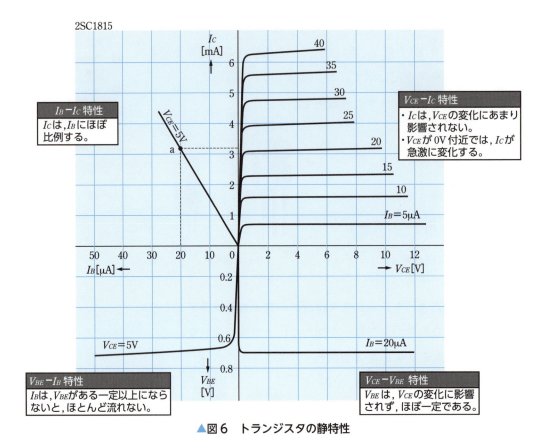

▲図6　トランジスタの静特性

3 トランジスタの基本動作

1 電流増幅作用

小さな信号を，電子回路を通して大きな信号として取り出すことを増幅❶という。トランジスタの内部で，電子や正孔がどのようにふるまい，増幅が行われるかを調べてみよう。

❶ amplification

① 図7の回路で，ベースに順電圧 V_{BB} を加え，コレクタに電圧 V_{CC} を加えると，ベース・エミッタ間の pn 接合に順電圧が加わっているので，エミッタ領域からベース領域に多量の電子が流れ込む。そのさい，一部はベース電流 I_B となる。

② しかし，ベース領域はひじょうに薄くつくられているため，ほとんどの電子は，拡散によってベース領域を通過して，コレクタ領域に達する。

③ この電子はコレクタに正の電圧が加わっているため，コレクタ電極に引きよせられ，コレクタ電流 I_C となる。

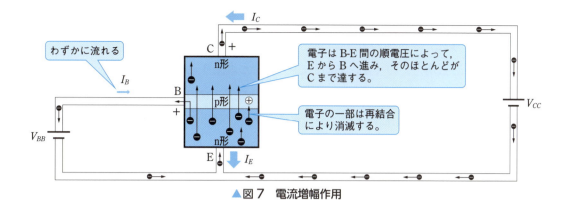

▲図7 電流増幅作用

このように，エミッタ領域からの多量の電子は，ほとんどコレクタ領域に達し，大きなコレクタ電流 I_C が流れる。したがって，ベースに流れる電流 I_B は，コレクタ電流 I_C に比べて，ひじょうに小さい。

ベース電流 I_B を入力電流，コレクタ電流 I_C を出力電流と考えたとき，I_C と I_B の比を**直流電流増幅率**といい，h_{FE} で表す。

◆ 直流電流増幅率　　$$h_{FE} = \frac{I_C}{I_B} \tag{1}$$

h_{FE} の値は，通常数十～数百と大きく，このことは，小さな入力電流で大きな出力電流を制御できることを示している。これを，トランジスタの電流増幅作用という。❶

また，I_B，I_C とエミッタ電流 I_E の間には，次の関係がなりたつ。

◆ エミッタ電流　　$$I_E = I_B + I_C \ [\mathrm{A}] \tag{2}$$ ❷

❶ このことからトランジスタは電流制御形の素子であることがわかる。

❷ $I_B \ll I_C$ であることから，$I_E \fallingdotseq I_C$ として取り扱うことがある。

例題 1　図6の点aにおける，このトランジスタの直流電流増幅率 h_{FE} の大きさを求めよ。

解答　直流電流増幅率 h_{FE} は，式(1)より，
$$h_{FE} = \frac{I_C}{I_B} = \frac{3.2 \times 10^{-3}}{20 \times 10^{-6}} = 160$$

問 1　図6において，$V_{CE} = 5\,\mathrm{V}$ のとき，$I_B = 10\,\mu\mathrm{A}$ を流したら，I_C はいくら流れるか。また，このときの直流電流増幅率 h_{FE} を求めよ。

2 スイッチング作用

図8(a)のように，ベース電流 I_B を流さないときには，コレクタ電流 I_C も

流れない。この I_C が流れないときの状態を**オフ (OFF) 状態**，または**遮断状態**という。また，図8(b)のように，I_B を流すと I_C も流れ，I_B を増やしていくと I_C も増えていくが，あるところで I_C が増えずに一定となる。この状態を**飽和状態**といい，このときのトランジスタの状態を，**オン (ON) 状態**という。このトランジスタの動作をスイッチに置き換えて考えると，コレクタとエミッタがスイッチの両端で，ベース電流がスイッチをオン・オフする指の役割に相当している。

このように，トランジスタにはオン・オフの二つの状態をつくる**スイッチング作用**がある。

> ベース電流の有無でコレクタ・エミッタ間の電流の有無を制御できます。そのため，ベース・エミッタ側を入力側，コレクタ・エミッタ側を出力側と呼んでいます。

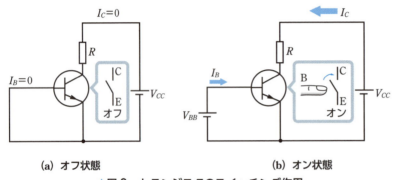

(a) オフ状態　　　　(b) オン状態

▲図8　トランジスタのスイッチング作用

4　トランジスタの最大定格

トランジスタには，ダイオードと同じように，電流・電圧・電力・温度などに対する最大定格があり，定められた最大定格を超えないようにしなければならない。

コレクタ電流 I_C，コレクタ・エミッタ間電圧 V_{CE} の最大定格を，❶$I_{C\mathrm{max}}$，❷$V_{CE\mathrm{max}}$ と表す。I_C と V_{CE} の積 P_C を**コレクタ損失**（またはコレクタ損失電力）という。P_C にも最大定格 ❸$P_{C\mathrm{max}}$ が定められている。P_C が $P_{C\mathrm{max}}$ を超えると，接合部温度が高温になり，トランジスタは破壊されてしまうので，接合部温度の最大定格として $T_{j\mathrm{max}}$ が定められている。

次に，トランジスタの最大定格を実際例について調べてみる。

表1に示したトランジスタの最大定格の場合，図9の特性図上で，最大許容コレクタ損失は $P_{C\mathrm{max}} = V_{CE} I_C = 400\ \mathrm{mW}$ の曲線になる。この曲線と縦軸 $I_{C\mathrm{max}} = 150\ \mathrm{mA}$，横軸 $V_{CE\mathrm{max}} = 50\ \mathrm{V}$ で区切られる範囲内で使用しなければならない。

❶　最大許容コレクタ電流という。
❷　最大許容コレクタ電圧という。
❸　最大許容コレクタ損失という。

▼表1 トランジスタの最大定格
（2SC1815 の場合）

記号	最大値
V_{CEmax}	50 V
I_{Cmax}	150 mA
P_{Cmax}	400 mW
T_{jmax}	125 ℃

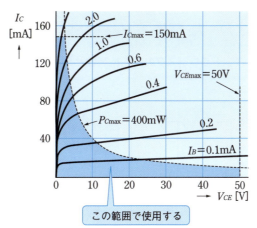

▲図9 トランジスタの使用範囲

例題 2

表1に示した特性のトランジスタでコレクタ・エミッタ間に $V_{CE}=10\,\mathrm{V}$ を加えたとき，コレクタ電流 I_C は最大でいくらまで流すことができるか。

解答 $P_{Cmax}=V_{CE}I_C$ から，

$$I_C = \frac{P_{Cmax}}{V_{CE}}$$

表1から，$P_{Cmax}=400\,\mathrm{mW}$ であるから，

$$I_C = \frac{400\times 10^{-3}}{10} = \mathbf{40\,mA}$$

問 2 npn 形トランジスタの図記号を示し，それぞれの端子名を示せ。

問 3 図10のトランジスタの端子に流れる未知の電流値を求めよ。また，それぞれのトランジスタの直流電流増幅率も求めよ。

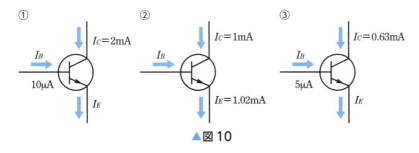

▲図10

問 4 コレクタ・エミッタ間電圧 V_{CE} が 5 V，コレクタ電流 I_C が 20 mA のとき，コレクタ損失 P_C を求めよ。

問 5 最大許容コレクタ損失 P_{Cmax} が 500 mW のトランジスタでは，コレクタ・エミッタ間電圧 V_{CE} が 12 V のとき，コレクタ電流 I_C は最大でいくらまで流すことができるか。

P_{Cmax} を超えない I_C を求めることに注意しよう。

Experiment

実験コーナー

トランジスタの I_B-I_C 特性・V_{CE}-I_C 特性の測定

次の実験回路を用いて、トランジスタの I_B-I_C 特性と V_{CE}-I_C 特性を測定してみよう。

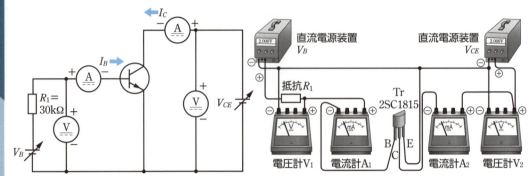

▲回路図と実体配線図

実験器具 トランジスタ (2SC1815)、直流電流計 2 台、直流電圧計 2 台、直流電源装置 2 台、抵抗 (30 kΩ、1/4 W)

実験方法
(1) トランジスタに直流電源装置、直流電流計、直流電圧計、抵抗を接続する。
(2) トランジスタのコレクタ・エミッタ間電圧 V_{CE} を 2 V に定める。
(3) 直流電源装置 V_B を 0 V から少しずつ増加させ、そのときのベース電流 I_B を見ながら、10 μA ごとに、100 μA まで、コレクタ電流 I_C を測定する。なお、I_C は最大定格の 150 mA を超えないように注意する。
(4) I_B-I_C 特性のグラフをかき、I_B-I_C 特性について考察せよ。
(5) I_B = 100 μA のときの、直流電流増幅率 h_{FE} を求めよ。
(6) 次に、I_B が 100 μA の状態で、V_{CE} を 0〜4.5 V まで 0.5 V ずつ変化させながら、コレクタ電流 I_C を測定する。
(7) V_{CE}-I_C 特性のグラフをかき、V_{CE}-I_C 特性について考察せよ。

実験結果

▼測定結果
(V_{CE} = 2 V 一定)

I_B [μA]	I_C [mA]
10	
20	
30	
40	
50	
60	
70	
80	
90	
100	

▲I_B-I_C 特性のグラフ

▼測定結果
(I_B = 100 μA 一定)

V_{CE} [V]	I_C [mA]
0	
0.5	
1.0	
1.5	
2.0	
2.5	
3.0	
3.5	
4.0	
4.5	

▲V_{CE}-I_C 特性のグラフ

4節 FET（電界効果トランジスタ）

この節で学ぶこと いままで学んできたバイポーラトランジスタと似た働きをするものに，電界効果トランジスタ（FET❶）がある。FET は，構造上，接合形 FET と MOS FET に分けられる。ここでは，それぞれの構造や基本的な動作原理などについて学ぶ。

1 FET の特徴

1 端子名と働き

FET は，トランジスタと同じように三つの端子をもっており，それぞれ**ドレーン**(D)，**ゲート**❸(G)，**ソース**❹(S) と呼ぶ。

トランジスタは入力電流（ベース電流 I_B）によって出力電流（コレクタ電流 I_C）を制御する**電流制御形**であるのに対して，FET は入力電圧（ゲート電圧 V_G）によって出力電流（ドレーン電流 I_D）を制御する**電圧制御形**である。また，トランジスタに比べ，入力抵抗がひじょうに大きく，出力抵抗が小さいなどの特徴がある。

図 1 に FET の図記号の例，表 1 に端子名とその働きを示す。

❶ field-effect transistor
❷ drain
❸ gate
❹ source

▼表 1　FET の端子名と働き

FET 端子名	働き	対応するトランジスタの端子
ゲート(G)	キャリヤの流れ（電流）を制御する	ベース(B)
ソース(S)	キャリヤを注入する	エミッタ(E)
ドレーン(D)	キャリヤを収集する	コレクタ(C)

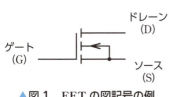

▲図 1　FET の図記号の例

2 FET の分類

図 2 のように，FET には大別すると，**接合形 FET と MOS FET** の二種類がある。MOS FET は V_G-I_D 特性により，**デプレション形❺とエンハンスメント形**❻に分けられる。さらに，それぞれの形は **p チャネル**と **n チャネル**❼に分類される。

❺ depletion
「減少」の意味。接合形 FET は，デプレション形のみである。
❻ enhancement
「増加」の意味。
❼ channel

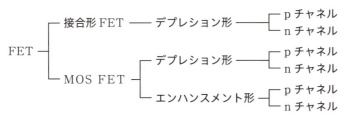

▲図 2　FET の分類

4　FET（電界効果トランジスタ）　41

FETのなかでもMOS FETは，製造工程が比較的単純なため，微細加工がしやすく，大量生産に向いていることから，集積回路として多く使われており，電子機器にはなくてはならないものとなっている。

❶ 電子機器の中枢部で使われているCPUなどの大規模な集積回路は，ほとんどがMOS構造である。

2 接合形FET

1 構造と図記号

　接合形FETの構造図を図3(a)に示す。図のように，n形領域にドレーンとソースの電極が接続され，この電極間を電流が流れる。この電流の通路を**チャネル**と呼ぶ。チャネルは，図3(b)のようにn形半導体でできている場合と，図3(c)のようにp形半導体でできている場合があり，n形半導体による電流の通路を **n チャネル**，p形半導体によるチャネルを **p チャネル**という。図4に図記号を示す。

❷ シリコンが酸化されてできた膜で，絶縁性がある。

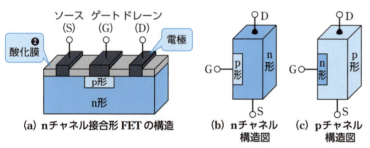

▲図3　接合形FET

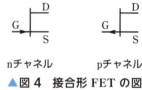

▲図4　接合形FETの図記号

2 動作と特性

　図5は，nチャネル接合形FETの動作を示したものである。

① 図5(a)のように，ゲートに電圧を加えず，ドレーン・ソース間に電圧 V_{DS} を加えると，n形領域の電子はドレーンの正の電圧に引きよせられて，ドレーン電流 I_D がじゅうぶんに流れる。

② 図5(b)のように，ゲート・ソース間に小さな逆方向電圧 V_{GS} を加えると，pn接合面付近に空乏層が広がり，I_D の流れるチャネルがせばめられ，I_D は減少する。

③ 図5(c)のように，さらに V_{GS} を大きくしていくと，空乏層がチャネルを完全にふさぐようになり，電流 I_D は流れない。このときの電圧を**ピンチオフ電圧** V_P という。

❸ pinch-off

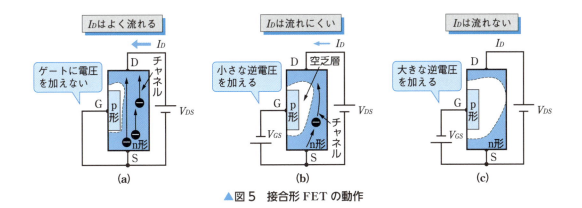

▲図5 接合形FETの動作

図6(a)はV_{GS}-I_D特性で,逆方向電圧のV_{GS}が大きくなるとI_Dは減少する。この特性の傾きを**相互コンダクタンス**といい,g_mで表す。V_{GS},I_Dの微小変化を$\varDelta V_{GS}$,$\varDelta I_D$とすると,g_mは次の式で表すことができる。

❶ mutual conductance

量記号に $\varDelta$(デルタ)をつけてその量の微小変化を表します。$\varDelta V_{GS}$,$\varDelta I_D$でV_{GS},I_Dの微小変化を表す一つの記号です。

◆ 相互コンダクタンス $\quad g_m = \dfrac{\varDelta I_D}{\varDelta V_{GS}}$ [S](ジーメンス)❷ (1)

$\varDelta V_{GS}$を入力電圧,$\varDelta I_D$を出力電流とみなすと,g_mはFETの増幅の大きさを知るめやすと考えることができる。

❷ [S]は,抵抗の単位の逆数 $\left[\dfrac{1}{\Omega}\right]$ を意味している。

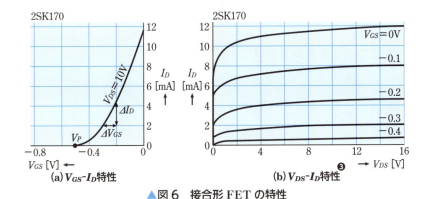

▲図6 接合形FETの特性

図6(b)はV_{DS}-I_D特性で,V_{GS}を一定値として,V_{DS}を0Vから上昇させたときの,I_Dの変化を示したものである。V_{DS}を上昇させていくと,それに比例するようにI_Dが増加していくが,V_{DS}がある値以上になると,I_Dはそれ以上上昇せず,ほぼ一定値となる。この領域を**飽和領域**という。

❸ $V_{GS}=0$Vのとき,V_{DS}が変化してもほぼ一定の電流が流れる範囲がある。この範囲を利用して定電流素子としたものを,FETの一種ではあるが,定電流ダイオードと呼ぶ。

問 1 図6(a)において,$\varDelta V_{GS}$,$\varDelta I_D$の大きさを読み取り,相互コンダクタンスg_mの大きさを求めよ。

4 FET(電界効果トランジスタ) 43

3 MOS FET

1 構造と図記号

nチャネル MOS FET の構造図を図7(a)に，pチャネル MOS FET の構造図を図7(b)に示す。どちらも，ゲート電極と半導体の間は，ひじょうに薄い酸化膜でへだてられている。図8に，MOS FET の図記号を示す。

❶ ゲートの構造が金属 (metal), 酸化物 (oxide), 半導体 (semiconductor) からなるため，その頭文字を取ったものである。

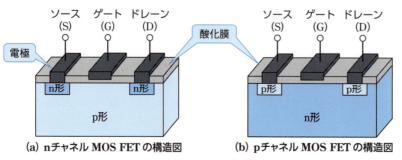

▲図7　MOS FET の構造

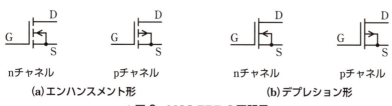

▲図8　MOS FET の図記号

2 動作と特性

a エンハンスメント形

図9は，nチャネルエンハンスメント形 MOS FET の基本回路である。この基本回路において，V_{GS} を 0 V からしだいに大きくしていくときの MOS FET の動作を見てみよう (図10)。

図10(a)では，ドレーン・ソース間に電圧 V_{DS} を加えても，ゲートに電圧 V_{GS} を加えておらず，キャリヤが移動しないので，ドレーン電流 I_D は流れない。

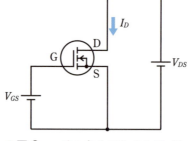

▲図9　nチャネルエンハンスメント形 MOS FET の基本回路

次に，図10(b)のように，ゲートに電圧 V_{GS} を加え，しだいに大きくしていくと，酸化膜の下の p 形半導体領域に少数キャリヤである自由電子が集まってくる。

44　第1章　電子回路素子

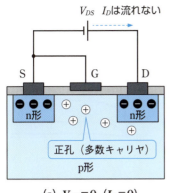 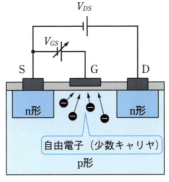 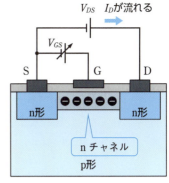

(a) $V_{GS}=0$ ($I_D=0$)　　(b) 小さな V_{GS} を加える　　(c) 大きな V_{GS} を加える（チャネルの形成）

▲図10　エンハンスメント形 MOS FET の動作

　V_{GS} が一定の大きさ以上になると，集まった自由電子により，ソース・ドレーン間に図10(c)のような n チャネルの通路ができるので，ドレーン電流 I_D が流れるようになる。I_D が流れはじめる電圧を**しきい値電圧**といい，V_{th} で表す。

　以上のことをグラフに表すと，図11(a)の V_{GS}-I_D 特性が得られる。エンハンスメント形 MOS FET は，V_{GS} が正の領域で動作する。図11(b)は，V_{DS}-I_D 特性である。

❶ 素子によって，指定の大きさの I_D が流れるときの V_{GS} で定義されている。

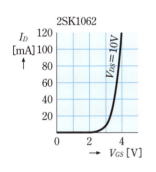 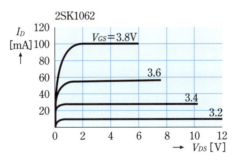

(a) V_{GS}-I_D 特性　　(b) V_{DS}-I_D 特性

▲図11　エンハンスメント形 MOS FET の特性

問 2　図10(a)，(b)，(c)の状況は，それぞれ図11(a)のどの領域に対応しているか答えよ。

　b　デプレション形　デプレション形 MOS FET は，図12のように，あらかじめ製造段階で薄いチャネルを形成しておく。このチャネルにより，ゲートに電圧を加えなくてもドレーン電流が流れる。

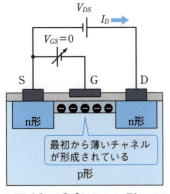

▲図12 デプレション形MOS FETの動作原理

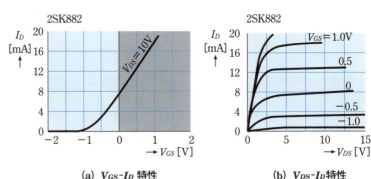

(a) V_{GS}-I_D 特性　　(b) V_{DS}-I_D 特性

▲図13 デプレション形MOS FETの特性

図13(a)に，デプレション形MOS FETのV_{GS}-I_D特性，図13(b)にV_{DS}-I_D特性を示す。V_{GS}に負電圧をかけていくと，I_Dは減少する。❶ また，デプレション形MOS FETは，V_{GS}が正の領域でも使われる。

3 スイッチング作用

図14(a)のように，nチャネルエンハンスメント形MOS FETの回路において，ゲート・ソース間に電圧を加えないときには，ドレーン電流I_Dは流れない。この状態を**オフ(OFF)状態**という。また，図14(b)のように，ゲート・ソース間にしきい値電圧を超える電圧を加えるとI_Dが流れる。この状態を**オン(ON)状態**という。この動作をスイッチに置き換えて考えると，ドレーンとソースがスイッチの両端で，ゲート電圧がスイッチをオン・オフする役割に相当している。

このように，MOS FETにはオン・オフの二つの状態をつくる**スイッチング作用**❷がある。

❶ 負電圧が大きくなると，チャネルがなくなり，$I_D=0$になる。

✎ 図10と図12でV_{GS}の極性の向きが逆であることに注意しよう。
　エンハンスメント形では，ソースよりもゲートのほうが高い電位のときに動作するが，デプレション形では，ソースのほうが高い電位のときでも動作します。

❷ 接合形FETにも同様の作用がある。

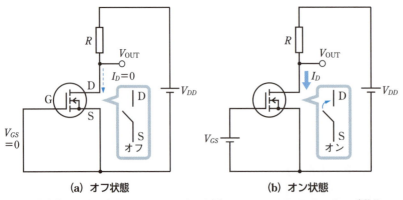

(a) オフ状態　　(b) オン状態

▲図14 nチャネルエンハンスメント形MOS FETのスイッチング動作

MOS FET はアナログ回路やディジタル回路に多く使われている。なかでも，スイッチング作用を行うディジタル回路では，数百から数億を超える素子を集積化しており，トランジスタより少ない電力で高速な動作が可能な MOS FET が用いられている。

❶ ダイオードやトランジスタ，FET に加え，抵抗やコンデンサなどの素子も半導体の中にまとめてつくり込むこと。

問 3 次の文の（　）内に当てはまる語句を語群から選び記入せよ。

(1) FET は（　　）①トランジスタと呼ばれ，構造上，（　　）②FET と（　　）③FET に分けられる。三つの端子をもち，それぞれ D：（　　）④，G：（　　）⑤，S：（　　）⑥と呼ぶ。

(2) FET のドレーン電流の通路を（　　）⑦といい，ゲート電圧でその領域が制御される。チャネルの種類により，（　　）⑧チャネルと（　　）⑨チャネルがある。

（　　）⑩FET は，pn 接合のゲートに（　　）⑪を加えて空乏層の幅を制御するのに対し，（　　）⑫FET は，酸化膜でへだてられたゲートに電圧を加えて，少数キャリヤによってできるチャネルの幅を制御するものである。

語群	**ア．** 接合形　**イ．** ソース　**ウ．** 電界効果　**エ．** ゲート
	オ． n　**カ．** MOS　**キ．** 逆方向電圧　**ク．** ドレーン
	ケ． p　**コ．** チャネル

問 4 n チャネルデプレション形 MOS FET の図記号を示し，各電極の名称を答えよ。

Let's Try

電子回路を使った玩具をつくるために，製作に必要な抵抗，コンデンサ，トランジスタ (2SC1815)，FET(2SK170) を先生に提供してもらい，部品ケースに入れ用意しておいた。

後日，製作しようと部品ケースを開けると，トランジスタと FET は外観がほぼ同じで，捺印はどちらも薄く，型番が読めないため，両者のみわけがつかなくなってしまった。

このような状況のとき，トランジスタと FET を，素子を壊さず特定するには，どのような実験回路を組めばよいか考えてみよ。また，その実験の手順も考えよ（実際の実験はしなくてよい）。

用意する資料と実験器具

・資料：トランジスタ (2SC1815) と FET(2SK170) のデータシート
・実験器具：直流電源装置（電流制限機能付き）2 台，電圧計 2 台，電流計 2 台，固定抵抗 (30 kΩ) 2 本

4 FET（電界効果トランジスタ） **47**

Experiment

実験コーナー

FET の V_{GS}-I_D 特性の測定

次の実験回路を用いて，FET の V_{GS}-I_D 特性を測定してみよう。

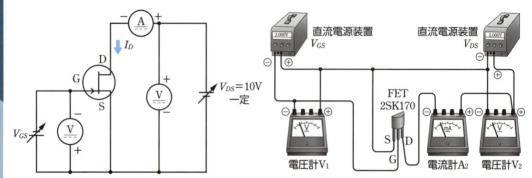

▲回路図と実体配線図

実験器具 n チャネル接合形 FET(2SK170)，直流電流計 1 台，直流電圧計 2 台，直流電源装置 2 台

(1) FET に直流電源装置，直流電流計，直流電圧計を接続する。
(2) FET のドレーン・ソース間電圧 V_{DS} を 10 V に定める。
(3) 直流電源装置 V_{GS} の電圧を調整して，ゲート・ソース間電圧 V_{GS} を -1.0 V から 0 V まで 0.1 V ずつ変化させながら，ドレーン電流 I_D を測定する。このとき，直流電源装置の極性に注意すること。
(4) V_{GS}-I_D 特性のグラフをかく。
(5) かいたグラフをよく観察し，測定点がじゅうぶんであるか考えよ。
(6) 測定点が足りない場合は，細かく測定する範囲と間隔を検討し，測定せよ。
(7) I_D = 2.0 mA 付近の相互コンダクタンス g_m を求めよ。

実験結果

▼測定結果（V_{DS} = 10 V 一定）

V_{GS} [V]	I_D [mA]
-1.0	
-0.9	
-0.8	
-0.7	
-0.6	
-0.5	
-0.4	
-0.3	
-0.2	
-0.1	
0	

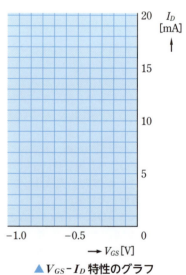

▲V_{GS}-I_D 特性のグラフ

5節 その他の半導体素子

この節で学ぶこと　いままで学んできたバイポーラトランジスタや電界効果トランジスタのほかに，サイリスタやフォトトランジスタなどの半導体素子について学習する。

1 サイリスタ

サイリスタ[1]にはいくつかの種類があり，図1は逆阻止3端子サイリスタの例である。図1(a)のように，ゲートに制御電流 I_G を流すと，アノードとカソード間に電流が流れる。これを**ターンオン**[2]という。

アノードとカソードの間に電流を流さないようにするには，アノード・カソード間に電圧が加わらないように，$V_{AK}=0$ にする。これを**ターンオフ**[3]という。サイリスタは，電動機や照明の制御などに使われている。

図1(b), (c)にサイリスタの外観例と図記号を示す。

2 フォトトランジスタ

フォトトランジスタ[4]は，トランジスタと同様のp形とn形による3層構造である。ベースの接合部に光を当てると，コレクタ電流が流れる性質をもち，トランジスタの増幅作用により光の信号を高感度に電気信号に変換することができる。フォトトランジスタは，受光センサとして使われることが多い。図2に，外観例と図記号を示す。

[1] thyristor
[2] turn on　スイッチでいえばオフからオンになること。
[3] turn off　スイッチでいえばオンからオフになること。
[4] phototransistor

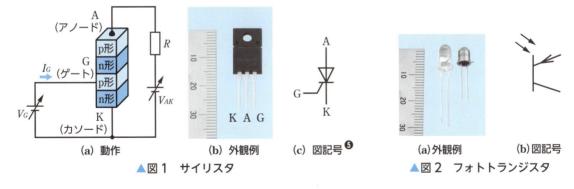

(a) 動作　　(b) 外観例　　(c) 図記号[5]　　　(a) 外観例　　(b) 図記号
▲図1　サイリスタ　　　　　　　　　　　　　　▲図2　フォトトランジスタ

3 光導電セル，ホール素子，サーミスタ

表1に取り上げた半導体素子は，光，磁気，熱など，電気以外の入力を，電圧・電流の出力として取り出すことができるものである。

[5] サイリスタには多くの種類があるが，ここではその一例を示す。

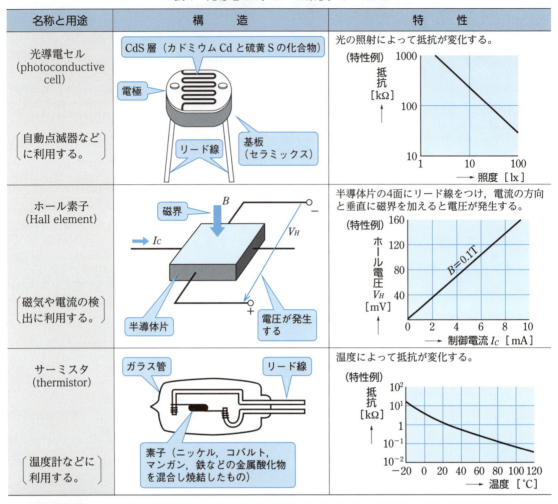

▼表1 光導電セル，ホール素子，サーミスタ

Note　ダイオードとトランジスタの名称

ダイオードとトランジスタの名称には，表2に示すような表示法が用いられている。

6節 集積回路

この節で学ぶこと　多数のトランジスタ・ダイオード・抵抗などの電子回路素子を一体にして，シリコンなどの半導体基板上につくり込んだ回路が集積回路 (IC) である。ここでは，集積回路を理解するうえで，基礎となることがらについて学ぶ。

1　集積回路 (IC)❶ の製造と分類

1　IC を構成する素子の形成

IC (図1) を構成する素子は，トランジスタ，ダイオード，抵抗，コンデンサなどである。これらの素子をつくるのに用いられるのが**エピタキシャル技術**❷である。この方法を用いて，ダイオードやトランジスタが図2のようにつくられる。

① 図2(a)のように，石英管の外側から，内部のシリコンウェーハ（基板）を高周波加熱 (1 200 ℃くらいの高温加熱) し，そこへシリコンの化合物の蒸気と水素を送る。❸

② シリコンの原子はシリコンウェーハの上に結晶となって成長していく。これを**エピタキシャル成長**といい，シリコンが積み重なった部分を，**エピタキシャル成長層**という。

①で送り込む化合物の蒸気の中に，リン P やホウ素 B の化合物をほんのわずか混入すると，エピタキシャル成長層を n 形にしたり，p 形にしたりすることができる。

❶ integrated circuit
以下 IC という。

❷ epitaxial

❸ このような製造方法を有機金属気相成長法 (MOCVD : metal organic chemical vapor deposition) といい，青色 LED の製造にも使われている。

▲図1　コンピュータに用いられている IC

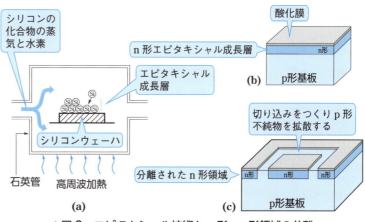

▲図2　エピタキシャル技術と p 形・n 形領域の分離

6　集積回路　51

③　図2(b)のように，p形基板の上に，n形エピタキシャル成長を行ったのち，その表面を酸化膜でおおう。

④　次に，ホトエッチングで酸化膜に切り込みをつくり，これをふたたび加熱（1200℃くらい）し，ホウ素化合物の中を通す。すると，切り込みを入れた部分から，価電子の数が3個のホウ素Bがn形の層に拡散して，図2(c)のようにn形の層がp形の層に変わる。こうして，分離されたn形領域が形成できる。

⑤　この分離されたn形領域に，さらにp形不純物を拡散させることにより，図3のように，pn接合ダイオードをつくることができる。

❶ photo etching
写真技術により不要部分を取り除く技術のこと。

📝 ICを使用するとき，分離されたn形領域の部分とp形基板の部分に逆電圧を加えると，このn形領域をp形基板から電気的にも分離することができます。

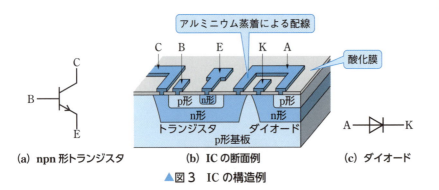

▲図3　ICの構造例

トランジスタは，ダイオードをつくったのちに，ふたたびn形不純物の拡散を行い，図3のようにつくることができる。

2　ICの配線

これまで述べた方法によってつくられたトランジスタのエミッタ・ベース・コレクタ端子，抵抗・コンデンサなどの端子は，一つの平面上に形成されている。このような構造を**プレーナ構造**という。

プレーナ構造のICの表面を酸化膜でおおい，ホトエッチングにより素子の端子部分の酸化膜を取り除く。次に，配線部分にアルミニウムを蒸着させて，配線を行う（図3）。

❷　プレーナとは，「たいら」という意味である。

❸　金属などを加熱し蒸発させ，その蒸気をほかの物質の表面に薄い膜として付着させること。

2 集積回路の特徴と分類

1 特徴

ICには，一般的に次のような特徴がある。

(1) 電子回路を製作するさいに，ICを使わない場合に比べて，部品点数が少なくすむ。
(2) 小形軽量である。
(3) 消費電力が小さい。
(4) 高速動作が可能である。
(5) 個別部品の組み合わせより，構造上の信頼性が高い。
(6) 大容量のコンデンサやコイルは製作がむずかしい。

また，ICを使用するときには静電気や熱に対して，次のような注意をする必要がある。

(1) CMOS ICは静電気で絶縁が破壊されるおそれがあるため，とくに乾燥する冬季には，ICを扱うまえにアースに触れて，人体の静電気を逃がす必要がある。
(2) はんだ付けをするときは，はんだごての熱によりICを破壊しないように，すばやく作業する。
(3) 周囲温度が高温になると，特性の劣化や寿命の低下をもたらす。消費電力の大きな素子には，放熱対策をする必要がある。放熱には放熱器や強制空冷などの方法がある。

2 構造上の分類

ICを構造から分類すると，図4のように**モノリシックIC**と**ハイブリッドIC**に分けられる。モノリシックは，monoとlithic，つまり「一つの石」という意味をもっており，全体の回路がごく小さいシリコン基板（**チップ**）からできている。これに対し，ハイブリッドはhybrid，つまり「混成」という意味をもっている。たとえば，セラミック基板上に，ICや抵抗，コンデンサなどの電子回路素子を組み込んで樹脂などで固めたものをハイブリッドICという。

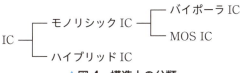

▲図4　構造上の分類

3 ICを構成する素子による分類

a バイポーラIC

モノリシックICは，ICを構成するトランジスタの種類によって**バイポーラIC**と**MOS IC**とに分けられる。バイポーラICはトランジスタを使ったもので，その構造の一例を図5に示す。

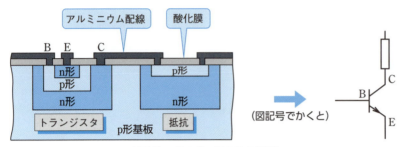

▲図5　バイポーラICの構造

バイポーラICをアナログ回路に使ったものとしては，演算増幅器が代表的である。このほかにテレビジョン受信機用，音響機器用など各種あるが，それぞれ独自の用途のものが多い。バイポーラICには，一般的に，次のような特徴がある。

(1) 応答速度が速い。
(2) 消費電力が大きい。

b MOS IC

MOS ICは，MOS FETを中心としてつくられたICで，とくにpチャネルとnチャネルのMOS FETを用いて構成されるものを相補形といい，**CMOS IC**という。たとえば，図6(a)のように接続した回路をICでつくったとき，その断面構造は図6(b)のようになる。

❶ complementary
❷ complementary MOS
❸ ゲート電極の配線には，多結晶シリコン（ポリシリコン）が使われている。

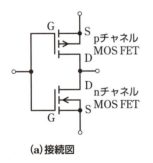 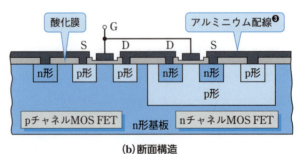

(a)接続図　　　　　　(b)断面構造

▲図6　CMOS IC

CMOS IC には，

(1) 消費電力が小さい。
(2) **雑音余裕**❶が大きい。
(3) 集積度を高くとりやすい。

などの特徴があるので，コンピュータをはじめ，計測・制御装置などの電子回路素子として使用されている。

C　CMOS IC による NOT 回路❷の動作　NOT 回路は，論理「1」，「0」の入力に対して，入力とは逆の論理「0」，「1」を出力する論理回路であり，図記号は，図 7(a)のように表される❸。NOT 回路は，図 6(a)のように，p チャネルと n チャネルの MOS FET で実現でき，NOT 回路の内部は，原理的に図 7(b)のように表すことができる。

❶　雑音余裕とは，論理回路がどのくらいの大きさの雑音で誤動作するかを示す量で，この値が大きいほうが雑音に対して誤動作が少なくなる。

❷　第 6 章では，NOT 回路を用いた非安定マルチバイブレータを学ぶ (p. 243)。

❸　論理回路の図記号には，JIS と ANSI/IEEE 規格がある。本書では，広く使われている ANSI/IEEE 規格の図記号を用いる。

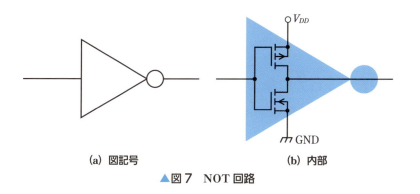

(a) 図記号　　　(b) 内部

▲図 7　NOT 回路

CMOS IC による NOT 回路の動作は，次のようになる。

図 8 に示すように，二つの FET を二つのスイッチの等価回路と考える。入力が高電位（論理「1」）のとき，FET1(S_1) はオフ，FET2(S_2) はオンになり，GND と接続された出力は 0 V（論理「0」）となる。このとき，出力側に接続されている回路のほうが電位が高い場合，NOT 回路に向かって電流が流れ込む。この電流を**吸い込み電流**❹という。

❹　sink current
シンク電流ともいう。

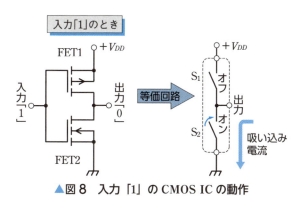

▲図 8　入力「1」の CMOS IC の動作

一方，図9のように，入力が0V（論理「0」）のときは，FET1(S_1)がオン，FET2(S_2)がオフになり，電源と接続された出力は電源電圧V_{DD}に近い値（論理「1」）となる。このとき，出力側に接続されている回路のほうが電位が低い場合，NOT回路から電流が流れ出す。この電流を**吐き出し電流**という。

❶ source current
ソース電流ともいう。

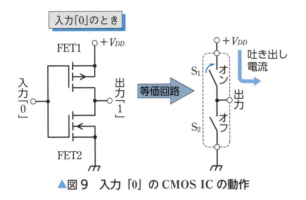

▲図9 入力「0」のCMOS ICの動作

4 機能による分類

a アナログIC オーディオアンプや通信機器，電源回路などのアナログ回路に用いられるICを**アナログIC**という。

❷ analog

アナログICには，p.54で学んだバイポーラICの特性がよく生かされたICがあり，図10のような**演算増幅器**や**リニアIC**などがある。

演算増幅器は，増幅度や周波数特性，出力波形の正相・逆相が選べるなどのすぐれた性質を多くそなえ，汎用増幅器としていろいろな用途に利用されている。リニアICは，入力と出力の関係が直線的，または，比例関係がある特性をもつ。

▲図10 演算増幅器の例

b ディジタルIC コンピュータやディジタル時計などは，0と1の二つの数値を扱うディジタル回路でつくられている。これらの機器に論理回路や記憶回路として使われているICを**ディジタルIC**といい，一般的にCMOS ICがよく用いられている。

❸ digital

ディジタルICは，同じ機能をもつ互換性のある**汎用IC**と，機器ごとの異なる機能をつくる，特定用途向けの**専用IC**に分けられる。

汎用ICには論理回路IC，CPU❶，メモリ❷などがある。また，専用ICにはASIC❸やFPGA❹などがある。FPGAは購入時点では汎用ICであるが，ソフトウエアで設計した論理回路データをFPGAに入れることにより機器専用の専用ICとなる。

図11に論理回路ICの外観例と内部構造の例，図12にCPU，図13にメモリ，図14にASIC，図15にFPGAの外観例を示す。

❶ central processing unit
中央演算処理装置
❷ memory
記憶IC
❸ application specific integrated circuit
特定用途向け論理回路IC
❹ field-programmable gate array
書き換え可能な論理回路IC。製造後に回路を変更できないASICと異なり，FPGAは基板に実装したあとでも回路をソフトウエアで変更できる特徴がある。

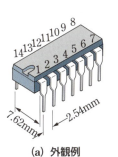

(a) 外観例　　　　　　(b) 内部構造の例
▲図11　論理回路ICの例

ⒸIntel Corporation
▲図12　CPUの外観例

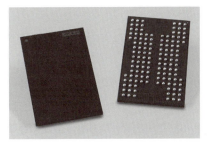

▲図13　メモリの外観例

▲図14　ASICの外観例

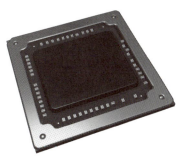

▲図15　FPGAの外観例

6　集積回路　57

この章の まとめ

1節

❶ 半導体には，**真性半導体**と，p 形，n 形の**不純物半導体**がある。▶ p. 14

❷ n 形半導体は，真性半導体に不純物を混入して，**電子**が多数キャリヤとなるようにしたものである。このときの不純物を**ドナー**といい，真性半導体がシリコンの単結晶の場合，価電子の数が 5 個の原子がドナーとなる。▶ p. 14～15

❸ p 形半導体は，真性半導体に不純物を混入して，**正孔**が多数キャリヤとなるようにしたものである。このときの不純物を**アクセプタ**といい，真性半導体がシリコンの単結晶の場合，価電子の数が 3 個の原子がアクセプタとなる。▶ p. 15

❹ 半導体を流れる電流には，電界による**ドリフト電流**と，キャリヤの濃度差による**拡散電流**がある。▶ p. 16

2節

❺ pn 接合やショットキー接合などには，一方向だけ電流を流す性質があり，これを**整流作用**という。▶ p. 20, 22

❻ ダイオードには，整流，検波用のほか，**可変容量ダイオード**，**定電圧ダイオード**，**pin ダイオード**，**発光ダイオード**など，用途別にいろいろな種類がある。▶ p. 27～32

3節

❼ トランジスタには，npn 形，pnp 形があり，**コレクタ**，**ベース**，**エミッタ**の三つの端子がある。▶ p. 34～35

❽ トランジスタの三つの電極の直流電圧，電流の関係を表したものを**静特性**といい，V_{CE}-I_C 特性などがある。▶ p. 35～36

❾ トランジスタには，電流増幅作用があり，**直流電流増幅率**を h_{FE} と表す。▶ p. 37

4節

❿ FET(電界効果トランジスタ)には，接合形と，MOS 形があり，どちらの形も**ゲート**，**ソース**，**ドレーン**の三つの端子がある。▶ p. 41

⓫ FET は，**ゲート電圧でドレーン電流を制御する素子**である。▶ p. 42～43, 45～46

⓬ FET のドレーン電流の通路を**チャネル**といい，ゲート電圧でその領域が制御される。チャネルの種類により，n チャネルと p チャネルがある。▶ p. 42, 44

⓭ FET は V_{GS}-I_D 特性から相互コンダクタンス g_m が求められる。g_m は FET の増幅の大きさのめやすとなる。▶ p. 43

5節

⓮ バイポーラトランジスタや FET(電界効果トランジスタ)のほかにも，サイリスタやフォトトランジスタなどさまざまな半導体素子がある。▶ p. 49～50

6節

⓯ 集積回路(IC)は，半導体基板上に高密度に電子回路素子をつくり，回路機能をもたせたもので，**バイポーラ IC**，**MOS IC** などがある。▶ p. 53～55

章末問題

1 次の半導体について述べた文の（　）の中に下記の語群から適切な語句を選び記入せよ。

(1) 半導体は，導体と（　）①との中間の抵抗率をもつ物質である。

(2) 金属は一般に温度の上昇により抵抗値が（　）②する。一方，半導体は温度上昇により抵抗値は（　）③する。

(3) 半導体材料に使われる元素には（　）④や（　）⑤がある。

(4) 真性半導体は（　）⑥を含まない高純度の半導体で，キャリヤとなる自由電子と（　）⑦の数は等しい。

(5) シリコンの単結晶からつくられるn形半導体は，価電子の数が（　）⑧個の原子を不純物として混ぜたものである。この不純物を（　）⑨といい，（　）⑩や（　）⑪などの物質が使われる。n形半導体の多数キャリヤは（　）⑫である。

語群　ア．ドナー　イ．不純物　ウ．絶縁体　エ．自由電子　オ．増加　カ．減少
　　　　キ．5　ク．シリコン　ケ．ゲルマニウム　コ．ヒ素　サ．リン　シ．正孔

2 次の(1)～(4)の特徴それぞれにあてはまるダイオードの名称を答えよ。

(1) 降伏電圧付近において，流れる電流の大きさによらずに電圧が一定に保たれる。

(2) 金属と半導体を接合させると半導体の接合面付近に空乏層を形成するダイオードで，pn接合ダイオードよりも小さい順電圧で順電流を流すことができる。

(3) pn接合ダイオードの一種で，順電流を流すと，キャリヤどうしの再結合で光を発生する。

(4) pn接合の間に真性半導体をはさんだ構造をもち，pn接合ダイオードよりも降伏電圧が高い。

3 実効値100 Vの正弦波交流を図1の回路で整流するとき，最大定格値のせん頭逆電圧（V_{RM}）は，最低何V必要か。

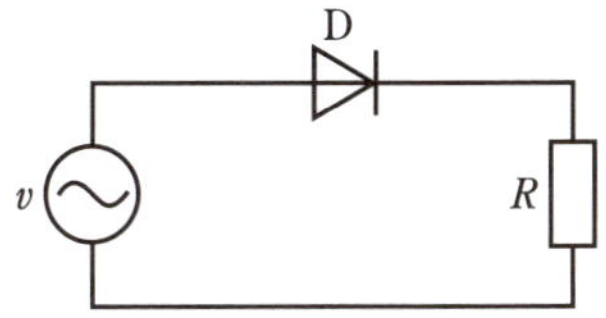

▶図1

4 図2(a)の回路において，回路に流れる電流がI_F＝50 mAのとき，抵抗R [Ω] を求めよ。ただし，ダイオードの順方向特性は，図2(b)とする。

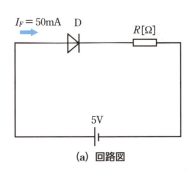

(a) 回路図　　　(b) 順方向特性

▲図2

5 図3に示すトランジスタの図記号について，それぞれの形と，①〜⑥の電極名を答えよ。

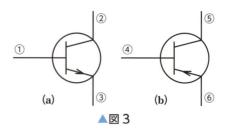
▲図3

6 図4の回路でトランジスタが動作するために加える直流電圧の正しい極性を□の中に電池の図記号で答えよ。また，各電極に流れる電流の方向を（ ）の中に矢印で答えよ。

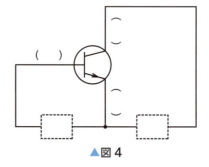
▲図4

7 図5のトランジスタの特性図について次の問いに答えよ。
  (1) このような特性を何特性というか。
  (2) V_{CE} が3V，I_B が15μAのとき，I_C はいくら流れるか。
  (3) 図中の点aでの直流電流増幅率はいくらか。

8 最大許容コレクタ損失 P_{Cmax} が1Wのトランジスタにコレクタ・エミッタ間電圧 V_{CE} を20V加えたら，コレクタ電流 I_C は最大いくらまで流すことができるか。

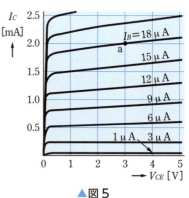
▲図5

9 図6の図記号について答えよ。
  (1) それぞれ何を表した図記号か。
  (2) 図中の①〜⑥の電極名を答えよ。
  (3) 各素子を動作させるとき，②および⑤の電極に加える電圧の極性を，それぞれ答えよ。

10 ICを使用する上での注意点をあげよ。

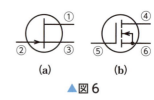
▲図6

第2章 増幅回路の基礎

増幅回路は，入力信号を，より大きなエネルギーをもつ出力信号に変換する回路であり，さまざまな電子機器や装置などに組み込まれている。増幅回路は，取り扱う信号の周波数によって，直流増幅回路，低周波増幅回路，高周波増幅回路に分けられる。また，取り扱う信号の大きさによって小信号増幅回路，電力増幅回路（大信号増幅回路）などに分けられる。

この章では，増幅の原理，トランジスタやFETを用いた基本的な小信号増幅回路の動作原理などについて学ぶ。

近代エレクトロニクスの誕生

20世紀はじめに，電気信号の増幅に関する二つの重要な発明がなされた。

1904年，イギリスの物理学者ジョン・アンブローズ・フレミングは，のちに二極真空管と呼ばれる素子を発明した。この素子は，空気を抜いたガラス管内に，プレートと呼ばれる電極（アノード）と，フィラメントと呼ばれる電極（カソード）を配置した構造で，電子（電流）を一方向のみに流す性質をもっていた。フレミングはこの素子を，電波から信号を取り出す受信回路に使用した。

もう一つの発明は，アメリカの発明家リー・ド・フォレストが1906年に発明した三極真空管である。この素子は，二極真空管のプレートとフィラメントの間に3番目の電極として，グリッドと呼ばれる格子状の金属を挿入した構造をしていた。三極真空管は，グリッドに小さな電気信号を加えると，プレートからより大きな電気信号を取り出すことができる，電気信号の増幅を可能にした最初の素子となった。

これらの素子は，半導体によるトランジスタやFETの発明へとつながっていくことになる。

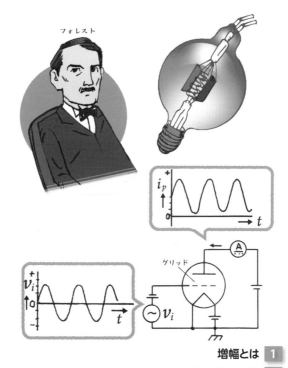

1. 増幅とは
2. トランジスタ増幅回路の基礎
3. トランジスタのバイアス回路
4. トランジスタによる小信号増幅回路
5. トランジスタによる小信号増幅回路の設計
6. FETによる小信号増幅回路

1節　増幅とは

この節で学ぶこと　バイポーラトランジスタやFETを使うと，電圧・電流・電力の増幅ができる。ここでは増幅の原理，増幅器に関する基礎的な事項を学ぶ。

1　増幅の原理

　入力信号を大きくして出力信号を得ることを増幅といい，増幅を行う回路を増幅回路，増幅回路をもった装置を**増幅器**❶という。

　図1に増幅の原理を示す。電源から供給される直流の電気エネルギーが，小さな電気エネルギーをもつ入力信号によって制御され，大きな電気エネルギーをもつ出力信号に変換され取り出されている。

❶ amplifier

📝 出力信号の電気エネルギーは，電源から供給されます。

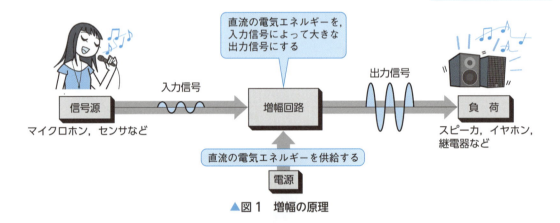

▲図1　増幅の原理

2　増幅器の分類

　増幅器は，取り扱う信号の大きさや，出力として取り出す電力の大きさ，および増幅する信号の周波数によって，次のように分類される。

1　出力電力による分類

　増幅器の入出力信号として，小さい電圧・電流を取り扱う増幅器を，**小信号増幅器**という。また，スピーカを鳴らしたり，継電器を動作させたりするために，大きい電力を取り扱う増幅器を，**電力増幅器**❷または**大信号増幅器**という。

　本書では図2のように，出力電力が10 mW程度以下の増幅器を小信号増幅器，10 mW程度以上の増幅器を電力増幅器として取り扱うことにする。

❷ power amplifier
　パワーアンプともいう。

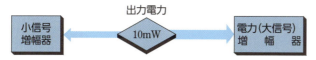

▲図2　出力電力による増幅器の分類

　図3は，一般的な**音声増幅器**❶の例である。信号源としてのマイクロホンの出力はひじょうに小さいので，これをある大きさ（約1V）まで増幅する。この部分が小信号増幅器で，**前置増幅器**❷ともいわれる。この信号をさらにスピーカを鳴らすのに必要な大きさまで増幅するのが電力増幅器で，**主増幅器**❸ともいわれる。このような出力信号を得るために，電源部から前置増幅器と主増幅器に直流電力がそれぞれ供給されている。

❶　audio amplifier
　　オーディオアンプともいう。

❷　preamplifier
　　プリアンプともいう。

❸　main amplifier
　　メインアンプともいう。

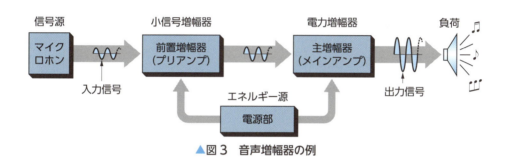

▲図3　音声増幅器の例

問 1　前置増幅器の働きについて述べよ。

2　周波数による分類

　図4は，取り扱う周波数の領域によって増幅器を分類したものである。各増幅器は次のような用途に使用されている。

a　直流増幅器　直流分を含む信号やひじょうに低い周波数の信号を増幅する増幅器を，**直流増幅器**❹という。医療機器（電子計測）や直流電動機の制御などに用いられている。

❹　direct-current amplifier

b　低周波増幅器　音声や音楽などの音声周波数の信号を増幅する増幅器を，**低周波増幅器**❺という。音声増幅器ともいわれ，オーディオ機器や放送機器など，広く一般に用いられている。

❺　low-frequency amplifier

c　高周波増幅器　ラジオ受信機やテレビジョン受信機が受信する放送電波には，電波として空中を伝搬させるために100 kHz以上の高い周波数の信号成分が含まれている。さらに，人工衛星などの宇宙通信や衛星放送では1G～数百GHzのひじょうに高い周波数が使

1　増幅とは　**63**

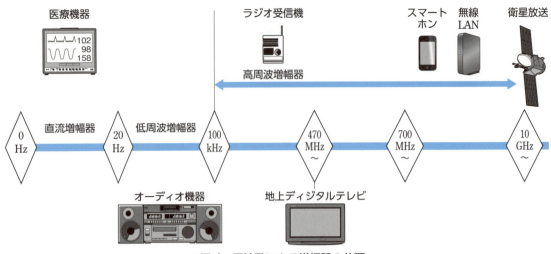

▲図4　周波数による増幅器の分類

用されている。こうした無線通信で使用されるような高い周波数の信号を増幅する増幅器を，**高周波増幅器**という。

問 2　低周波増幅器や高周波増幅器がどのような機器に使用されているか述べよ。

問 3　スマートホン❷や無線 LAN❸ に用いられている電波の周波数を調べよ。

問 4　ラジオ受信機が受信する放送電波に用いられている周波数を調べよ。

❶ high-frequency amplifier

❷ インターネット接続に適した機能などをもち，タッチパネルによって操作する携帯電話のこと。

❸ local area network

| Let's Try | スピーカにどのような電気信号を加えると音が出るのか，電気信号の振幅や周波数を変化させて調べてみよう。また，スピーカにオシロスコープを接続し，スピーカがマイクロホンとして使えるかどうかを確認してみよう。また，その結果の理由も考えてみよう。 |

2節 トランジスタ増幅回路の基礎

この節で学ぶこと 前節で分類した増幅器は，トランジスタを用いてつくることができる。ここでは，バイポーラトランジスタの基本的な使い方や，増幅度などを計算するために必要な h パラメータなどについて学び，さらに h パラメータを使った回路の計算方法などを学ぶ。

1 トランジスタによる増幅の原理

トランジスタを使って信号を増幅する場合，まず図1(a)のように，あらかじめトランジスタに直流の電圧・電流を与えて動作させる。次に，図1(b)の $\varDelta V_B$ のような増幅したい信号を加える。

1 電流増幅作用

a 直流電流増幅率 第1章で学んだように，トランジスタは小さいベース電流で，大きいコレクタ電流を制御することができる。

図1(a)の回路で，直流電流増幅率 h_{FE} はすでに学んだように，コレクタ電流 I_C とベース電流 I_B により，次の式で表される。

◆ 直流電流増幅率
$$h_{FE} = \frac{I_C}{I_B} \qquad (1)$$

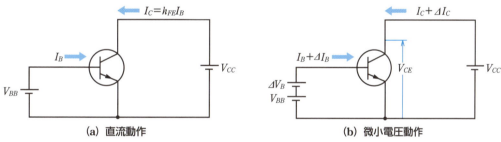

▲図1 電流の増幅作用

b 小信号電流増幅率 次に，図1(b)のように，V_{CE} を一定にしてベースに微小電圧 $\varDelta V_B$ を V_{BB} に直列に加えた場合を考えてみよう。微小電圧 $\varDelta V_B$ を加えると，ベース電流が微小な量 $\varDelta I_B$ だけ変化する。このとき，コレクタ電流も微小な量 $\varDelta I_C$ だけ変化したとして，$\varDelta I_C$ と $\varDelta I_B$ との比を取り，次のように表す。

◆ 小信号電流増幅率
$$h_{fe} = \frac{\varDelta I_C}{\varDelta I_B} \qquad (2)$$

h_{fe} は，電流の微小変化分に対する増幅率を表したものであり，**小信号電流増幅率**という。

✤Note　h_{FE}とh_{fe}の関係

I_BとI_Cとの関係は，図2のように，直線にはならない部分がある。❶直流電流増幅率h_{FE}は，この特性曲線上のある1点におけるI_CとI_Bとの比を表したものであるが，小信号電流増幅率h_{fe}は，たとえばP_1におけるI_Cの変化分ΔI_{C1}とI_Bの変化分ΔI_{B1}との比を表している。

特性曲線が完全な直線とみなせる箇所では，h_{FE}とh_{fe}は等しくなるが，一般に両者の値は異なる。

▶図2　I_B-I_C特性

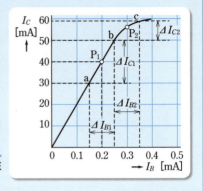

問 1　図2のI_B-I_C特性の点P_1における直流電流増幅率h_{FE}を求めよ。また，点P_1における小信号電流増幅率h_{fe}を求めよ。

問 2　図2において，特性曲線が直線ではない点P_2における直流電流増幅率h_{FE}と小信号電流増幅率h_{fe}を求め，問1の結果と比べてみよ。

❶ p.36では，I_B-I_C特性を近似的に直線として扱った。p.40 実験コーナー参照。

🖉 I_B-I_C特性が完全な直線にならないことは，出力信号がひずむ原因になります。

2　トランジスタのバイアス

図3(a)は，図3(b)のような正弦波の交流信号電圧v_iだけをベース・エミッタ間に加えた回路である。この場合，どのような動作になるか考えてみよう。

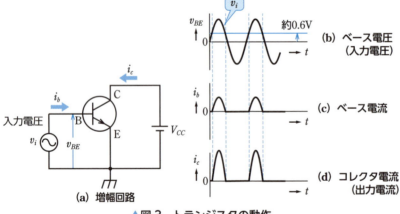

▲図3　トランジスタの動作

トランジスタは，ベース・エミッタ間に，ある値以上❷の順電圧が加えられたときにベース電流が流れるので，v_iが正の半サイクルの一部の区間だけベース電流が流れる。一方，v_iが負の半サイクルは，ベース・エミッタ間が逆電圧になるためベース電流が流れず，図3(c)のような波形になる。コレクタ電流は，図3(c)の波形がそのまま増幅されるため，図3(d)のような波形になり，このままでは正負の値をもつ交流信号電圧のすべてを増幅することはできない。

❷ V_{BE}が約0.6V以上になるとベース電流I_Bが流れはじめる（p.36 図6参照）。

🖉 トランジスタのベース・エミッタ間は，pn接合のダイオードと同様に考えることができます（p.34～35参照）。

66　第2章　増幅回路の基礎

交流信号電圧 v_i のすべてを増幅するためには，ベース電圧に，ある一定の直流電圧を加えて v_i の電圧を底上げし，v_i の全周期でベース電流 i_b が流れるようにする必要がある。このように，あらかじめトランジスタに加える直流電圧や電流を**バイアス**❶という。図 4(a)の回路は，図 3(a)の回路にバイアスとして V_{BB} を加えた回路である。このときのトランジスタ各部の波形を図 4(b)〜図 4(d)に示す。

❶ bias

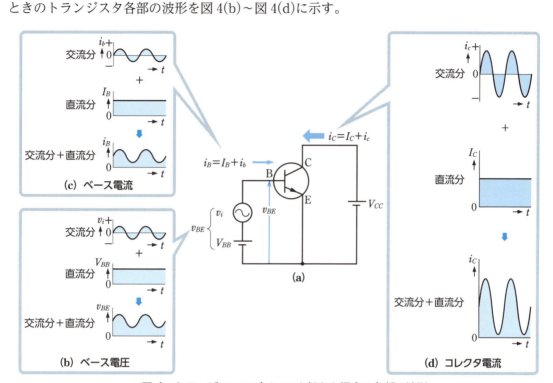

▲図4　トランジスタにバイアスを加えた場合の各部の波形

図 5 は，図 4(b)の波形を，v_i を最大値 $50\,\mathrm{mV}(0.05\,\mathrm{V})$ の交流電圧，V_{BB} を $0.6\,\mathrm{V}$ のバイアス（直流電圧）として表した例である。

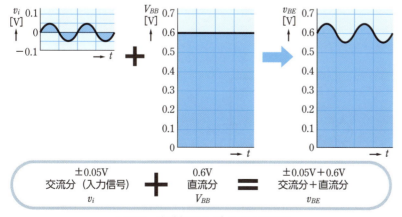

▲図5　交流信号とバイアスの関係

小信号電流増幅率 h_{fe} は，ベース電流の微小変化に対するコレクタ電流の微小変化の割合であるから，式(2)の ΔI_B を i_b, ΔI_C を i_c として，次のように表すことができる。

◆ 小信号電流増幅率 　　　$h_{fe} = \dfrac{i_c}{i_b}$ 　　　(3)

また，式(3)を変形すると次のようになる。

◆ コレクタ電流 　　　$i_c = h_{fe} i_b$ [A] 　　　(4)

式(4)より，コレクタ電流 i_c は，ベース電流 i_b の h_{fe} 倍となる。

> **✤Note 交流分と直流分の表し方**
>
> 図4のように，各部の波形は交流分と直流分を含んでいる。そこで本書では，交流分と直流分を区別して，表1のような記号で表すことにする。
>
> 表1から，交流分と直流分を含むベース電流 i_B は，その交流分 i_b と直流分 I_B の和であるから，次のように表される。
>
> $$i_B = i_b + I_B$$
>
> ▼表1　交流分と直流分の表し方
>
> | 電圧・電流の種類 | 表し方 | 表し方の例 |
> |---|---|---|
> | 交流分だけの場合 | 小文字に小文字の添字 | i_b, i_c, v_{ce} |
> | 直流分だけの場合 | 大文字に大文字の添字 | I_B, I_C, V_{CE} |
> | 交流分と直流分を含む場合 | 小文字に大文字の添字 | i_B, i_C, v_{CE} |

2 トランジスタの基本増幅回路

1 基本増幅回路の種類

トランジスタは三つの端子で構成されている。どの端子を基準（接地）にして入力信号を与えたり，出力信号を取り出したりするかにより，3種類の増幅回路形式がある。

🖉 この場合の接地とは，電位の基準点です。

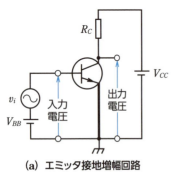
(a) エミッタ接地増幅回路

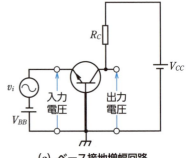
(b) コレクタ接地増幅回路　　(c) ベース接地増幅回路

▲図6　基本増幅回路の種類

図6(a)はエミッタを，図6(b)はコレクタを接地して，入力と出力信号の共通端子にしている。それぞれ，**エミッタ接地増幅回路**，**コレクタ接地増幅回路**という。また，図6(c)に示すような回路を**ベース接地増幅回路**といい，これら3種類の接地方式の増幅回路を**基本増幅回路**と呼んでいる。

基本増幅回路のなかで，エミッタ接地方式が広く使用されている。そこで，まずエミッタ接地増幅回路の動作原理を学ぶことにする。なお，コレクタ接地方式，ベース接地方式は第3章で学ぶ。
▶p.130　▶p.174

> 交流信号成分だけに注目すると，図6(b)の V_{CC} は，電位の変動がないので，接地（基準電位）と同じであると考えます。この結果，交流的な回路では V_{CC} の両端を短絡し，コレクタ端子が接地されます。

2　コレクタ抵抗 R_C の役割

図6(a)において，トランジスタのベースに微小な交流電圧を加えると，コレクタには増幅された交流分を含む電流が流れる。この交流分を含む電流をコレクタ抵抗 R_C に流すと，R_C の両端には，以下に示す電圧降下が生じ，電流の変化を電圧の変化として取り出すことができる。

$$V_{RC} = R_C(I_C + i_c)$$

図6(b)のコレクタ接地増幅回路では，コレクタ抵抗 R_C に替わり，エミッタ抵抗 R_E がその役割をしている。

❶ 図6では，電位の基準点を明示するためにフレーム接続の図記号を示したが，以降の図では省略している。

参考　接地の図記号

接地の図記号は，使用目的に応じて図7(a)～(d)の種類がある。電子回路でよく使われる図記号は図7(a), (b)である。とくに図7(a)は，金属製の箱（シャーシ）を接地対象として接続配線することにより，複数の電子回路基板や装置間の接地電位を共通化するために使用され，**フレーム接続**❶と呼ばれている。図7(c)は電力線の電位を固定するために，大地への接地を表す。図7(d)は電子レンジや洗濯機などの電化製品で，漏電時に感電を防ぐ目的で接続する保護接地である。

電子回路では，図6(a)を図7(e)のように表すことがあり，フレーム接続された接地はすべて基準電位に共通接続されていると考えればよい。接地の図記号を適切に利用すれば，同じ回路がより簡素にわかりやすく表せることがある。

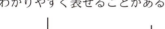
(a) フレーム接続　　**(b)** 保護等電位結合

(c) 接地

(d) 保護接地

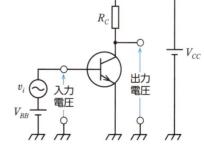
(e) 接地の図記号を用いた増幅回路

▲図7　接地の図記号とその応用例

3 エミッタ接地増幅回路の動作原理

図8(a)のように，エミッタ接地増幅回路のベースに交流の入力電圧を加えないときには，トランジスタには直流の電圧・電流だけが与えられている。このとき，I_CによるR_Cの電圧降下をV_{RC}とすれば，$V_{CC} = V_{RC} + V_{CE}$という関係になる。この式を変形すると，トランジスタのコレクタ・エミッタ間の電圧V_{CE}は，式(5)で表される。

$$V_{CE} = V_{CC} - V_{RC} = V_{CC} - R_C I_C \tag{5}$$

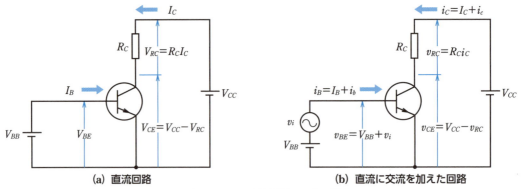

▲図8 エミッタ接地増幅回路の動作

次に，図8(b)のように，ベースに交流の入力電圧v_iを加えると，ベースには，直流分I_Bと交流分i_bを含んだベース電流i_Bが流れ，コレクタにも直流分I_Cと交流分i_cを含んだコレクタ電流i_Cが流れる。このとき，i_CによるR_Cの電圧降下をv_{RC}とすれば，$V_{CC} = v_{RC} + v_{CE}$より，v_{CE}は，式(6)のようになる。

$$v_{CE} = V_{CC} - v_{RC} = V_{CC} - R_C(I_C + i_c) \tag{6}$$

ここで，v_{CE}は直流分V_{CE}と交流分v_{ce}の和と考えられるから，$v_{CE} = V_{CE} + v_{ce}$として，式(6)のv_{CE}に代入すると次のようになる。

$$V_{CE} + v_{ce} = V_{CC} - R_C I_C - R_C i_c$$

直流分のみの式(5)は，$V_{CE} = V_{CC} - R_C I_C$であるから，これを上式に代入すると，交流分のみの式が残り，式(7)が得られる。

$$v_{ce} = -R_C i_c \tag{7}$$

したがって，v_{ce}を交流の出力電圧v_oとすれば，v_oの大きさは，抵抗R_Cの値を大きくすることにより，ベースに加えられた交流の入力電圧v_iより大きくすることができる。つまり，この増幅回路は，電流がh_{fe}倍されるばかりでなく電圧も増幅できることを意味している。

❶ 式(7)の負符号は，v_{ce}の波形がi_cに対して反転し，逆位相になることを意味している。つまりi_cの波形が正のときv_{ce}は負になり，i_cの波形が負のときv_{ce}は正になることを表している。

4 トランジスタのバイアスと動作点

図9に，各部の電圧・電流の波形を示す。各部の波形は，交流分を加えないときの直流の電圧・電流を中心値として，交流分が変化していることがわかる。この変化の中心となる直流電圧・電流をトランジスタの**バイアス電圧・バイアス電流**❶❷という。

❶ bias voltage
❷ bias current

✏ 図9では，V_{BB} がバイアス電圧，I_B がバイアス電流です。

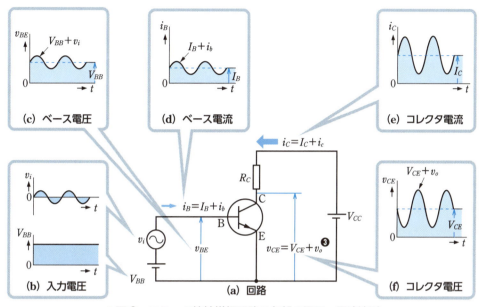

▲図9 エミッタ接地増幅回路の各部の電圧・電流波形

バイアスは，トランジスタを動作させるために重要で，バイアスが適正でないと，出力信号波形にひずみが生じ，その結果，増幅器として機能しないこともある。このことを V_{CE}-I_C 特性図を使って考えてみよう。

❸ v_{ce} を v_o として表している。

a 負荷線 図10(a)の回路において，直流分だけを考えると，電源電圧 V_{CC} とコレクタ・エミッタ間電圧 V_{CE}，コレクタ電流 I_C の関係は，$V_{CC} = R_C I_C + V_{CE}$ であるから，I_C は式(8)のようになる。

◆ コレクタ電流　$$I_C = \frac{1}{R_C}(V_{CC} - V_{CE}) \;[\text{A}] \tag{8}$$

式(8)より，この回路に流れるコレクタ電流 I_C の最大値❹とコレクタ・エミッタ間電圧 V_{CE} の最大値を求めることができる。

(1) **I_C の最大値の求め方** トランジスタのコレクタ・エミッタ間が導通（短絡）状態と仮定すると❺，$V_{CE} = 0$ であるから，コレクタ電流 I_C は，式(8)から次のように求められる。

❹ この最大値は，交流信号の振幅の意味ではなく，V_{CE} の変化によって I_C が取り得る最大の値という意味である。

❺ p. 37～38で学んだように，トランジスタのスイッチング作用として考えると，コレクタ・エミッタ間は機械的なスイッチに置き換えて考えることができる。
オン状態にあるスイッチの両端は短絡状態であり，電位差は0である。

2 トランジスタ増幅回路の基礎　**71**

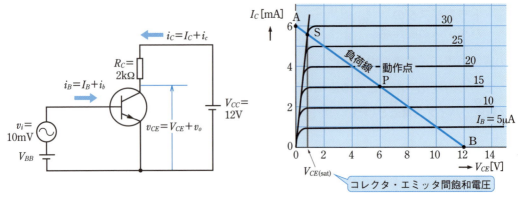

(a) エミッタ接地増幅回路   (b) 負荷線と動作点

▲図10　負荷線と動作点

$$I_C = \frac{V_{CC}}{R_C} = \frac{12}{2\times 10^3} = 6\,\mathrm{mA} \quad (V_{CE}=0\,\mathrm{V})$$

これより，図10(b)の点Aが定められる。

(2) **V_{CE}の最大値の求め方**　トランジスタがオフ状態であると仮定すると，❶$I_C=0$ であるから，式(8)は次のように変形できる。

$$V_{CE} = V_{CC} = 12\,\mathrm{V} \quad (I_C = 0\,\mathrm{A})$$

これより，図10(b)の点Bが定められる。

V_{CE}-I_C 特性上の点Aと点Bを結んだ直線を**負荷線**❷という。

図10(a)の増幅回路は，この負荷線に沿って動作する。たとえば，I_B が $10\,\mu\mathrm{A}$ 流れたとすると，図10(b)に示す負荷線と V_{CE}-I_C 特性曲線の交点から，I_C は $2\,\mathrm{mA}$ であることがわかる。また，この交点は，I_B をいくら大きくしても点Sよりも左側に移動できず，V_{CE} が 0 にならない。これを**コレクタ・エミッタ間飽和電圧**といい，$V_{CE(sat)}$ で表❸す。したがって，点Sは，このトランジスタのオン状態を示している。

ｂ　動作点　図10(a)において，入力電圧 v_i を加えると，その変化によって，図10(b)の負荷線に沿ってコレクタ・エミッタ間電圧とコレクタ電流が変化する。ここで，入力電圧 v_i を 0 としたとき，トランジスタに加えられている直流電圧・電流の値を示す点（図10(b)の点P）は，動作の中心となり，これを**動作点**❹という。動作点における V_{CE} を**コレクタバイアス電圧**，I_C を**コレクタバイアス電流**と呼ぶ。

ｃ　動作点の選び方　図10(a)において，入力電圧 v_i によって i_C，v_{CE} は動作点を中心に変化するから，負荷線のほぼ中央に動作点を定めると，交流波形の最大値（振幅）を最も大きくとることができる。

❶ オフ状態のトランジスタをスイッチに置き換えると，コレクタ・エミッタ間は開放状態と考えることができ，$I_C=0$ になる。また，スイッチの両端の電位差は V_{CC} と等しくなる。

❷ load line
　この場合は，直流分だけを考えているので，**直流負荷線**（DC load line）ともいう。

✎ p.84 の実験コーナーで確かめてみよう。

❸ sat は「飽和」を意味する saturation の略である。トランジスタのコレクタ・エミッタ間飽和電圧は $0.1\sim 0.3\,\mathrm{V}$ 程度である。

❹ operating point

✎ 動作点を負荷線の中央にすると，$V_{CE}=\frac{1}{2}\times V_{CC}$ となります。このような動作点の取り方は，A級電力増幅回路でも活用します（p.148～149 参照）。

72　第 2 章　増幅回路の基礎

図11(b)は，図10(a)の回路において，動作点を負荷線の中央の点Pに定めた場合と，点P_1，P_2に定めた場合の波形を示したものである。

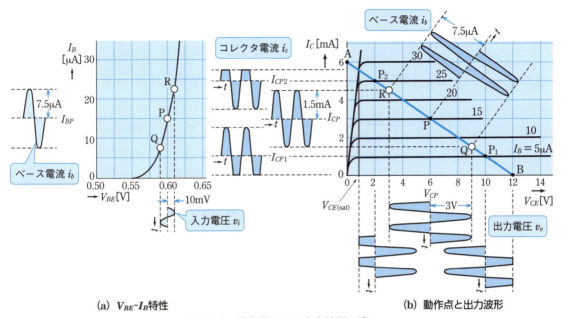

(a) V_{BE}-I_B特性　　(b) 動作点と出力波形

▲図11　動作点による出力波形の違い

　図11(a)より，入力電圧v_iを最大値(振幅)が10 mVの交流電圧として与えた場合，ベース電流i_Bは15 μAを中心にして±7.5 μA変化する。したがって，図11(b)の特性曲線では，コレクタ電流i_Cは負荷線上の点Rと点Qの間で±1.5 mAの変化となり，出力電圧v_oは6 Vを中心に±3 Vの交流電圧になることがわかる。動作点を点Pに定めた場合は，I_CとV_{CE}のバイアスはそれぞれI_{CP}とV_{CP}になり，このバイアスを中心としてI_CとV_{CE}が変化し，増幅されていることがわかる。

　一方，出力電圧v_oは，電源電圧よりも大きくできない。また，電圧が低いところでは$V_{CE(\text{sat})}$よりも小さくできない。このため，動作点Pであっても，過大な入力電圧を与えたり，動作点をP_1またはP_2に定めたりした場合は波形の一部が飽和し，ひずんでしまう。

　増幅回路において，入力信号電圧の波形を維持したまま増幅するためには，バイアスを正しく与えることが不可欠である。

問 3　図10(b)より，動作点における各部のバイアスI_B，V_{CE}，I_Cを求めよ。また，コレクタ・エミッタ間飽和電圧も求めよ。

5 電圧・電流・電力の増幅度

一般に増幅回路は，図 12 のように，入力端子が二つと出力端子が二つある四端子の回路として表すことができる。

▲図 12 増幅回路の四端子表示

このとき，出力電圧 v_o と入力電圧 v_i の比の絶対値を**電圧増幅度**❶ A_v といい，出力電流 i_o と入力電流 i_i の比の絶対値を**電流増幅度**❷ A_i という。また，出力電力 P_o と入力電力 P_i の比を**電力増幅度**❸ A_p という。電圧，電流，電力の増幅度をまとめると，次のように定義される。

◆ (1) 電圧増幅度　　　$A_v = \left| \dfrac{v_o}{v_i} \right|$

◆ (2) 電流増幅度　　　$A_i = \left| \dfrac{i_o}{i_i} \right|$　　　　　　　　　(9)

◆ (3) 電力増幅度　　　$A_p = \left| \dfrac{P_o}{P_i} \right|$

例題 1

図 11 の特性をもつ増幅回路の入力・出力の正弦波交流電圧・電流の最大値をそれぞれ V_{im}, I_{im}, V_{om}, I_{om} とし，電圧増幅度 A_v，電流増幅度 A_i，電力増幅度 A_p を求めよ。

解答　電圧増幅度 A_v と電流増幅度 A_i は，次のようになる。

$$A_v = \left| \frac{V_{om}}{V_{im}} \right| = \frac{3}{10 \times 10^{-3}} = 300$$

$$A_i = \left| \frac{I_{om}}{I_{im}} \right| = \frac{1.5 \times 10^{-3}}{7.5 \times 10^{-6}} = 200$$

入力電力 P_i と出力電力 P_o は，次のように求められる。

$$P_i = \frac{V_{im}}{\sqrt{2}} \cdot \frac{I_{im}}{\sqrt{2}} = \frac{1}{2} V_{im} I_{im} = \frac{1}{2} \times 10 \times 10^{-3} \times 7.5 \times 10^{-6} = 0.0375\ \mu W$$

$$P_o = \frac{V_{om}}{\sqrt{2}} \cdot \frac{I_{om}}{\sqrt{2}} = \frac{1}{2} V_{om} I_{om} = \frac{1}{2} \times 3 \times 1.5 \times 10^{-3} = 2.25\ mW$$

したがって，電力増幅度 A_p は，次のようになる。

$$A_p = \left| \frac{P_o}{P_i} \right| = \frac{2.25 \times 10^{-3}}{0.0375 \times 10^{-6}} = 60\,000$$

---

❶ voltage amplification degree

出力電圧と入力電圧の比は，両者の位相の関係から負になることもあるが，ここでは位相を考慮せずに増幅度の大きさだけを考えているために，電圧増幅度と電流増幅度に絶対値をつけて計算している。

❷ current amplification degree

1個のトランジスタを増幅回路とみた場合の電流増幅度は，トランジスタの電流増幅率と同じである。

❸ power amplification degree

$P_o = v_o i_o$, $P_i = v_i i_i$ なので電圧と電流の方向によっては負になることがある。このため絶対値をつけて計算している。

✎ P_i については，正弦波交流電圧・電流の最大値 V_{im}, I_{im} を $\sqrt{2}$ で割ることで，実効値にしています。P_o も同様です。

問 4 ある増幅回路において，入力・出力の正弦波交流電圧・電流の最大値をそれぞれ V_{im}, I_{im}, V_{om}, I_{om} としたとき，電圧増幅度 $A_v = 300$，$V_{im} = 2\,\text{mV}$ のときの V_{om} を求めよ。また，電流増幅度 $A_i = 150$，$I_{om} = 1.5\,\text{mA}$ のときの I_{im} を求めよ。

問 5 問4の入力電力 P_i，出力電力 P_o，電力増幅度 A_p を求めよ。

6 増幅度と利得

増幅回路の増幅度（出力と入力の比）を常用対数で表したものを**利得**といい❶，単位には［dB］が用いられる。❷

増幅回路の電圧・電流・電力の利得は，次のように定義される。

◆ (1) 電圧利得 　　$G_v = 20 \log_{10} A_v \; [\text{dB}]$

◆ (2) 電流利得 　　$G_i = 20 \log_{10} A_i \; [\text{dB}]$ 　　(10)

◆ (3) 電力利得 　　$G_p = 10 \log_{10} A_p \; [\text{dB}]$

❶ gain

増幅度は，小さな数値から大きな数値までを扱うことが多いため，対数を取ることにより，より少ない桁数で表現することができる。

❷ decibel

✏ 電力利得は，電圧利得や電流利得と log のまえの係数が異なることに注意しましょう。

✦Note 対数の計算

$a(a > 0, \; a \neq 1)$ を底とする対数について以下の公式がなりたつ（ただし，$M > 0$, $N > 0$ とする）。

(1) $\log_a 1 = 0, \; \log_a a = 1$

(2) $\log_a MN = \log_a M + \log_a N$

(3) $\log_a \dfrac{M}{N} = \log_a M - \log_a N$

(4) $\log_a M^r = r \log_a M$

これらの公式を用いて，$\log_{10} 200$ を計算すると，

$$\log_{10} 200 = \log_{10}(2 \times 100) = \log_{10} 2 + \log_{10} 10^2$$
$$= \log_{10} 2 + 2 \log_{10} 10 = \log_{10} 2 + 2$$

となる。ここで，$\log_{10} 2$ は常用対数表などから，約 0.3 であるから，次のように求めることができる。

$$\log_{10} 200 \fallingdotseq 0.3 + 2 = 2.3$$

問 6 (1)〜(3)を計算せよ（$\log_{10} 2 = 0.3$, $\log_{10} 3 = 0.48$ とする）。

(1) $\log_{10} \dfrac{1}{2}$ 　　(2) $\log_{10} 10 + \log_{10} 3$ 　　(3) $\log_{10} 20$

2 トランジスタ増幅回路の基礎 **75**

例題 2 基本増幅回路の各増幅度が,$A_v=200$,$A_i=100$,$A_p=20\,000$ であるとき,これを [dB] で表せ。

解答
$$G_v = 20\log_{10}200 = 20\log_{10}(2\times100)$$
$$= 20(\log_{10}2 + \log_{10}100) \fallingdotseq 20\times2.3 = \mathbf{46\,dB}$$
$$G_i = 20\log_{10}100 = 20\times2 = \mathbf{40\,dB}$$
$$G_p = 10\log_{10}20\,000 = 10\log_{10}(2\times10\,000)$$
$$= 10(\log_{10}2 + \log_{10}10\,000)$$
$$\fallingdotseq 10\times4.3 = \mathbf{43\,dB}$$

問 7 $v_i=5\,\text{mV}$ の入力電圧を増幅回路に加えたとき,出力電圧が $v_o=5\,\text{V}$ であった。電圧利得 G_v [dB] を求めよ。

問 8 電力利得 $G_p=40\,\text{dB}$ の増幅回路に入力電力 P_i を加えたとき,出力電力が $P_o=3\,\text{W}$ であった。入力電力 P_i を求めよ。

♣Note 多段増幅回路の増幅度と利得

増幅度が A_1,A_2,A_3,…の増幅回路を,図13(この場合は三つの回路)のように接続したとき,これを**多段増幅回路**という。このとき増幅回路 1, 2, 3, …を,それぞれ1段目,2段目,3段目,…と呼ぶことにする。全体の増幅度 A は,

$$A = A_1 \cdot A_2 \cdot A_3 \cdots \tag{11}$$

となる。いま,A_1,A_2,A_3,…の各増幅度を G_1,G_2,G_3,…の利得で表すと,全体の利得 G は次のようになる。

$$G = G_1 + G_2 + G_3 + \cdots \,[\text{dB}] \tag{12}$$

このように,利得を用いると全体の利得 G は各段の利得の和の形で簡単に求めることができる。

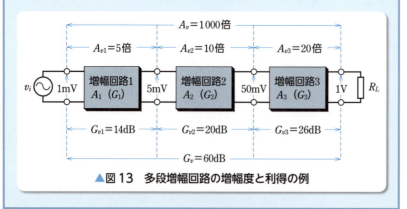

▲図13 多段増幅回路の増幅度と利得の例

例題 3　図 13 は，電圧増幅回路 3 段の例である。各増幅回路の増幅度と利得が図に示す値のように与えられたとき，2 段目までの増幅度 A と利得 G を求めよ。

解答　$A = A_1 \cdot A_2 = 5 \times 10 = \mathbf{50}$
$G = G_1 + G_2 = 14 + 20 = \mathbf{34 \text{ dB}}$

問 9　図 14 の多段増幅回路において，2 段目にある増幅回路 2 の電圧利得 G_{v2} [dB] を求めよ。

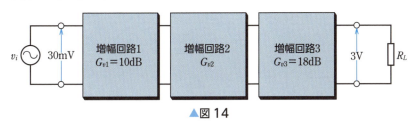

▲図 14

3　トランジスタの h パラメータと小信号等価回路

　すでに学んだように，トランジスタの動作は，直流分と交流分に分けて考えることができる。電圧増幅度や電流増幅度などは，交流信号に対して定義されている。このような交流信号に対するいろいろな計算には，***h* パラメータ**❶と呼ばれるトランジスタの特性を表す定数が用いられる。

❶　h-parameter（h : hybrid）

1　h パラメータの定義

　図 15 は，エミッタ接地の増幅回路である。この回路に直流電圧を与え，トランジスタの電流や電圧の関係を調べると，図 16 のような特性図として表すことができる。h パラメータは，特性図上のある一定の動作点において，各特性が直線的に変化するとみなせる，微小な変化分から求めたものである。

図 16 は，p. 36 図 6 に示したトランジスタの静特性の一部です。
　図 16 の P_a，P_b，P_c，P_d は，それぞれの象限における動作点（バイアス）の設定例です。

a　小信号電流増幅率　図 15 の回路で，V_{CE} を一定にして I_B を微小量 $\varDelta I_B$ 変化させたとき，I_C が $\varDelta I_C$ 変化すると，小信号電流増幅率 h_{fe} は，式(13)で定義される。式(13)は，図 16 の第 2 象限の特性（I_B-I_C 特性）のある点 P_a（動作点）における傾きを意味している。

◆ 小信号電流増幅率　　$h_{fe} = \dfrac{\varDelta I_C}{\varDelta I_B}$　（V_{CE} は一定）　　　　(13)

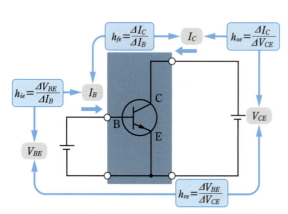
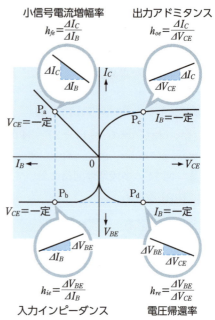

▲図15 トランジスタの端子電圧と電流　　▲図16 特性曲線とhパラメータの関係

ほかの象限についても同様に，それらの傾きから次に示すような量が定義される。

b 入力インピーダンス 第3象限では，V_{CE}を一定にして，I_Bを微小量ΔI_Bだけ変化させたとき，V_{BE}がΔV_{BE}だけ変化した場合，式(14)で定義されるh_{ie}を，**入力インピーダンス**❶という。単位はオーム[Ω]である。

❶ input impedance

◆ 入力インピーダンス　　$h_{ie} = \dfrac{\Delta V_{BE}}{\Delta I_B}$ [Ω] （V_{CE}は一定）　　(14)

c 出力アドミタンス 第1象限では，I_Bを一定にして，V_{CE}を微小量ΔV_{CE}だけ変化させたとき，I_CがΔI_C変化したとして，式(15)で定義されるh_{oe}を，**出力アドミタンス**❷という。単位はジーメンス[S]である。

❷ output admittance

◆ 出力アドミタンス　　$h_{oe} = \dfrac{\Delta I_C}{\Delta V_{CE}}$ [S] （I_Bは一定）　　(15)

d 電圧帰還率 同様にして，第4象限の特性から，式(16)で定義されるh_{re}を，**電圧帰還率**❸という。

❸ voltage feedback ratio

◆ 電圧帰還率　　$h_{re} = \dfrac{\Delta V_{BE}}{\Delta V_{CE}}$ （I_Bは一定）　　(16)

式(13)～(16)で定義される量がhパラメータである。

h パラメータは，トランジスタ固有の値で，一般に動作点 (P_a, P_b, P_c, P_d) によって変化する。

問 10 図17に示すトランジスタの静特性図において，A, B, C, D の各曲線から求められる h パラメータの名称と定義の式を答えよ。

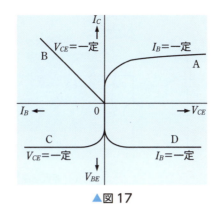

▲図17

2 h パラメータによる等価回路

トランジスタを4端子の素子とみなし，微小な交流分の電圧と電流を図18(a)のように定めたとき，h パラメータを用いて図18(b)の回路で表すことができる❶。この回路を h パラメータによる**等価回路**❷という。

ここで，$h_{re}v_{ce}$ は理想電圧源❸の電圧，$h_{fe}i_b$ は理想電流源❹の電流を表し，$\frac{1}{h_{oe}}$ はトランジスタの**出力インピーダンス**❺を意味している。

一般に，h_{re} はひじょうに小さく，また $\frac{1}{h_{oe}}$ は増幅回路をつくるとき，コレクタに接続される抵抗に比べてひじょうに大きいので，これらを無視できる場合には，図18(c)のような簡単な等価回路を用いることができる。本書では，図18(c)の簡単化した等価回路を用いることにする。

❶ 図18(a)の電圧と電流を変数とした場合，各変数の関係は次のようになる。
$v_{be} = h_{ie}i_b + h_{re}v_{ce}$
$i_c = h_{fe}i_b + h_{oe}v_{ce}$

❷ equivalent circuit
❸ まわりの回路に無関係に，一定の起電力をもった理想的な電源をいう。
❹ まわりの回路に無関係に，一定の電流を流す理想的な電源をいう。
❺ output impedance

✎ 等価回路において，電圧は矢印側が正方向です。
電流は矢印の方向に電流が流れ，これを正方向とします。

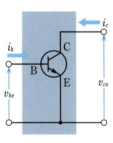

(a) エミッタ接地

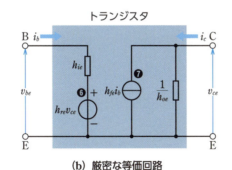

(b) 厳密な等価回路

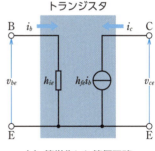

(c) 簡単化した等価回路

▲図18 h パラメータによる等価回路

3 等価回路を用いた特性の計算

h パラメータを用いて，図19(a)のエミッタ接地増幅回路の各増幅度，および入出力インピーダンスを求めてみよう。図19(b)は，図19(a)の等価回路である。等価回路を使ってエミッタ接地増幅回路の各増幅度を

❻ 理想電圧源の図記号である。
❼ 理想電流源の図記号である。

2 トランジスタ増幅回路の基礎　79

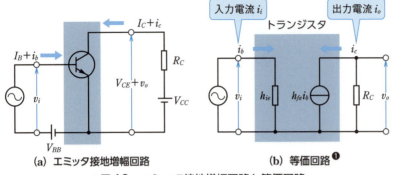

(a) エミッタ接地増幅回路　　　　　**(b) 等価回路❶**

▲図19　エミッタ接地増幅回路と等価回路

❶ h パラメータによる等価回路は，小信号の交流回路を表している。図19(a)の V_{BB} と V_{CC} は，電位が変化しない直流なので，等価回路では基準電位に接続されていると考え，電源間を短絡することにより図19(b)が得られる。

求めると，次のようになる。

電流増幅度 A_i は，$A_i = \left|\dfrac{i_o}{i_i}\right|$ であるが，この回路では $i_i = i_b$, $i_o = i_c$, $i_c = h_{fe} i_b$ であるから，式(17)のようになる。

$$\text{電流増幅度} \qquad A_i = \left|\dfrac{i_c}{i_b}\right| = \dfrac{h_{fe} i_b}{i_b} = h_{fe} \qquad (17)$$

また，出力電圧は $v_o = -R_C i_c$ ❷ であるから，電圧増幅度と電力増幅度は次のように求めることができる。

$$\text{電圧増幅度} \qquad A_v = \left|\dfrac{v_o}{v_i}\right| = \dfrac{R_C i_c}{v_i} = \dfrac{R_C h_{fe} i_b}{h_{ie} i_b} = \dfrac{h_{fe}}{h_{ie}} R_C \qquad (18)$$

$$\text{電力増幅度} \qquad A_p = \left|\dfrac{P_o}{P_i}\right| = \dfrac{R_C i_c^2}{h_{ie} i_b^2} = \dfrac{h_{fe}^2}{h_{ie}} R_C = A_v A_i \qquad (19)$$

回路の入出力インピーダンス Z_i, Z_o は，次のようになる。

$$\left.\begin{array}{ll}\text{入力インピーダンス} & Z_i = \dfrac{v_i}{i_b} = h_{ie} \\ \text{出力インピーダンス} & Z_o = R_C\end{array}\right\} \qquad (20)$$

図20は，図19(a)の入出力端子からみたインピーダンス Z_i, Z_o と増幅回路内部の関係を示している。

以上の各式は，いずれも $h_{re} v_o$, $\dfrac{1}{h_{oe}}$ を無視したときの近似式であるが，実用上これでじゅうぶんである。

❷ 出力電圧 v_o は，p.70 式(7)の v_{ce} と同じである。負符号がつくのは，図19(b)の等価回路で考えると，下図のように，出力電圧 v_o の方向と，理想電流源からの電流によって発生する R_C の端子電圧の方向が逆になるためである。

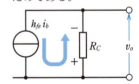

✏ 図19(a)の回路では，回路の入力インピーダンスはトランジスタの入力インピーダンスと一致します。一方，出力インピーダンスは，理想電流源の内部インピーダンスは無限大なので，無視することができます。

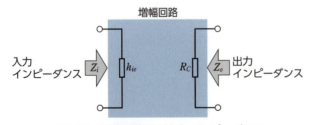

▲図20　増幅回路の入出力インピーダンス

80　第2章　増幅回路の基礎

例題 4 図21のエミッタ接地増幅回路で，hパラメータの値が $h_{ie}=2\,\text{k}\Omega$，$h_{fe}=100$ で，$R_C=4\,\text{k}\Omega$ のときの等価回路を示せ。また，増幅度 A_i，A_v，A_p および入出力インピーダンス Z_i，Z_o を求めよ。

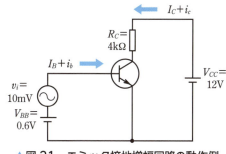

▲図21　エミッタ接地増幅回路の動作例

解答　図21のエミッタ接地増幅回路についての等価回路は，図22のようになる。また，式(17)～(19)より，各増幅度は次のように求められる。

電流増幅度　$A_i = \left|\dfrac{i_o}{i_i}\right| = \dfrac{i_c}{i_b} = \dfrac{h_{fe}i_b}{i_b}$

$= h_{fe} = 100$

電圧増幅度　$A_v = \left|\dfrac{v_o}{v_i}\right| = \dfrac{R_C i_c}{v_i}$

$= \dfrac{R_C h_{fe} i_b}{h_{ie} i_b} = \dfrac{h_{fe}}{h_{ie}} R_C$

$= \dfrac{100}{2\times 10^3} \times 4\times 10^3 = 200$

電力増幅度　$A_p = A_v A_i = 200 \times 100 = 20\,000$

また，式(20)から，各インピーダンスは次のように求められる。

入力インピーダンス　$Z_i = h_{ie} = 2\,\text{k}\Omega$

出力インピーダンス　$Z_o = R_C = 4\,\text{k}\Omega$

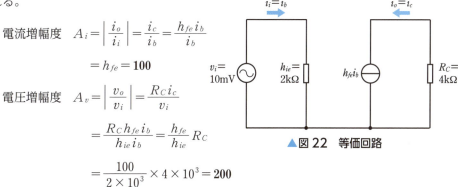

▲図22　等価回路

問 11　図23のエミッタ接地増幅回路を等価回路で表せ。

問 12　図23において，$h_{ie}=1.5\,\text{k}\Omega$，$h_{fe}=200$，$R_C=3\,\text{k}\Omega$ のとき，電圧利得 G_v，電流利得 G_i，電力利得 G_p を求めよ。また，回路の入力インピーダンス Z_i と出力インピーダンス Z_o を求めよ。

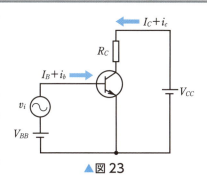

▲図23

2　トランジスタ増幅回路の基礎

> **参考** 入力インピーダンスと出力インピーダンスの大きさ

一般的に，各種の機器に用いられている実用的な電子回路は，ある役割をもった回路を複数個つなげることで構成されている。回路と回路を接続するさいには，信号を前段から後段へむだなく伝達することが好ましい。信号伝達の効率には，前段の出力インピーダンスと後段の入力インピーダンスの大きさがかかわっている。

a 電力の伝達

図24は，回路Aの出力部を回路Bの入力部に接続した状態を示している。抵抗Z_{Ao}は回路Aの出力インピーダンス，抵抗Z_{Bi}は回路Bの入力インピーダンスである。❶

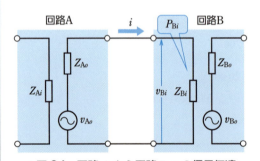

▲図24 回路Aから回路Bへの信号伝達

この回路において，回路Bが回路Aから受け取る電力P_{Bi}について考えてみよう。電力P_{Bi}は，式(21)で表される。

$$P_{Bi} = v_{Bi} i = i^2 Z_{Bi} \qquad (21)$$

ここで，回路Aから回路Bに流れる電流iは，式(22)で表される。

$$i = \frac{v_{Ao}}{Z_{Ao} + Z_{Bi}} \qquad (22)$$

この式(22)を式(21)に代入して変形すると，電力P_{Bi}は次のようになる。

$$\begin{aligned}P_{Bi} &= \left(\frac{v_{Ao}}{Z_{Ao} + Z_{Bi}}\right)^2 Z_{Bi} \\ &= \frac{v_{Ao}^2}{Z_{Ao}^2 + 2Z_{Ao}Z_{Bi} + Z_{Bi}^2} Z_{Bi} \\ &= \frac{1}{\frac{Z_{Ao}^2}{Z_{Bi}} + 2Z_{Ao} + Z_{Bi}} v_{Ao}^2 \\ &= \frac{1}{\left(\sqrt{Z_{Bi}} - \frac{Z_{Ao}}{\sqrt{Z_{Bi}}}\right)^2 + 4Z_{Ao}} v_{Ao}^2 \quad (23)\end{aligned}$$ ❷

式(23)で電力P_{Bi}の値が最大になるのは，分母が最小，つまり，式(24)がなりたつときである。

$$\sqrt{Z_{Bi}} - \frac{Z_{Ao}}{\sqrt{Z_{Bi}}} = 0 \qquad (24)$$

式(24)を解くと，式(25)が得られる。

$$Z_{Bi} = Z_{Ao} \qquad (25)$$

したがって，電力P_{Bi}の最大値P_{Bi}'は，式(23)，(24)より，次のように求められる。

$$P_{Bi}' = \frac{v_{Ao}^2}{4Z_{Ao}} \qquad (26)$$

つまり，回路BのZ_{Bi}と回路AのZ_{Ao}を等しくすれば，式(26)で表される最大電力P_{Bi}'を回路Aから回路Bに伝達することができる。

---

❶ これらのほか，Z_{Ai}は回路Aの入力インピーダンス，Z_{Bo}とv_{Bo}は，それぞれ回路Bの出力インピーダンスと出力電圧である。

❷ $\left(\sqrt{Z_{Bi}} - \frac{Z_{Ao}}{\sqrt{Z_{Bi}}}\right)^2 = Z_{Bi} - 2Z_{Ao} + \frac{Z_{Ao}^2}{Z_{Bi}}$

このように，二つの回路において入力インピーダンスと出力インピーダンスを等しくすることを**インピーダンス整合**❶という。図25は，P_{Bi}，Z_{Bi}，Z_{Ao}の関係を表したグラフである。

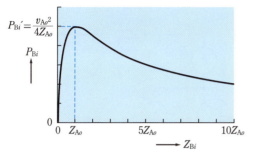

▲図25 P_{Bi}，Z_{Bi}，Z_{Ao}の関係

b 電圧の伝達 電力損失が大きくなる要因の多い高周波増幅回路では，インピーダンス整合が重要になる。しかし，正確なインピーダンス整合を行うのは容易でないため，電力損失が小さい低周波増幅回路では，電圧を伝達することを重視することが多い。

図24において，分圧の式を用いると，式(27)が得られる。
$$v_{Bi} = \frac{Z_{Bi}}{Z_{Bi} + Z_{Ao}} v_{Ao} \qquad (27)$$
このとき，
$$Z_{Bi} \gg Z_{Ao} \qquad (28)$$
がなりたてば，式(27)は，$v_{Bi} \fallingdotseq v_{Ao}$となり，回路Aの出力電圧$v_{Ao}$がそのまま回路Bに入力電圧$v_{Bi}$として伝達される。

つまり，低周波増幅回路において，電圧の伝達を重視する場合には，入力インピーダンスは大きく，出力インピーダンスは小さいほうがよいと考えられる。

しかし，実際には，電子部品の特性や回路構成などの諸条件により，式(28)の関係がなりたつように回路を設計できるとは限らない。このため，式(28)の関係を成立させる必要がある場合には，回路間に**コレクタ接地増幅回路**❷を接続する。

---

❶ impedance matching，p.172参照。
❷ 詳しくはp.130で学ぶ。

Experiment

実験コーナー

トランジスタの直流負荷線と動作点の測定

次の実験回路を用いて，トランジスタ増幅回路の直流負荷線をかき，動作点を測定してみよう。

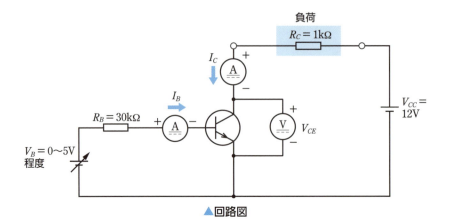

▲回路図

- **実験器具** 直流電源装置2台，直流電流計(ディジタルマルチメータ)2台，直流電圧計(ディジタルマルチメータ)1台
- **使用部品** トランジスタ(2SC1815)，抵抗(1/4 W) 1 kΩ，30 kΩ，発光ダイオード(赤色)
- **実験方法**
  (1) 上図のように，トランジスタのコレクタに負荷として1 kΩの抵抗と，直流電流計，直流電圧計を接続する。
  (2) p.71 式(8)を使ってコレクタ電流の最大値とコレクタ・エミッタ間電圧の最大値を求め，グラフ上にA点とB点を定め，直流負荷線をかく。
  (3) ベース電圧 V_B を調整し，I_B を 0 μA から 100 μA まで，10 μA ずつ増やしていき，その都度 I_C と V_{CE} を記録する。また，グラフ上にプロットする。
  (4) かいたグラフから，直流負荷線と動作点の関係について考察しよう。
  (5) 負荷を，1 kΩの抵抗と発光ダイオードの直列回路に変更し，測定してみよう。また，直流負荷線から測定点が外れた場合，その理由を考えてみよう。

- **実験結果**

▼測定結果

I_B [μA]	I_C [mA]	V_{CE} [V]
0		
10		
20		
30		
40		
50		
60		
70		
80		
90		
100		

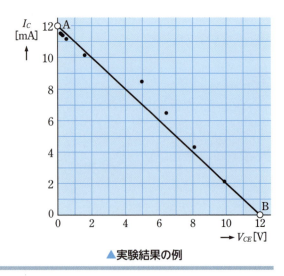

▲実験結果の例

3節 トランジスタのバイアス回路

この節で学ぶこと バイアス回路は，増幅回路の動作点を決定する重要な回路である。ここでは，バイアス回路の種類，特徴，安定度などについて学ぶ。

1 バイアス回路の安定度

1 温度による動作点の移動

トランジスタは温度に対して敏感で，温度変化により図1(a)の動作点 P が図1(b)の点 P′ へ移動することがある。動作点が移動すると，図1(b)のように出力波形にひずみが生じたり，ときにはトランジスタの温度が上昇し続ける**熱暴走**と呼ばれる現象が生じ，最大定格を超えてトランジスタが破壊されたりすることがある。

❶ thermal runaway

このためバイアス回路は，温度変化によって動作点が移動しないように，できるだけ安定でなければならない。温度変化に対する動作点の移動しにくさの度合いを**安定度**といい，動作点が移動しにくい回路を**安定度がよい**，移動しやすい回路を**安定度が悪い**という。

❷ stability

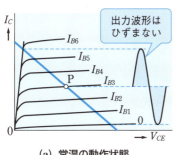
(a) 常温の動作状態

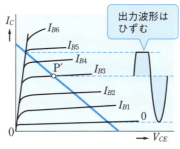
(b) 温度が上昇した状態

▲図1 温度による動作点の移動

次に，動作点の変化の要因について調べてみよう。

2 トランジスタの温度特性と特性のばらつき

トランジスタの特性のなかで，温度によって大きく変化するものに，ベース・エミッタ間電圧 V_{BE} と，直流電流増幅率 h_{FE} がある。

a V_{BE} の温度特性 図2に示すように，V_{BE} は温度の上昇とともに減少する傾向があって，その温度係数は約 $-2\,\mathrm{mV/℃}$ である。したがって，温度が 25℃ 上昇した場合，V_{BE} は約 50 mV 減少する。

> 温度が1℃上昇すると，V_{BE} が 2 mV 減少するということです。

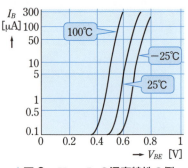

▲図2　$V_{BE}-I_B$ の温度特性の例　　▲図3　h_{FE} の温度特性の例

b　h_{FE} の温度特性　h_{FE} は，図3のように，温度とともに増加する傾向がある。

c　特性のばらつき　トランジスタの動作点の変化は，温度の変化に対してだけでなく，トランジスタ自体の特性のばらつきによるものもある。バイアス回路は，これらの特性のばらつきに対して，安定に動作しなければならない。トランジスタの特性のうち，とくに h_{FE} はそのばらつきが大きく，同一品種でも2倍程度の幅がある。

　バイアスの安定度が悪い回路では，V_{BE} や h_{FE} の変化によって，動作点が設計値から大きくずれることがあるので注意が必要である。次に，どのようにしたらバイアスを安定化させることができるのかについて学ぶ。

2　バイアス回路の種類と特徴

1　バイアス回路の種類

　第2節で学んだエミッタ接地増幅回路では，図4(a)のように，ベース直流電源から直接ベースにバイアス電圧を加えていた。このバイアス方法は，ベース直流電源 V_{BB} とコレクタ直流電源 V_{CC} の二つを使用するので，**2電源方式**と呼ばれる。2電源方式は，直流電源を二つ必要とするため，ほとんど用いられていない。これに対して図4(b)のように，一つのコレクタ直流電源 V_{CC} を共用するようにしたものを**1電源方式**という。図4(c)，(d)は，図4(b)を改良したもので，バイアスの安定度が図4(b)に比べてよい。とくに，図4(d)の回路は，バイアスの安定度がよいので，一般に多く用いられている。

　次に，図4(b)，(c)，(d)に示した1電源方式バイアス回路の特徴と，回路を構成する抵抗値の計算方法について考えてみよう。

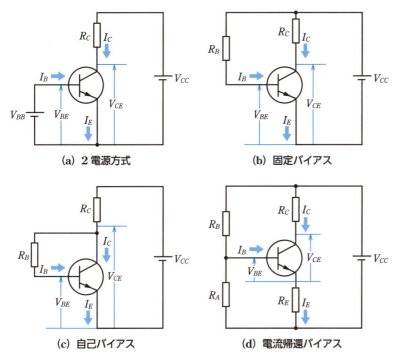

▲図4　バイアス回路の例

2　固定バイアス回路

図5は、最も簡単なバイアス回路で、**固定バイアス回路**❶と呼ばれ、ベース電流I_Bを、電源電圧V_{CC}からバイアス抵抗R_B❷を通して流す方法をとっている。

$V_{CC} = V_{RB} + V_{BE}$、$V_{RB} = R_B I_B$より、この回路のベース電流I_Bは次のようになる。

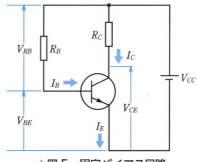

▲図5　固定バイアス回路

◆ベース電流　　$I_B = \dfrac{V_{RB}}{R_B} = \dfrac{V_{CC} - V_{BE}}{R_B}$ [A] 　　(1)

トランジスタのベース・エミッタ間の電圧V_{BE}は、第1章で学んだように、シリコントランジスタで約 0.6 V である。コレクタ電流I_Cは、$I_C = h_{FE} I_B$なので、右辺のI_Bに式(1)を代入すると、次の式のようになる。

◆コレクタ電流　　$I_C = \dfrac{h_{FE}(V_{CC} - V_{BE})}{R_B}$ [A] 　　(2)

$V_{CC} \gg V_{BE}$であれば、V_{BE}の変化に対してI_Cの変化は比較的小さいが、h_{FE}の変化に対してはI_Cの変化が大きくなる欠点がある。

❶ fixed bias circuit
つねに一定のバイアス電流やバイアス電圧を与える回路方式のことをいう。

❷ 式(2)より、R_Bによって、バイアス電流であるコレクタ電流の値が決まるので、バイアス抵抗という。

✎ 固定バイアス回路の安定度は、V_{BE}の変化に対してはよいのですが、h_{FE}の変化に対してはよくありません。

例題 1 図5の回路で，$V_{CC}=9\,\mathrm{V}$，$I_C=1\,\mathrm{mA}$ としたとき，R_B の値を求めよ。ただし，$h_{FE}=100$，$V_{BE}=0.6\,\mathrm{V}$ とする。

解答 まず，ベース電流 I_B を求める。

$$I_B=\frac{I_C}{h_{FE}}=\frac{1\times10^{-3}}{100}=10\,\mathrm{\mu A}$$

次に，式(1)からバイアス抵抗 R_B は，次のように求められる。

$$R_B=\frac{V_{CC}-V_{BE}}{I_B}=\frac{9-0.6}{10\times10^{-6}}=840\,\mathrm{k\Omega}$$

問 1 図5の回路で，$V_{CC}=6\,\mathrm{V}$，$I_C=3\,\mathrm{mA}$ としたとき，R_B と R_C の値を求めよ。ただし，$h_{FE}=150$，$V_{BE}=0.6\,\mathrm{V}$，$V_{CE}=\dfrac{V_{CC}}{2}$ とする。

3 自己バイアス回路

図6は，ベース電流 I_B をコレクタからバイアス抵抗 R_B を通して流しているバイアス回路で，**自己バイアス回路**❶と呼ばれる。

❶ self bias circuit

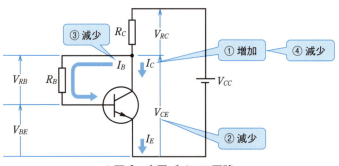

▲図6 自己バイアス回路

$V_{CE}=V_{RB}+V_{BE}$，$V_{RB}=R_B I_B$ より，ベース電流 I_B は次のようになる。

$$I_B=\frac{V_{RB}}{R_B}=\frac{V_{CE}-V_{BE}}{R_B} \quad (3)$$

また，$V_{CC}=V_{RC}+V_{CE}$，$V_{RC}=R_C(I_B+I_C)$ なので，式(3)は次のように変形できる。

$$I_B=\frac{V_{CC}-V_{RC}-V_{BE}}{R_B}=\frac{V_{CC}-R_C(I_B+I_C)-V_{BE}}{R_B} \quad (4)$$

ここで，$I_C \gg I_B$ とすれば，式(4)は次のような近似式になる。

◆ベース電流
$$I_B \fallingdotseq \frac{V_{CC}-R_C I_C-V_{BE}}{R_B}\,[\mathrm{A}] \quad (5)$$

この回路では，かりに温度上昇などで，I_C が増加しようとすると，次のような変化が起き，I_C の増加をさまたげるように働く。

① I_C が増加する。

② V_{CE} が減少する。── ($V_{CE} = V_{CC} - R_C I_C$)

③ I_B が減少する。── $\left(I_B = \dfrac{V_{CE} - V_{BE}}{R_B}\right)$

④ I_C が減少する。── ($I_C = h_{FE} I_B$)

この回路は，**電圧帰還バイアス回路**とも呼ばれ，固定バイアス回路に比べるとバイアス安定度がよくなる。

> 自己バイアス回路は，I_C の変化（動作点の移動）を打ち消すように動作するので，安定度がよいのです。

例題 2　図6の回路で，$V_{CC} = 9\,\text{V}$，$I_C = 1\,\text{mA}$，$R_C = 4.5\,\text{k}\Omega$ として R_B の値を求めよ。ただし，$h_{FE} = 100$，$V_{BE} = 0.6\,\text{V}$ とする。

解答　ベース電流 I_B を求めると次のようになる。

$$I_B = \frac{I_C}{h_{FE}} = \frac{1 \times 10^{-3}}{100} = 10\,\mu\text{A}$$

R_B は，式(5)を変形して次のように求めることができる。

$$R_B \fallingdotseq \frac{V_{CC} - R_C I_C - V_{BE}}{I_B} = \frac{9 - 4.5 \times 10^3 \times 1 \times 10^{-3} - 0.6}{10 \times 10^{-6}}$$

$$= 390\,\text{k}\Omega$$

問 2　図6の回路で，$V_{CC} = 12\,\text{V}$，$I_C = 1.5\,\text{mA}$ としたとき，R_B と R_C の値を求めよ。ただし，$h_{FE} = 120$，$V_{BE} = 0.6\,\text{V}$，$V_{CE} = \dfrac{V_{CC}}{2}$ とする。

4　電流帰還バイアス回路

図7は，最も標準的なバイアス回路で，**電流帰還バイアス回路**❶と呼ばれる。

❶ current feedback bias circuit

a　ブリーダ抵抗と安定抵抗　R_A，R_B は，V_{CC} を分割し，ベース電圧 V_B を決めるための抵抗で，**ブリーダ抵抗**❷という。R_A を流れる電流を I_A とすると，R_B には I_A とベース電流 I_B が流れる。

❷ bleeder resistance

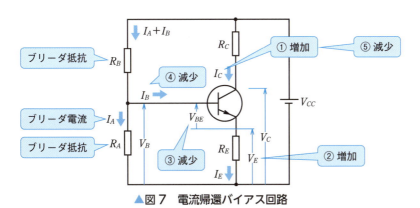

▲図7　電流帰還バイアス回路

I_B の変化による V_B の変動を少なくするため，I_A は I_B の 10 倍以上となるようにする。この I_A を，**ブリーダ電流**と呼ぶ。

エミッタ抵抗 R_E は，バイアスを安定化する働きがあるので，**安定抵抗**❶と呼ぶことがある。R_E の両端の電圧 V_E を大きくするほど，安定度はよくなるが，V_E が増加した分，V_C から取り出せる出力電圧は小さくなる。このため，V_E は一般に，V_{CC} の 10 % 程度としている。

❶ ballast resistance

b バイアスの安定度 I_A を I_B の 10 倍以上にすると，$V_{CC} = R_A I_A + R_B (I_A + I_B) \fallingdotseq (R_A + R_B) I_A$ なので，I_A は次のようになる。

$$I_A \fallingdotseq \frac{V_{CC}}{R_A + R_B} \tag{6}$$

I_A と I_B が 10 倍以上異なれば，$I_A \gg I_B$ が成立し，$I_A + I_B \fallingdotseq I_A$ という近似が使えると考えます。

したがって，ベース電圧 V_B は次のようになる。

◆ ベース電圧 $$V_B = R_A I_A \fallingdotseq \frac{R_A}{R_A + R_B} V_{CC} \quad [\text{V}] \tag{7}$$

V_B は，ベース電流 I_B にほぼ無関係に，一定の値となる。このとき V_{BE} は，$V_E = R_E I_E = R_E (I_B + I_C)$ を使って，式(8)で表すことができる。

$$V_{BE} = V_B - V_E = V_B - R_E (I_B + I_C) \tag{8}$$

この回路では，温度上昇などで I_C が増加しようとすると，以下のような変化が起こり，I_C の増加をさまたげるように働く。

① I_C が増加する。
② V_E が増加する。── ($V_E = R_E(I_B + I_C)$)
③ V_{BE} が減少する。── ($V_{BE} = V_B - V_E$)
④ I_B が減少する。── (V_{BE}-I_B 特性から)
⑤ I_C が減少する。── ($I_C = h_{FE} I_B$)

以上の動作により，温度の変化によって I_C が変化しても，その変化の割合は低くおさえられてバイアスの安定度がよい。しかし，R_A，R_B が入力に並列にはいるため，入力インピーダンスがやや低下する。

電流帰還バイアス回路は，自己バイアス回路と同様に，I_C の変化を打ち消すように動作するので，安定度がよいのです。

例題 3 図8で，$V_{CC} = 9\,\text{V}$，$I_C = 1\,\text{mA}$，$h_{FE} = 100$ のとき，R_E，R_A，R_B の値を求めよ。ただし，$V_E = 1\,\text{V}$，$I_A = 20 I_B$，$V_{BE} = 0.6\,\text{V}$ とする。

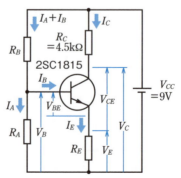

▶図8 バイアス回路の動作例

解答 $V_E = 1\,\text{V}$ であるから，$I_E \fallingdotseq I_C$ とすると，エミッタ抵抗 R_E は，

$$R_E = \frac{V_E}{I_E} \fallingdotseq \frac{1}{1 \times 10^{-3}} = 1\,\text{k}\Omega$$

となる。また，ベース電流 I_B は，次のようになる。

$$I_B = \frac{I_C}{h_{FE}} = \frac{1 \times 10^{-3}}{100} = 10\,\mu\text{A}$$

I_A は I_B の 20 倍であるから，次のようになる。

$$I_A = 20 I_B = 20 \times 10 \times 10^{-6} = 0.2\,\text{mA}$$

$V_{BE} = 0.6\,\text{V}$ であるから，$V_B = V_{BE} + V_E = 1.6\,\text{V}$ となるので，R_A，R_B は次のようになる。

$$R_A = \frac{V_B}{I_A} = \frac{1.6}{0.2 \times 10^{-3}} = 8\,\text{k}\Omega$$

$$R_B = \frac{V_{CC} - V_B}{I_A + I_B} = \frac{9 - 1.6}{0.21 \times 10^{-3}} \fallingdotseq 35\,\text{k}\Omega$$

問 3 図 9 の回路で，I_B，R_A，R_B，R_C，R_E の値を求めよ。ただし，$I_A = 20 I_B$，$h_{FE} = 200$ とする。

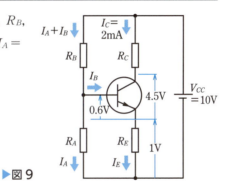

▶図 9

5 各種バイアス回路の比較

3 種類のバイアス回路の特徴を比較すると，表 1 のようになる。

固定バイアス回路は，簡単に回路を構成できるが，安定度が悪く，温度変化に対してひじょうに不安定な回路である。

自己バイアス回路は，固定バイアス回路と比べて安定度はよいが，交流分に対して負帰還がかかり利得が低下する欠点がある。
▶ p. 126

電流帰還バイアス回路は，この 3 種類のバイアス回路のなかで安定度が最もよく，一般に多く用いられている。しかし，つねにブリーダ電流が流れているために，電力損失が大きい欠点がある。

▼表 1 バイアス回路の特徴

回路名	固定バイアス回路	自己バイアス回路	電流帰還バイアス回路
特徴	安定度が悪い 回路が簡単	安定度がややよい 利得が低下する	安定度がよい 電力損失が大きい

4節 トランジスタによる小信号増幅回路

この節で学ぶこと バイアスの電圧や電流の大きさに比べて振幅の小さな信号を増幅する回路を，小信号増幅回路と呼ぶ。小信号増幅回路は，トランジスタ1個でじゅうぶんな利得が得られない場合，トランジスタを複数個用いて何段階かに分けて増幅する多段増幅回路が用いられる。ここではトランジスタ1個を用いた小信号増幅回路の増幅度と周波数特性，増幅回路に用いるコンデンサの影響などについて学ぶ。

1 小信号増幅回路の基本特性

図1に，多段増幅回路の1段の部分を取り出して示す。C_1，C_2は直流分を阻止し，交流信号分だけを通すためのコンデンサで，これを**結合コンデンサ**❶という。C_Eは交流信号分に対して点Ⓐと点Ⓑを短絡し❷，エミッタを接地するためのコンデンサで，**バイパスコンデンサ**❸という。R_iは次段回路を表し，次段回路の入力インピーダンスZ_iが抵抗分R_iだけと仮定している。

❶ coupling capacitor
図1のv_iは交流だが，前段回路のバイアスや，雑音として直流分が加わった場合には，C_1，C_2で阻止する。

❷ 点Ⓐと点Ⓑが短絡すると，交流信号成分のエミッタ電流i_eは，R_Eをバイパス（迂回）し，下図のように流れる。このため，交流成分はR_Eの影響を受けない。

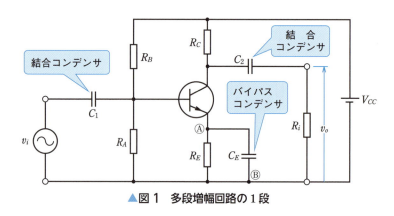

▲図1 多段増幅回路の1段

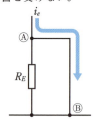

❸ by-pass capacitor
この回路では，R_Eを経由しないでエミッタを接地することにより，増幅度の低下を防ぐ働きをする。
バイパスコンデンサC_Eを接続しない回路については，p.128で学ぶ。

1 バイアスと交流等価回路

エミッタ接地増幅回路の動作を，直流回路（バイアス回路）と交流回路に分けて考えてみよう。

a バイアス回路 図1の回路をバイアス回路についてだけ考えると，図2(a)のようになる。これは，p.89で学んだ電流帰還バイアス回路である。この回路のブリーダ電流I_Aとベース電圧V_Bは，p.90 式(6)，(7)で求めたとおり，次のようになる。

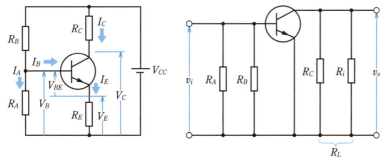

(a) 直流回路　　　**(b) 交流等価回路**

▲図2　バイアス回路と交流等価回路

> 図2(b)は，図1の V_{CC} と C_1，C_2，C_E を短絡させた回路になります。

$$I_A \fallingdotseq \frac{V_{CC}}{R_A + R_B} \quad (1)$$

$$V_B \fallingdotseq \frac{R_A}{R_A + R_B} V_{CC} \quad (2)$$

エミッタ電圧 V_E は，$V_B = V_{BE} + V_E$ の関係から V_E について変形して，

$$V_E = V_B - V_{BE} \quad (3)$$

となる。V_E は，抵抗 R_E の電圧降下 $R_E I_E$ であり，$I_E \fallingdotseq I_C$ なので，コレクタ電流 I_C は，次のように近似できる。

$$I_C \fallingdotseq I_E = \frac{V_E}{R_E} \quad (4)$$

> $I_E = I_B + I_C$ ですが，$I_C \gg I_B$ の関係から I_B を省略することができます。

また，コレクタ電圧 V_C は，次のようになる。

$$V_C = V_{CC} - R_C I_C \quad (5)$$

以上のように，各バイアス電圧・電流が求められる。

b　交流等価回路　図1の回路で，C_1，C_2，C_E のインピーダンスが，使用する周波数においてじゅうぶん小さい場合には，これらのコンデンサは短絡していると考えられるので，交流的な回路は図2(b)のようになる。これを**交流等価回路**❶という。

❶ AC equivalent circuit

図1では，次段回路の入力インピーダンス Z_i（$= R_i$）が接続された回路を考えている。この場合，R_C と R_i を一つの並列合成抵抗 R_L として考えると，次のようになる。

> 入力インピーダンス Z_i は，抵抗成分だけと仮定しているので，$Z_i = R_i$ になります。

$$R_L = \frac{R_C R_i}{R_C + R_i} \quad (6)$$

この R_L はトランジスタの負荷として働くため，**負荷抵抗**❷と呼ぶ。これと同様に，R_A と R_B を一つの並列合成抵抗とみて，図2(b)を h パラメータを用いた等価回路で表すと，図3のようになる。

❷ load resistance

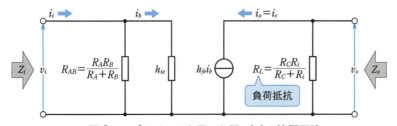

▲図3 h パラメータを用いた図2(b)の等価回路

2 電流・電圧増幅度の計算

図3の等価回路から,電流・電圧増幅度を求めてみよう。

入力端子からみた入力インピーダンス Z_i は,R_{AB} と h_{ie} の並列合成抵抗になるので,次のように求めることができる。

$$Z_i = \frac{R_{AB} h_{ie}}{R_{AB} + h_{ie}} = \frac{1}{\dfrac{1}{R_A} + \dfrac{1}{R_B} + \dfrac{1}{h_{ie}}} \tag{7}$$

出力端子からみた出力インピーダンス Z_o は,次のようになる。

$$Z_o = R_L \tag{8}$$

また,入力電流 i_i と出力電流 i_o を求めると,次の式となる。

$$i_i = \frac{v_i}{Z_i} = \frac{h_{ie} i_b}{Z_i} \tag{9}$$

$$i_o = i_c = h_{fe} i_b \tag{10}$$

❶ 図3の入力端子は,$v_i = Z_i i_i = h_{ie} i_b$ の関係がある。

式(9),(10)より,電流増幅度は,次のようになる。

◆ 電流増幅度
$$A_i = \left| \frac{i_o}{i_i} \right| = \frac{i_c}{\left(\dfrac{v_i}{Z_i}\right)} = \frac{h_{fe} i_b}{\left(\dfrac{h_{ie} i_b}{Z_i}\right)} = \frac{h_{fe}}{h_{ie}} Z_i \tag{11}$$

また,入力電圧 v_i は,式(9)より,$v_i = Z_i i_i$ であり,出力電圧 v_o は,$v_o = -R_L i_o$ であるから,電圧増幅度は,次の式になる。

◆ 電圧増幅度
$$A_v = \left| \frac{v_o}{v_i} \right| = \frac{R_L i_o}{Z_i i_i} = \frac{R_L}{Z_i} A_i = \frac{R_L}{Z_i} \frac{h_{fe}}{h_{ie}} Z_i$$

$$= \frac{h_{fe}}{h_{ie}} R_L = \frac{h_{fe}}{h_{ie}} \left(\frac{R_C R_i}{R_C + R_i} \right) \tag{12}$$

3 電圧増幅度と周波数特性

式(12)で示す電圧増幅度は,図1の回路において,入力電圧 v_i の周波数がある程度高く,C_1,C_2,C_E のインピーダンスが,抵抗やトランジスタの h_{ie} などに比べてじゅうぶんに小さく,無視できるもの

とした場合である。しかし，実際に増幅回路に一定の入力電圧 v_i を加え，その出力電圧 v_o を調べると，C_1，C_2，C_E やトランジスタ自体がもつ静電容量の影響で，図4のように，周波数が低い領域や高い領域で出力電圧が低下する。

C_1，C_2，C_E などの影響が無視できるときは，電圧増幅度は周波数によらず一定となり，出力電圧も一定となる。このような周波数領域を**中域**という。式(12)の電圧増幅度は，中域の増幅度である。また，電圧増幅度が低下する低い周波数領域を**低域**，高い周波数領域を**高域**という。

📝 中域では，広い周波数範囲において，安定した出力電圧が得られます。

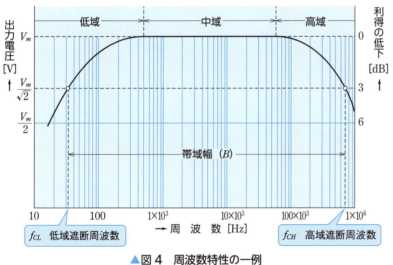

▲図4　周波数特性の一例

図4のように出力電圧が中域に比べて $\dfrac{1}{\sqrt{2}}$ 倍（3 dB 低下に相当する❶）になる周波数を，**低域遮断周波数**，**高域遮断周波数**といい，それぞれ f_{CL}，f_{CH} と表す。また，$f_{CH} - f_{CL} = B$ を**帯域幅**❷と呼んでいる。帯域幅は，増幅しようとしている信号の周波数成分が含まれるようにじゅうぶん広く取るのが望ましい。たとえば，音声増幅器では 20 Hz～50 kHz 程度である。

❶ p.75 式(10)の電圧利得より，
$20\log\dfrac{1}{\sqrt{2}} \fallingdotseq -3\text{ dB}$

❷ bandwidth

a　低域の周波数特性　低域で利得の低下する原因としては，C_1，C_2 と C_E によるものが考えられるが，それぞれについての影響を考えてみよう。

（1）**C_1 による影響**　図1を C_1 の影響を考慮した等価回路で表すと図5のようになる。ただし C_2，C_E の影響はないと仮定し，短絡している。

📝 C_2 と C_E をそれぞれ短絡することにより，これらのコンデンサを無視できます。

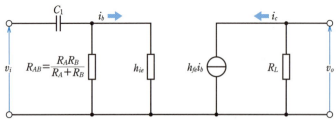

▲図5 C_1の影響を考慮した等価回路

図5において，R_A, $R_B \gg h_{ie}$ と仮定し，R_{AB} を無視すると❶，トランジスタの入力電流 i_b は，次のように表すことができる。❷

$$i_b = \frac{v_i}{\sqrt{h_{ie}^2 + X_{C1}^2}} = \frac{v_i}{h_{ie}\sqrt{1+\left(\frac{X_{C1}}{h_{ie}}\right)^2}} \tag{13}$$

X_{C1} は C_1 の容量性リアクタンスである。ここで，$i_c = h_{fe}i_b$ の関係を用いると，この回路の電圧増幅度 A_v' は，次のようになる。

$$A_v' = \left|\frac{v_o}{v_i}\right| = \left|\frac{R_L i_c}{v_i}\right| = \frac{R_L h_{fe} i_b}{v_i} \tag{14}$$

式(13)を式(14)に代入すると，最終的に電圧増幅度 A_v' は，次のように求めることができる。

$$A_v' = \frac{R_L h_{fe}}{v_i} \frac{v_i}{h_{ie}\sqrt{1+\left(\frac{X_{C1}}{h_{ie}}\right)^2}} = \frac{h_{fe}}{h_{ie}} R_L \frac{1}{\sqrt{1+\left(\frac{X_{C1}}{h_{ie}}\right)^2}}$$

$$= A_v \frac{1}{\sqrt{1+\left(\frac{X_{C1}}{h_{ie}}\right)^2}} \tag{15}$$

式(15)が，式(12)に示す中域の電圧増幅度の $\frac{1}{\sqrt{2}}$ 倍になるのは，平方根内の $\left(\frac{X_{C1}}{h_{ie}}\right)^2$ が1のときである。したがって，$X_{C1} = h_{ie}$ であり，$X_{C1} = \frac{1}{2\pi C_1 f_{C1}}$ の関係から，C_1 による低域遮断周波数 f_{C1} は，式(16)となる。

◆ C_1 による低域遮断周波数　$f_{C1} = \dfrac{1}{2\pi C_1 h_{ie}}$ [Hz] (16)

(2) **C_2 による影響**　C_2 を考慮に入れ，C_1, C_E の影響はないと仮定して短絡すると，図1の等価回路は図6のようになる。そして，図6の出力側の等価回路は，図7のようになる。

---

❶ R_A, $R_B \gg h_{ie}$ という条件のもとで R_A, R_B, h_{ie} の並列合成抵抗を求めると，値が最も小さな抵抗値に近似できるため，R_{AB} を無視できる。

❷ $X_{C1} = \dfrac{1}{\omega C_1} = \dfrac{1}{2\pi f C_1}$ である。

🖉 $\sqrt{h_{ie}^2 + X_{C1}^2}$ は，C_1 と h_{ie} の直列インピーダンスの大きさを表しています。
　周波数が低くなるにしたがって X_{C1} が大きくなるため，i_b が減少することを表しています。

🖉 f_{C1} を低くするためには，C_1 か h_{ie} を大きくします。

第2章　増幅回路の基礎

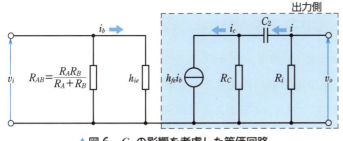
▲図6 C_2の影響を考慮した等価回路

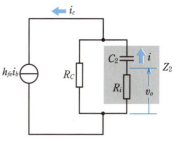
▲図7 出力側の等価回路

図7において，R_iとC_2の直列インピーダンス$\dot{Z}_2$は，C_2の容量性リアクタンスX_{C2}❶および虚数jを使うと次のようになる。

$$\dot{Z}_2 = R_i - jX_{C2} \tag{17}$$

電流iは，$\dot{i}_c$がR_CとZ_2に分流したものなので，分流の式を用いて，次のように表すことができる。 ▶ p.6式(5)

$$\dot{i} = \dot{i}_c \frac{R_C}{R_C + \dot{Z}_2} = \dot{i}_c \frac{R_C}{R_C + (R_i - jX_{C2})} \tag{18}$$

ここで，$\dot{i}_c$の大きさ$i_c = h_{fe}i_b$を用いると，式(18)の電流iの大きさiは，次のようになる。

$$i = i_c \frac{R_C}{\sqrt{(R_C + R_i)^2 + X_{C2}^2}} = \frac{h_{fe}i_b R_C}{\sqrt{(R_C + R_i)^2 + X_{C2}^2}} \tag{19}$$

ここで，この回路の電圧増幅度A_v''は，次のようになる。

$$A_v'' = \left| \frac{v_o}{v_i} \right| = \left| \frac{iR_i}{i_b h_{ie}} \right| \tag{20}$$

式(19)を式(20)に代入して変形すると，最終的に電圧増幅度A_v''は，次の式のように求められる。

$$\begin{aligned}A_v'' &= \frac{h_{fe}i_b R_C}{\sqrt{(R_C + R_i)^2 + X_{C2}^2}} \frac{R_i}{i_b h_{ie}} = \frac{h_{fe}}{h_{ie}} \frac{R_C R_i}{\sqrt{(R_C + R_i)^2 + X_{C2}^2}} \\ &= \frac{h_{fe}}{h_{ie}} \left(\frac{R_C R_i}{R_C + R_i} \right) \frac{1}{\sqrt{1 + \left(\frac{X_{C2}}{R_C + R_i} \right)^2}} \\ &= A_v \frac{1}{\sqrt{1 + \left(\frac{X_{C2}}{R_C + R_i} \right)^2}}\end{aligned} \tag{21}$$ ❷

式(21)が式(12)の$\frac{1}{\sqrt{2}}$倍になるのは，平方根内の$\left(\frac{X_{C2}}{R_C + R_i}\right)^2$が1のときであるから，$X_{C2} = R_C + R_i$であり，$X_{C2} = \frac{1}{2\pi C_2 f_{C2}}$の関係から，$C_2$による低域遮断周波数$f_{C2}$は，式(22)となる。

---

❶ $X_{C2} = \frac{1}{\omega C_2} = \frac{1}{2\pi f C_2}$である。また，虚数$j$を使うと，

$\dot{X}_{C2} = \frac{1}{j\omega C_2} = -j\frac{1}{\omega C_2}$

である。

✎ 複素数$\dot{A} = a \pm jb$の大きさAは，
$A = \sqrt{a^2 + b^2}$
です。複素数$\dot{B} = \frac{c}{a - jb}$の大きさ$B$は，$\dot{B}$の分母と分子に$a + jb$を掛けて，実部と虚部に分けて計算すると，
$B = \frac{c}{\sqrt{a^2 + b^2}}$
になります。
つまり，複素数$\dot{B}$の分母部分の大きさを計算すれば，複素数$\dot{B}$の大きさBを求めることができます。
式(18)では，$a = R_C + R_i$，$b = X_{C2}$となります。

❷ 等式の1行目から2行目では，平方根内の$(R_C + R_i)^2$を平方根の外に出す変形をしている。

4 トランジスタによる小信号増幅回路 97

◆ C_2 による低域遮断周波数　　$f_{C2} = \dfrac{1}{2\pi C_2 (R_C + R_i)}$ [Hz]　　(22)

(3) **C_E による影響**　周波数が低くなると C_E のインピーダンスが無視できなくなる。C_1 と C_2 は短絡し，C_E の影響のみを考慮した場合，その計算は複雑になるので，結果だけを示すと，C_E による低域遮断周波数 f_{CE} は，次のようになる。

◆ C_E による低域遮断周波数　　$f_{CE} = \dfrac{h_{fe}}{2\pi C_E h_{ie}}$ [Hz]　　(23)

b 高域の周波数特性　トランジスタは，周波数が高くなると，図8のように，トランジスタ自体がもつ静電容量による影響が無視できなくなる。C_{bc} はベース・コレクタ間の，C_{be} はベース・エミッタ間の静電容量である。

増幅回路を構成すると，C_{bc} と C_{be} は，入力インピーダンスに影響を及ぼし，周波数特性が悪くなる。とくにエミッタ接地増幅回路では，増幅度を A とすると，増幅回路の入力側からみた C_{bc} が，$(1+A)$ 倍の静電容量にみえる**ミラー効果**❶と呼ばれる現象が発生する。C_{bc} の値が微小であっても，増幅度が大きいほど，等価的に入力側に大きな静電容量をもつようになるため，周波数が高くなるほどインピーダンスが低下し，高域遮断周波数が低くなる。C_{bc} は**コレクタ出力容量** C_{ob} ❷として，C_{be} は帰還容量 C_{re} として規格表に記載されることが多い。

さらに，高周波領域では h_{fe} が低下し，配線間の分布容量 C_S ❸なども影響を及ぼす。高域遮断周波数を高くするには，C_{bc} と C_{be} が小さく，h_{fe} の周波数特性がすぐれたトランジスタを使用しなければならない。また，C_S が小さくなるよう，配線にも注意が必要である。

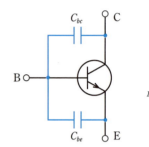

▲図8　トランジスタ自体がもつ静電容量

❶ Miller effect

❷ collector capacitance

❸ distributed capacitance
　配線を電極板とし，配線間にある空気などを絶縁体として形成されるコンデンサの静電容量。この値を小さくするには，配線をできるだけ短くする。

参考　トランジスタの静電容量

トランジスタ自体がもつ静電容量には，おもに接合容量と拡散容量がある。接合容量は，空乏層が存在する pn 接合によるものであり，拡散容量は，キャリアの拡散による電流の遅れを，コンデンサで等価的に表したものである。

ベース・コレクタ間は，拡散容量はひじょうに小さく，接合容量が主になっている。一方，ベース・エミッタ間は，接合容量はひじょうに小さく，拡散容量が主になっている。

例題 1

図9のエミッタ接地増幅回路の C_1, C_2, C_E による低域遮断周波数を求めよ。ただし，$h_{fe}=100$，$h_{ie}=2\,\mathrm{k}\Omega$ とする。

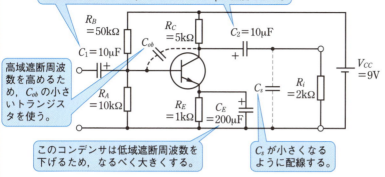

▲図9　周波数特性の改善

解答　式(16), (22), (23)を用いて計算する。

$$f_{C1} = \frac{1}{2\pi C_1 h_{ie}} = \frac{1}{2\pi \times 10 \times 10^{-6} \times 2 \times 10^3} \fallingdotseq 8\,\mathrm{Hz}$$

$$f_{C2} = \frac{1}{2\pi C_2 (R_C + R_i)} = \frac{1}{2\pi \times 10 \times 10^{-6} \times (5+2) \times 10^3}$$
$$\fallingdotseq 2.3\,\mathrm{Hz}$$

$$f_{CE} = \frac{h_{fe}}{2\pi C_E h_{ie}} = \frac{100}{2\pi \times 200 \times 10^{-6} \times 2 \times 10^3} \fallingdotseq 40\,\mathrm{Hz}$$

式(16), (22), (23)からわかるように，増幅回路の低域遮断周波数を低くして，帯域幅の広い増幅器をつくるためには，C_1, C_2, C_E に大きな容量のコンデンサを使用する必要がある。さらに，例題1からわかるように，低域遮断周波数はほとんど C_E の値によって決まるから，低域の特性をよくするためには，とくに C_E の値をじゅうぶん大きなものにしなければならない。❶

❶ 第3章では，負帰還と呼ばれる方法で帯域幅を広げられることを学ぶ。

問 1　次の文の（　）に適切な用語を記入し，正しい文とせよ。

(1) エミッタ接地増幅回路で，直流分を阻止し，交流信号分だけを通すためのコンデンサを（　　）①という。また，交流信号分に対してエミッタを接地するコンデンサを（　　）②という。

(2) 増幅回路は，周波数領域の低域と高域でそれぞれ利得が低下する。出力電圧が中域に比べて（　　）③ dB 低下する周波数を低域では（　　）④，高域では（　　）⑤という。

問 2　図1に示した増幅回路において，C_E による低域遮断周波数を低くするためには，どうすればよいか。

5節 トランジスタによる小信号増幅回路の設計

この節で学ぶこと　電流帰還バイアス回路を用いた小信号増幅回路を設計し，電圧・電流増幅度や入出力インピーダンスを求めてみよう。

1 設計条件

設計条件を以下の(1)～(7)に示す。

(1) 使用するトランジスタは 2SC1815 とし，直流電流増幅率は $h_{FE}=180$ とする。また，トランジスタの V_{BE} は 0.6 V とする。

(2) 直流電源の電圧は，$V_{CC}=12$ V とする。

(3) 動作点におけるコレクタ電流は，$I_C=1$ mA とする。

(4) R_E による電圧降下は，V_{CC} の 10 %（$V_{RE}=V_E=1.2$ V）とする。

(5) $V_{CE}=V_{RC}$ とする。

(6) ブリーダ電流 I_A は，ベース電流 I_B の 20 倍とする。

(7) 増幅回路の低域遮断周波数は，$f_{CL} \leqq 20$ Hz とする。

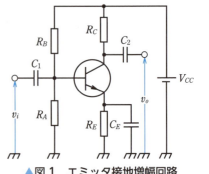

▲図1　エミッタ接地増幅回路

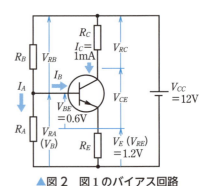

▲図2　図1のバイアス回路

2 バイアス回路の設計

図2は，図1のバイアス回路である。設計条件に従って各抵抗値を計算する。

1 エミッタ抵抗 R_E の計算

R_E に流れる電流は，$I_E=I_B+I_C$ である。この電流による R_E の電圧降下 $V_E(=V_{RE})$ は，設計条件(4)より，V_{CC} の 10 %とするから，次の値になる。

$$V_{RE}=R_E I_E=0.1 V_{CC}=1.2 \text{ V} \tag{1}$$

ここで，$I_B \ll I_C$ と考え，$I_E=I_B+I_C \fallingdotseq I_C=1$ mA として R_E を求めると，次のようになる。

$$R_E=\frac{V_{RE}}{I_E} \fallingdotseq \frac{1.2}{1 \times 10^{-3}}=1.2 \text{ k}\Omega \tag{2}$$

2 コレクタ抵抗 R_C の計算

I_C による R_C の電圧降下 V_{RC} を $V_{RC} \fallingdotseq V_{CE}$ とすれば，出力として最大値の大きな交流信号を得ることができる。V_{CC} は，次のように表せる。

$$V_{CC} = V_{RC} + V_{CE} + V_E \tag{3}$$

式(3)に，設計条件(5)の $V_{CE} = V_{RC}$ を代入し，V_{RC} について求めると，次のようになる。

$$V_{RC} = \frac{V_{CC} - V_E}{2} \tag{4}$$

> ✏ V_{RC} を $V_{CC} - V_E$ の半分にすれば，大きな出力が得られます。

$V_{RC} = R_C I_C$ の関係に式(4)を代入し，R_C を示す式に変形，設計条件(2)，(3)を使うと，次の値が得られる。

$$R_C = \frac{V_{CC} - V_E}{2 I_C} = \frac{12 - 1.2}{2 \times 1 \times 10^{-3}} = 5.4 \text{ k}\Omega \tag{5}$$

3 ブリーダ電流 I_A の計算

ベース電流 I_B は，I_C と I_B の関係に設計条件(1)を用いると，式(6)の値になる。

$$I_B = \frac{I_C}{h_{FE}} = \frac{1 \times 10^{-3}}{180} \fallingdotseq 5.6 \text{ μA} \tag{6}$$

設計条件(6)より，ブリーダ電流 I_A は，ベース電流 I_B の 20 倍とするから，式(7)の値になる。

$$I_A = 20 I_B = 112 \text{ μA} \tag{7}$$

4 $V_B (= V_{RA})$ と V_{RB} の計算

R_A，R_B によって V_{CC} を分圧した V_B は，図 2 より，次のように求めることができる。

$$V_B = V_{RA} = V_E + V_{BE} = 1.2 + 0.6 = 1.8 \text{ V} \tag{8}$$

また，V_{RB} は，次のように求めることができる。

$$V_{RB} = V_{CC} - V_{RA} = 12 - 1.8 = 10.2 \text{ V} \tag{9}$$

5 ブリーダ抵抗 R_A，R_B の計算

R_A にはブリーダ電流 I_A が流れる。この電流による R_A の電圧降下 V_{RA} が，式(8)の V_B となる。

$$V_B = V_{RA} = R_A I_A = 1.8 \text{ V}$$

ゆえに，R_A は，式(7)で求めた I_A を使って，次の値を得る。

$$R_A = \frac{V_B}{I_A} = \frac{1.8}{112 \times 10^{-6}} \fallingdotseq 16 \text{ k}\Omega \tag{10}$$

R_B に流れる電流は，ブリーダ電流 I_A とベース電流 I_B の和になるため，$I_A + I_B$ である。この $I_A + I_B$ による R_B の電圧降下 V_{RB} が式(9)の値と同じになればよいから，次の値が得られる。

5 トランジスタによる小信号増幅回路の設計　**101**

$$V_{RB} = R_B(I_A + I_B) = 10.2 \text{ V}$$

ここに式(6)の I_B，式(7)の I_A の値を代入し，R_B を求めると，次の値が得られる。

$$R_B = \frac{V_{RB}}{I_A + I_B} = \frac{10.2}{112 \times 10^{-6} + 5.6 \times 10^{-6}} \fallingdotseq 87 \text{ k}\Omega \quad (11)$$

計算した電圧・電流・抵抗の値を記入してバイアス回路をかくと，図3となる。また，コンデンサを接続した増幅回路は，図4のようになる。

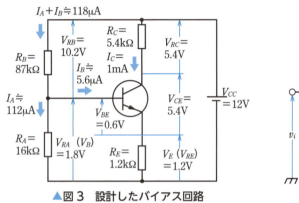

▲図3　設計したバイアス回路　　　▲図4　コンデンサを接続した増幅回路

3　電圧・電流増幅度と入出力インピーダンス

図4から，増幅回路の h パラメータを用いた等価回路をかくと図5となる。この図から，電流増幅度，電圧増幅度，入出力インピーダンスを求めてみよう。

図5は，C_1，C_2，C_E のインピーダンスがじゅうぶん小さく無視できる中域の等価回路である。この回路は，エミッタ接地増幅回路であるから，入力インピーダンス Z_i，出力インピーダンス Z_o，電流増幅度 A_i，電圧増幅度 A_v はそれぞれ，次のようになる。

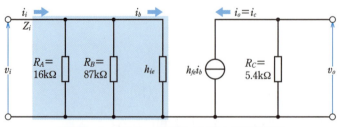

▲図5　h パラメータを用いた図4の等価回路

$$Z_i = \cfrac{1}{\cfrac{1}{R_A} + \cfrac{1}{R_B} + \cfrac{1}{h_{ie}}} \tag{12}$$

$$Z_o = R_C \tag{13}$$

$$A_i = \left|\frac{i_o}{i_i}\right| = \frac{i_c}{\left(\cfrac{v_i}{Z_i}\right)} = \frac{h_{fe} i_b}{\left(\cfrac{h_{ie} i_b}{Z_i}\right)} = \frac{h_{fe}}{h_{ie}} Z_i \tag{14}$$

$$A_v = \left|\frac{v_o}{v_i}\right| = \left|\frac{R_C i_o}{Z_i i_i}\right| = \frac{R_C}{Z_i} A_i = \frac{h_{fe}}{h_{ie}} R_C \tag{15}$$

R_A, R_B, R_C はバイアス回路で決定しているので，h_{fe} と h_{ie} が得られれば，Z_i, Z_o, A_i, A_v を計算することができる。

1 コレクタ電流 I_C と h_{fe}, h_{ie}

h パラメータは動作点に依存するが，とくに h_{ie} は，動作点におけるコレクタ電流 I_C の値によって大きく変化する。図6は，2SC1815の I_C に対する h_{fe}, h_{ie} の変化を示した特性曲線である(ただし，$h_{FE} = 180$ の場合)。図から以下のように h_{fe} と h_{ie} を求めることができる。

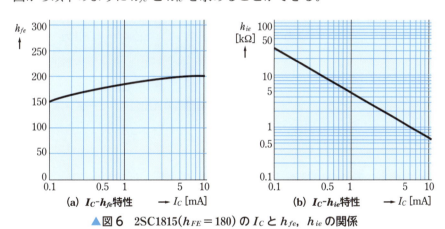

▲図6 2SC1815($h_{FE} = 180$) の I_C と h_{fe}, h_{ie} の関係

(1) 図6(a)より，h_{fe} は I_C が大きくなるとやや増加する傾向にあるが，変化の量は少ない。$I_C = 1\,\mathrm{mA}$ のときの h_{fe} は，次のようになる。

$$h_{fe} \fallingdotseq 180 \tag{16}$$

❶ ここでは，$h_{fe} \fallingdotseq h_{FE}$ となる。

(2) 図6(b)より，h_{ie} は I_C の増加とともに減少する。$I_C = 1\,\mathrm{mA}$ のときの h_{ie} は，次のようになる。

$$h_{ie} \fallingdotseq 4.5\,\mathrm{k\Omega} \tag{17}$$

2 入力インピーダンス Z_i の計算

回路の入力インピーダンス Z_i は，式(12)に式(10)の R_A，式(11)の R_B，式(17)の h_{ie} を代入すると，次のようになる。

$$Z_i = \cfrac{1}{\cfrac{1}{R_A}+\cfrac{1}{R_B}+\cfrac{1}{h_{ie}}} = \cfrac{1}{\cfrac{1}{16\times10^3}+\cfrac{1}{87\times10^3}+\cfrac{1}{4.5\times10^3}}$$
$$\fallingdotseq 3.4\,\mathrm{k\Omega}$$

3 出力インピーダンス Z_o の計算

回路の出力インピーダンス Z_o は，式(13)，式(5)から，次のようになる。

$$Z_o = R_C = 5.4\,\mathrm{k\Omega}$$

4 電流増幅度 A_i の計算

電流増幅度 A_i は，式(14)に，式(16)の h_{fe}，式(17)の h_{ie}，入力インピーダンス Z_i を代入すると，次のようになる。

$$A_i = \frac{h_{fe}}{h_{ie}}Z_i = \frac{180}{4.5\times10^3}\times3.4\times10^3 = 136$$

5 電圧増幅度 A_v の計算

電圧増幅度 A_v は，式(15)に，式(5)の R_C，式(16)の h_{fe}，式(17)の h_{ie} を代入すると，次のようになる。

$$A_v = \frac{h_{fe}}{h_{ie}}R_C = \frac{180}{4.5\times10^3}\times5.4\times10^3$$
$$= 216$$

図7は，この増幅回路の入出力端子からみた，増幅回路内部のインピーダンス Z_i，Z_o を示している。

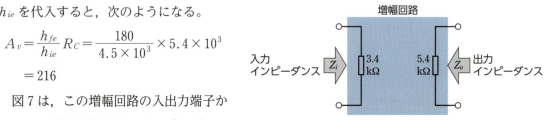

▲図7 増幅回路の入出力インピーダンス

4 C_1，C_2，C_E の計算

p.99 で学んだように，低域遮断周波数 f_{CL} は，C_E の値でほぼ決定される。設計条件は，$f_{CL} \leqq 20\,\mathrm{Hz}$ であるから，$f_{CL} = f_{CE} = 20\,\mathrm{Hz}$ として，p.98 式(23)から C_E を求めると，次のようになる。

$$C_E \geqq \frac{h_{fe}}{2\pi f_{CL}h_{ie}} = \frac{180}{2\pi\times20\times4.5\times10^3}\fallingdotseq 318\,\mathrm{\mu F} \qquad (18)$$

したがって，C_E を 318 μF 以上とすればよい。C_1，C_2 は 10 μF 程度としておけば，じゅうぶんである。

> **❖Note** C_1，C_2 の値について
>
> C_1 と C_2 による低域遮断周波数 f_{C1}❶，f_{C2}❷ は，
> $C_1 = C_2 = 10\,\mathrm{\mu F}$，$Z_i = 3.4\,\mathrm{k\Omega}$，$R_C = 5.4\,\mathrm{k\Omega}$，$R_i = 3.4\,\mathrm{k\Omega}$
> として計算すると，$f_{C1}\fallingdotseq 4.7\,\mathrm{Hz}$，$f_{C2}\fallingdotseq 1.8\,\mathrm{Hz}$ となる。

❶ ここでは，R_A，$R_B \gg h_{ie}$ とみなさず，p.96 式(16)の h_{ie} を，入力インピーダンス Z_i に置き換えて計算している。
$$f_{C1} = \frac{1}{2\pi C_1 Z_i}$$

❷ p.98 式(22)で求める f_{C2} は，次段の入力インピーダンスを $R_i = 3.4\,\mathrm{k\Omega}$ として計算している。

5 まとめ

　ここで，設計した増幅回路の動作点における各部の電流や電圧の値を，まとめて表1に示す。表2は，各抵抗・コンデンサの値，および増幅回路の電圧・電流増幅度と入出力インピーダンスをまとめたものである。ただし，値1は，これまでの計算で求めた値であり，値2は，各抵抗をE24系列（見返し3参照）から，各コンデンサを一般に市販されているもののなかから最も近い値になるように選び，A_v, A_i, Z_i, Z_oを再計算した値である。これらの値を記入し，設計を完了した回路図が図8である。

　図8の回路や表2では，抵抗やコンデンサの値が設計値と少し異なるため，動作点，電圧増幅度，入出力インピーダンスが設計値と多少相違するが，その量は数%以下となる。

▼表1　動作点における電流・電圧

電流・電圧	値
コレクタ電流 I_C	1 mA
ベース電流 I_B	5.6 μA
ブリーダ電流 I_A	112 μA
エミッタ電圧 $V_E(=V_{RE})$	1.2 V
コレクタ電圧 V_C	6.4 V
ベース電圧 $V_B(=V_{RA})$	1.8 V

▼表2　抵抗・コンデンサの値と特性

抵抗・コンデンサ・特性	値1	値2
コレクタ抵抗 R_C	5.4 kΩ	5.6 kΩ
エミッタ抵抗 R_E	1.2 kΩ	1.2 kΩ
ブリーダ抵抗 R_A	16 kΩ	16 kΩ
ブリーダ抵抗 R_B	87 kΩ	91 kΩ
結合コンデンサ C_1, C_2	10 μF	10 μF
バイパスコンデンサ C_E	318 μF	330 μF
電圧増幅度 A_v	216	224
電流増幅度 A_i	136	136
入力インピーダンス Z_i	3.4 kΩ	3.4 kΩ
出力インピーダンス Z_o	5.4 kΩ	5.6 kΩ

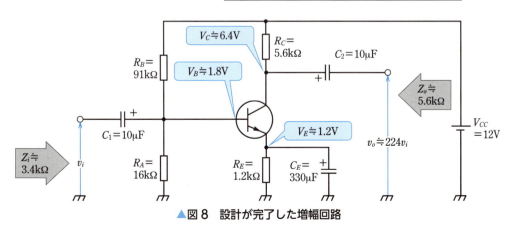

▲図8　設計が完了した増幅回路

Experiment

小信号増幅回路の製作と周波数特性の測定

実験コーナー

この章で設計した小信号増幅回路（p.105 図8）を製作し，周波数特性を測定してみよう。

- **使用部品** 抵抗（1/4 W）5.6 kΩ，1.2 kΩ，16 kΩ，91 kΩ，コンデンサ（16 V）10 μF 2個，330 μF，47 μF，1000 μF，トランジスタ 2SC1815，ブレッドボード，ブレッドボード用ジャンプワイヤ
- **使用工具** ニッパ，ピンセット
- **実験器具** 低周波発振器，オシロスコープ，直流電源装置

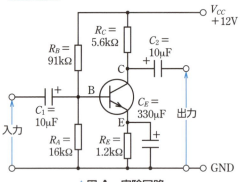

▲図A　実験回路　　　　▲図B　実験回路の製作例

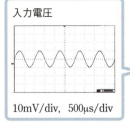
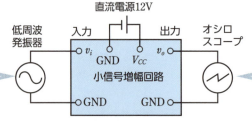

▲図C　周波数特性の測定回路

実験方法

(1) 図Aの実験回路を，図Bを参考にして製作し，直流電源装置，低周波発振器，オシロスコープを図Cのように接続し，測定回路を構成する。

(2) 低周波発振器の出力を正弦波100 Hz，最大値10 mVとし，そのときの出力電圧（最大値）を測定する。そのさい，出力波形にひずみや雑音がないことを確認する。下表に測定した出力電圧を記録し，電圧増幅度と電圧利得を計算する。

(3) 低周波発振器の出力電圧を最大値10 mV一定とし，周波数を10 Hz〜1 MHzまで下表のように変化させ測定する。

(4) 電圧利得の特性を片対数グラフにかき，低域遮断周波数を求める。

(5) バイパスコンデンサを330 μFから，47 μFと1000 μFに変更した場合の周波数特性をそれぞれ測定し，低域遮断周波数の変化を調べてみよう。

▶ **小信号増幅回路の周波数特性**
（入力電圧 v_i = 10 mV 一定）

周波数 f [Hz]	10	15	20	30	50	70	100	〜	500 k	700 k	1 M
出力電圧 v_o [V]											
電圧増幅度 A_v [倍]											
電圧利得 G_v [dB]											

― Let's challenge! ―

チャレンジ　自動点灯するイルミネーションを設計してみよう

ストーリー　文化祭で，暗くなると自動的に点灯するイルミネーションをつくることになりました。発光部分は，赤色 LED 5 個と抵抗 1 個を直列にした回路を 10 組並列接続して製作します。先生から助言を受けながら，自動点灯回路と組み合わせて下図のような回路を考えました。

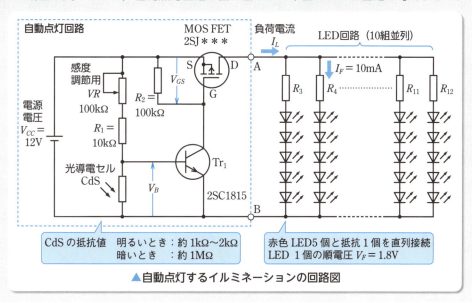

▲自動点灯するイルミネーションの回路図

回路動作

❶　明るいときは光導電セルの抵抗値が低く，V_B は約 0 V になるため，ベース電流が流れず Tr_1 はオフ状態になります。Tr_1 がオフのときは，R_2 の電圧降下が 0 になるため MOS FET のソースとゲート端子は同電位となり，MOS FET はオフ状態です。

❷　暗くなると光導電セルの抵抗値が増加し，V_B が上昇します。V_B が約 0.6 V になるとベース電流が流れて Tr_1 がオンになり，R_2 を経由してコレクタ電流が流れます。R_2 による電圧降下は MOS FET の V_{GS} となるため，ソース・ドレーン間はオン状態になり，LED 回路が点灯します。MOS FET がオンになると，自動点灯回路の AB 間は約 12 V ($V_{DS} ≒ 0$) になります。

❸　Tr_1 は，明るいときと暗いときのしきい値付近で，MOS FET のスイッチング動作が不安定になることを防ぐ役割をしています。

チャレンジ

❶　赤色 LED 1 個の順電圧を $V_F = 1.8$ V とし，LED を 5 個直列にした回路に順電流 $I_F = 10$ mA を流すとすれば，抵抗 $R_3 \sim R_{12}$ の値はいくらにすればよいか求めてみよう。

❷　LED 回路の負荷電流を求め，この電流をオン・オフできる p チャネルエンハンスメント形 MOS FET の型番を，最大定格に注意しながら web サイトなどから探してみよう。

6節 FET による小信号増幅回路

この節で学ぶこと FET(電界効果トランジスタ)は,ゲート端子に電流が流れないので,入力インピーダンスの大きい増幅回路を構成することができる。ここでは,エンハンスメント形 MOS FET と接合形 FET を使った小信号増幅回路について学ぶ。

1 FET の相互コンダクタンスと等価回路

1 FET の静特性と相互コンダクタンス

図 1(a)および図 2(a)に示す FET のドレーン・ソース間電圧 V_{DS} を一定とし,ゲート・ソース間電圧 V_{GS} を変化させると,ドレーン電流 I_D は,それぞれ図 1(b),図 2(b)に示す V_{GS}-I_D 特性が得られる。

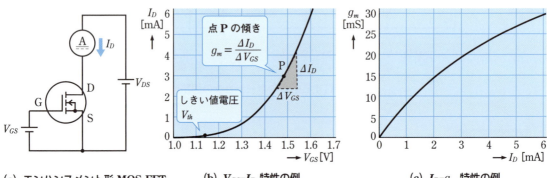

(a) エンハンスメント形 MOS FET　　(b) V_{GS}-I_D 特性の例　　(c) I_D-g_m 特性の例

▲図 1 エンハンスメント形 MOS FET の特性

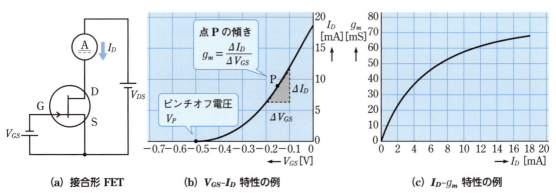

(a) 接合形 FET　　(b) V_{GS}-I_D 特性の例　　(c) I_D-g_m 特性の例

▲図 2 接合形 FET の特性

エンハンスメント形 MOS FET は,図 1(b)のように,V_{GS} が**しきい値電圧** V_{th} 以上になったとき,I_D が流れはじめる。一方,接合形 FET は,図 2(b)のように,$V_{GS}=0$ における I_D を上限とし,V_{GS} が**ピンチ**

❶ I_{DSS} として定義されている。

オフ電圧 V_P になったとき，I_D はほぼ 0 になる。

エンハンスメント形 MOS FET と接合形 FET の違いは，以下のようである。

① V_{GS} の極性が反対である。

② MOS FET は，接合形 FET のような I_D の上限がなく，定格の範囲内であれば I_D をいくらでも流すことができる。

第 1 章では，接合形 FET の V_{GS}-I_D 特性から，特性曲線上に定めた点における V_{GS} の微小変化 $\varDelta V_{GS}$ に対する，I_D の微小変化 $\varDelta I_D$ の比として，相互コンダクタンス g_m が式(1)で表されることを学んだ。これは，MOS FET においても同じようになりたつ。

◆ **相互コンダクタンス**❶
$$g_m = \frac{\varDelta I_D}{\varDelta V_{GS}} \text{ [S]} \tag{1}$$

g_m と I_D の関係は，図 1(c)，図 2(c)のような特性曲線になる。

ここで，$\varDelta V_{GS}$ と $\varDelta I_D$ を小信号の交流電圧・電流として v_{gs}，i_d と置き換えると，式(1)は次のようになる。

$$i_d = g_m v_{gs} \tag{2}$$

すなわち，入力電圧 v_{gs} に対して出力側には，$g_m v_{gs}$ の電流が流れると考えられる。また，ゲート端子には電流が流れないことを考慮してFET(図 3(a))の交流等価回路をつくると，図 3(b)となる。❷

$g_m v_{gs}$ は，ゲート・ソース間電圧 v_{gs} によって電流を制御する理想電流源を表し，r_d は FET の出力インピーダンスである。

一般に，r_d は，ドレーン端子に接続される抵抗に比べてひじょうに大きいので，これらを無視できる場合には，図 3(c)のような簡単な等価回路を用いることができる。本書では，図 3(c)の簡単化した等価回路を用いることにする。

📝 デプレション形 MOS FET も，しきい値電圧が負になること以外は，エンハンスメント形と同じになります。

❶ 相互コンダクタンスは，順方向伝達アドミタンス $|Y_{fs}|$ で表すこともある。

❷ 接合形 FET の場合も，同じ等価回路になる。

📝 入力端子間 1-1′ の電位差によって，出力端子間 2-2′ の電流が決まる**電圧制御電流源**は，本書では下図のような記号で表します。

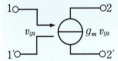

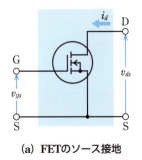

(a) FETのソース接地

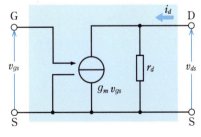

(b) FETの等価回路

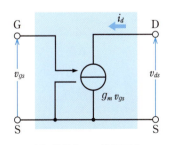

(c) 簡単化した等価回路

▲図 3　ソース接地方式における FET の等価回路

6　FETによる小信号増幅回路　**109**

2 MOS FET による小信号増幅回路の設計

1 MOS FET の基本増幅回路

FET は，バイポーラトランジスタと同じように三つの端子で構成されている。どの端子を基準（接地）にして入力信号を与えたり，出力信号を取り出したりするかにより，図4のように**ソース接地増幅回路，ドレーン接地増幅回路，ゲート接地増幅回路**がある。本書では，最も多く使用されるソース接地増幅回路について学ぶ。❶

> バイポーラトランジスタの基本増幅回路と類似性があります。
> 図4のフレーム接続記号は，電位の基準点であることを示しますが，以後の節では省略しています。

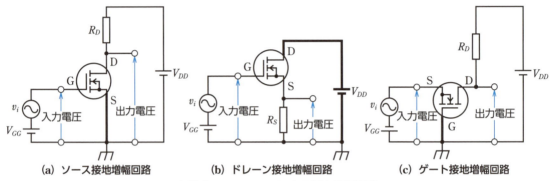

▲図4 MOS FET による基本増幅回路

図5はソース接地による小信号増幅回路である。設計条件に基づいて，増幅回路を構成する素子の定数を設計し，等価回路を使って電流・電圧増幅度や入出力インピーダンスを求めてみよう。

❶ 以後の節では，とくに断りがないかぎり，エンハンスメント形 MOS FET をたんに MOS FET という。

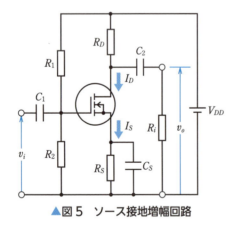

▲図5 ソース接地増幅回路

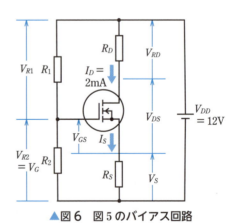

▲図6 図5のバイアス回路

2 設計条件

設計条件を，以下の(1)〜(7)に示す。

(1) 使用する MOS FET の静特性は図7とする。

(2) 直流電源の電圧は，$V_{DD} = 12\,\text{V}$ とする。

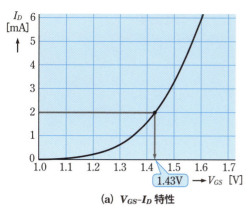
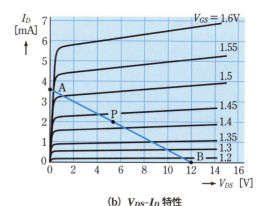

(a) V_{GS}-I_D 特性　　　(b) V_{DS}-I_D 特性

▲図7　MOS FET の静特性

(3) 動作点におけるドレーン電流は，$I_D = 2\,\text{mA}$ とする。また，このときの相互アドミタンスは，$g_m = 14.5\,\text{mS}$ とする。
(4) R_S による電圧降下は，電源電圧 V_{DD} の 10 %（$V_S = 1.2\,\text{V}$）とする。
(5) $V_{DS} = V_{RD}$ とする。
(6) 次段回路の入力インピーダンスは，$R_i = 1\,\text{M}\Omega$ とする。
(7) 増幅回路の低域遮断周波数は，$f_{CL} \leqq 20\,\text{Hz}$ とする。

3　バイアス回路の設計

図6は図5のバイアス回路である。MOS FET のバイアス電圧 V_{GS} は，R_1 と R_2 によって決められるゲート電圧 V_G と，ドレーン電流 I_D（$= I_S$）による R_S の電圧降下 V_S によってつくり出される。もし I_D が何らかの原因で増加すると，V_S が増加する。V_G が一定なので V_{GS} が減少し，その結果，I_D の増加が抑制される。

MOS FET は，型番による特性の違いが大きいため，バイアス回路の設計には，図7のような静特性図を使ったバイアス設計が有効である。

a　ソース抵抗 R_S の計算　ソース抵抗 R_S は，バイアスを安定化する安定抵抗である。抵抗値が小さ過ぎるとバイアスの安定度が悪くなり，逆に大きすぎると，出力信号として取り出せる交流信号の振幅が小さくなる。めやすとして，R_S の電圧降下 V_S は，電源電圧 V_{DD} の 10 % 程度としている。ここでは，$V_S = 1.2\,\text{V}$ とする。

R_S に流れる電流は，ゲート端子に電流が流れないので，$I_S = I_D$ であるから，設計条件(3)より R_S は次のようになる。

$$R_S = \frac{V_S}{I_S} = \frac{1.2}{2 \times 10^{-3}} = 600\,\Omega \tag{3}$$

b　ドレーン抵抗 R_D の計算　R_D に流れる電流 I_D による電圧降下 V_{RD} を，$V_{RD} \fallingdotseq V_{DS}$ とすれば，出力として最大値の大きな交流信号を得ることができる。

MOS FET の出力側の電圧配分は，$V_{DD} = V_{RD} + V_{DS} + V_S$ の関係から，次のように変形する。

$$V_{RD} + V_{DS} = V_{DD} - V_S \tag{4}$$

式(4)に，設計条件(5)の関係を代入すると，次のようになる。

$$V_{RD} = \frac{V_{DD} - V_S}{2} \tag{5}$$

式(5)と $V_{RD} = R_D I_D$ の関係から，R_D を求めることができる。$V_S = 1.2\,\text{V}$，設計条件(2)，(3)を用いると，次のようになる。

$$R_D = \frac{V_{DD} - V_S}{2 I_D} = \frac{12 - 1.2}{2 \times 2 \times 10^{-3}} = 2.7\,\text{k}\Omega \tag{6}$$

c　負荷線の作成　V_{DS}-I_D 特性図に負荷線をかく。❶ まず，$I_D = I_S$ の関係から，式(4)を次の式(7)のように変形する。

$$V_{DD} = V_{RD} + V_{DS} + V_S$$
$$= R_D I_D + V_{DS} + R_S I_S = V_{DS} + (R_D + R_S) I_D \; [\text{V}] \tag{7}$$

式(7)より，I_D について求めると，次のようになる。

$$I_D = \frac{V_{DD} - V_{DS}}{R_D + R_S} \tag{8}$$

式(8)より，ドレーン電流 I_D の最大値とドレーン・ソース間電圧 V_{DS} の最大値を求めることができる。

(1)　**I_D の最大値**　ドレーン・ソース間が導通（短絡）状態であるとすると，$V_{DS} = 0\,\text{V}$ であるから，式(8)より次の値が得られる。

$$I_D = \frac{V_{DD} - V_{DS}}{R_D + R_S} = \frac{12 - 0}{2.7 \times 10^3 + 600} \fallingdotseq 3.6\,\text{mA}, \quad V_{DS} = 0\,\text{V} \tag{9}$$

これより，図7(b)の点 A が定められる。

(2)　**V_{DS} の最大値**　MOS FET がオフ状態であるとすると，$I_D = 0$ であるから，式(8)は次の値になる。

$$I_D = 0\,\text{A}, \quad V_{DS} = V_{DD} = 12\,\text{V} \tag{10}$$

これより，図7(b)の点 B が定められる。

点 A と点 B を直線で結ぶと，図7(b)のような負荷線を引くことができる。また，設計条件(3)より，負荷線上に動作点 P が定められる。

❶　p. 71〜72 で学んだ方法と同様に行う。

📝　動作点 P は，設計条件により，負荷線の中央からずれることがあります。

さらに，動作点 P のバイアス電流 I_D を流すために必要なゲート・ソース間電圧 V_{GS} は，図 7(a) の V_{GS}-I_D 特性図より，次の値を読み取ることができる。

$$\text{動作点 P のバイアス電圧} \quad V_{GS} \fallingdotseq 1.43 \text{ V} \tag{11}$$

d ゲートバイアス抵抗 R_1 と R_2 の計算 図 6 のバイアス回路から，ゲート電圧 V_G は，次の関係がある。

$$V_G = V_{GS} + V_S \tag{12}$$

式(11)と $V_S = 1.2$ V から，式(12)は次の値になる。

$$V_G = V_{R2} = V_{GS} + V_S = 1.43 + 1.2 = 2.63 \text{ V} \tag{13}$$

また，MOS FET のゲートには電流が流れないので，R_1 と R_2 の分圧の式によって，ゲート電圧 V_G を次のように定めることができる。
▶ p.6 式(2)

$$V_G = \frac{R_2}{R_1 + R_2} V_{DD} \tag{14}$$

ここで，抵抗値はどのような組み合わせでもよいが，抵抗値があまり小さいと入力インピーダンスが低くなってしまう。たとえば，$R_1 = 1$ MΩ とすると，式(14)を変形して，R_2 を次のように求めることができる。

$$R_2 = \frac{R_1}{V_{DD} - V_G} V_G = \frac{1 \times 10^6}{12 - 2.63} \times 2.63 \fallingdotseq 281 \text{ kΩ} \tag{15}$$

計算した各部の電圧・電流・抵抗の値を記入してバイアス回路を書くと図 8 となる。また，コンデンサを接続した増幅回路は図 9 のようになる。R_i は次段回路の入力抵抗を表し，次段回路の入力インピーダンス Z_i が抵抗分 R_i だけと仮定している。

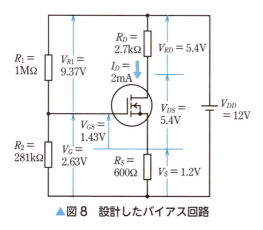

▲図 8 設計したバイアス回路

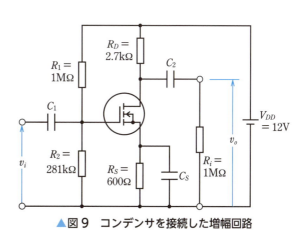

▲図 9 コンデンサを接続した増幅回路

4 等価回路による増幅度の計算

図9の回路で，C_1，C_2，C_Sのインピーダンスが，使用する周波数においてじゅうぶん小さい場合には，これらのコンデンサは短絡していると考えられるので，図10の等価回路をかくことができる。

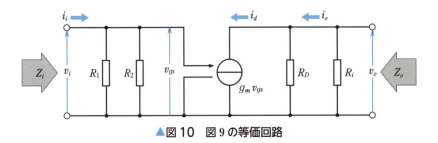

▲図10 図9の等価回路

a 入力インピーダンスと出力インピーダンス 図10の等価回路から，入力インピーダンスZ_iはR_1とR_2の並列合成抵抗になるので，次のようになる。

$$Z_i = \frac{R_1 R_2}{R_1 + R_2} = \frac{1 \times 10^6 \times 281 \times 10^3}{1 \times 10^6 + 281 \times 10^3} \fallingdotseq 219 \text{ k}\Omega \tag{16}$$

また，出力インピーダンスZ_oは，R_Dと次段の入力インピーダンスR_iの並列合成抵抗になるので，次の値が得られる。

$$Z_o = \frac{R_D R_i}{R_D + R_i} = \frac{2.7 \times 10^3 \times 1 \times 10^6}{2.7 \times 10^3 + 1 \times 10^6} \fallingdotseq 2.7 \text{ k}\Omega \tag{17}$$

> 理想電流源のインピーダンスは無限大です。このため，等価回路の出力側は，R_DとR_iが考慮すべき対象になります。

b 電流増幅度 A_i 図10の等価回路から，入力電圧v_iは，次のように表せる。

$$v_i = Z_i i_i = v_{gs} \tag{18}$$

また，式(18)を入力電流i_iについて変形すると次のようになる。

$$i_i = \frac{v_i}{Z_i} = \frac{v_{gs}}{Z_i} \tag{19}$$

一方，出力電流i_oは，理想電流源によるi_dが，R_iに分流したものであるから，分流の式を使うと次のように表すことができる。ただし，$i_d = g_m v_{gs}$の関係を使っている。

$$i_o = \frac{R_D}{R_D + R_i} i_d = \frac{R_D}{R_D + R_i} g_m v_{gs} \tag{20}$$

式(19)，(20)から，電流増幅度A_iは，式(21)で表される。

$$\blacklozenge \text{電流増幅度} \quad A_i = \left| \frac{i_o}{i_i} \right| = \frac{\left(\dfrac{R_D}{R_D + R_i} g_m v_{gs} \right)}{\left(\dfrac{v_{gs}}{Z_i} \right)} = \frac{R_D}{R_D + R_i} g_m Z_i \tag{21}$$

数値を代入すると，次のようになる。

$$A_i = \frac{R_D}{R_D + R_i} g_m Z_i = \frac{2.7 \times 10^3}{2.7 \times 10^3 + 1 \times 10^6} \times 14.5 \times 10^{-3} \times 219 \times 10^3$$
$$\fallingdotseq 8.6$$

c 電圧増幅度 A_v 出力電圧 v_o は，次段の入力インピーダンス R_i に出力電流 i_o が流れることにより発生するので，式(20)を使って次のように表せる。

$$v_o = -R_i i_o = -R_i \left(\frac{R_D}{R_D + R_i} g_m v_{gs}\right) = -\frac{R_D R_i}{R_D + R_i} g_m v_{gs}$$
$$= -Z_o g_m v_{gs} \tag{22}$$

式(18)と式(22)を比較すると，電圧増幅度は次のようになる。

> 負符号は，等価回路における出力電圧 v_o の正方向と，i_o によって R_i に発生する電圧の極性が逆になるからです。

◆ **電圧増幅度**
$$A_v = \left|\frac{v_o}{v_i}\right| = \frac{Z_o g_m v_{gs}}{v_{gs}} = Z_o g_m \tag{23}$$

数値を代入すると，次の値が得られる。

$$A_v = Z_o g_m = 2.7 \times 10^3 \times 14.5 \times 10^{-3} \fallingdotseq 39.2$$

5 結合コンデンサとバイパスコンデンサの計算

結合コンデンサとバイパスコンデンサは，低い周波数領域において，増幅度が低下する原因になる。バイポーラトランジスタによるエミッタ接地増幅回路と同じように，等価回路を使って考えてみよう。

a 結合コンデンサ C_1 の計算 図9を C_1 の影響のみを考慮した等価回路で表すと，図11のようになる。ただし，C_2 と C_S は，増幅回路に影響がないと仮定し，短絡している。また，R は，R_1 と R_2 の並列合成抵抗である。

図11において，入力インピーダンスの大きさ Z_i' は，C_1 のリアクタンスを X_{C1} とすると，$Z_i' = \sqrt{R^2 + X_{C1}^2}$ となるので，入力電圧 v_i は次のように表せる。

> R は，式(16)で求めた入力インピーダンス Z_i と同じであり，$R = Z_i$ の関係になります。

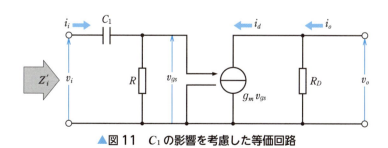

▲図11　C_1 の影響を考慮した等価回路

$$v_i = Z_i' i_i = \sqrt{R^2 + X_{C1}^2}\, i_i \tag{24}$$

また，v_{gs} は R の両端の電圧になるので，次のようになる。

$$v_{gs} = R i_i \tag{25}$$

式(25)を i_i の式に変形し，式(24)に代入すると，次のようになる。

$$v_i = \frac{\sqrt{R^2 + X_{C1}^2}}{R} v_{gs} \tag{26}$$

次に，出力電圧 v_o は，式(22)と同じであり，式(22), (26)を用いて，電圧増幅度 A_v' は次のように表すことができる。

$$A_v' = \left| \frac{v_o}{v_i} \right| = \frac{Z_o g_m v_{gs}}{\left(\dfrac{\sqrt{R^2 + X_{C1}^2}}{R} v_{gs} \right)} = Z_o g_m \frac{R}{\sqrt{R^2 + X_{C1}^2}}$$

$$= A_v \frac{1}{\sqrt{1 + \dfrac{X_{C1}^2}{R^2}}} \tag{27}$$

❶ 1行目から2行目では，平方根内の R^2 を平方根の外に出す変形をしている。

式(27)に含まれる A_v は，式(23)で表した中域の電圧増幅度である。式(27)が，中域の電圧増幅度 A_v の $\dfrac{1}{\sqrt{2}}$ 倍になるのは，平方根内の $\dfrac{X_{C1}^2}{R^2}$ が 1 のときであるから，C_1 による遮断周波数 f_{C1} は次のようになる。

◆ C_1 による低域遮断周波数　　$$f_{C1} = \frac{1}{2\pi C_1 R}\ [\text{Hz}] \tag{28}$$

X_{C1} のリアクタンスは，$X_{C1} = \dfrac{1}{\omega C_1} = \dfrac{1}{2\pi f C_1}$ であり，X_{C1} の大きさが R と等しくなる関係から，式(28)が導出できます。また，エミッタ接地増幅回路における，C_1 による低域遮断周波数を求める p.96 式(16)と，どこが異なるのか比べてみましょう。

設計条件(7)と R の値を使って C_1 を求めると，次のようになる。❷

$$C_1 \geq \frac{1}{2\pi f_{C1} R} = \frac{1}{2\pi \times 20 \times 219 \times 10^3} \fallingdotseq 0.036\ \mu\text{F}$$

❷ R は入力インピーダンス Z_i であるので，式(16)の値を使用している。

b 結合コンデンサ C_2 の計算　C_2 を考慮に入れ，C_1 と C_S は増幅回路に影響しないと仮定して短絡すると，図9の等価回路は図12のようになる。

図12において，理想電流源の i_d は R_D と R_i に分流する。R_i に流れる i_o は，C_2 の容量性リアクタンス X_{C2} を使うと次のようになる。❸

❸ 分流の式を使用した。

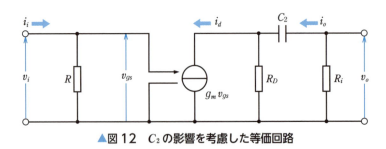

▲図12　C_2 の影響を考慮した等価回路

$$i_o = \frac{R_D}{\sqrt{(R_D + R_i)^2 + X_{C2}{}^2}} \quad i_d = \frac{R_D}{\sqrt{(R_D + R_i)^2 + X_{C2}{}^2}} g_m v_{gs} \quad (29)$$

入力電圧は $v_i = v_{gs}$, 出力電圧は $v_o = -R_i i_o$ であるから, 電圧増幅度 A_v'' は次のように求めることができる。

$$A_v'' = \left| \frac{v_o}{v_i} \right| = \left| \frac{R_i i_o}{v_{gs}} \right| = \frac{R_i}{v_{gs}} \frac{R_D g_m v_{gs}}{\sqrt{(R_D + R_i)^2 + X_{C2}{}^2}}$$

$$= \frac{R_D R_i}{R_D + R_i} \frac{g_m}{\sqrt{1 + \frac{X_{C2}{}^2}{(R_D + R_i)^2}}}$$

$$= Z_o g_m \frac{1}{\sqrt{1 + \frac{X_{C2}{}^2}{(R_D + R_i)^2}}} = A_v \frac{1}{\sqrt{1 + \frac{X_{C2}{}^2}{(R_D + R_i)^2}}} \quad (30)$$

式(30)が, 中域の電圧増幅度 A_v の $\frac{1}{\sqrt{2}}$ 倍になるのは, 平方根内の $\frac{X_{C2}{}^2}{(R_D + R_i)^2}$ が 1 のときであるから, 低域遮断周波数 f_{C2} は次のようになる。

◆ C_2 による低域遮断周波数　　$f_{C2} = \dfrac{1}{2\pi C_2 (R_D + R_i)}\ [\mathrm{Hz}] \qquad (31)$

設計条件(7)と, R_D, R_i の値を使って C_2 を求めると, 以下のようになる。

$$C_2 \geqq \frac{1}{2\pi f_{C2}(R_D + R_i)} = \frac{1}{2\pi \times 20 \times (2.7 \times 10^3 + 1 \times 10^6)} \fallingdotseq 0.008\ \mu\mathrm{F}$$

c **バイパスコンデンサ C_S の計算**　周波数が低くなると C_S のインピーダンスが無視できなくなることは, エミッタ接地増幅回路の場合と同じである。C_1 と C_2 は短絡し, C_S の影響のみを考慮した場合, その計算は複雑になるので, 結果だけを示すと, C_S による低域遮断周波数 f_{CS} は次のようになる。

◆ C_S による低域遮断周波数　　$f_{CS} = \dfrac{1 + R_S g_m}{2\pi C_S R_S}\ [\mathrm{Hz}] \qquad (32)$

設計条件(3), (7)と, 図 9 の定数を使って C_S を求めると, 次の値になる。

$$C_S \geqq \frac{1 + R_S g_m}{2\pi f_{CS} R_S} = \frac{1 + 600 \times 14.5 \times 10^{-3}}{2\pi \times 20 \times 600} \fallingdotseq 129\ \mu\mathrm{F}$$

したがって, C_S を 129 μF 以上にすればよい。

6　FET による小信号増幅回路　**117**

問 1 p.113 図9 の回路において，$g_m = 14.5\,\text{mS}$，次段の入力インピーダンス $R_i = 100\,\text{k}\Omega$，低域遮断周波数 $f_{CL} = 20\,\text{Hz}$ としたとき，C_1，C_2，C_S を求めよ。

問 2 p.111 図7 の静特性において，動作点のバイアス電流を $I_D = 3\,\text{mA}$ にするには，V_{GS} をいくらにすればよいか。

3 接合形 FET による小信号増幅回路の設計

1 接合形 FET のバイアス回路

図13 は接合形 FET を使ったソース接地増幅回路であり，図14 は図13 のバイアス回路である。

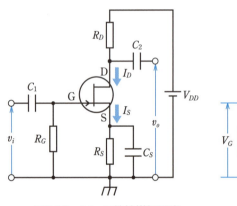

▲図13 ソース接地増幅回路

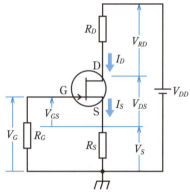

▲図14 図13 のバイアス回路

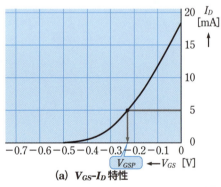

(a) V_{GS}-I_D 特性　　(b) V_{DS}-I_D 特性

▲図15 接合形 FET の静特性

接合形 FET の動作には，ゲート端子よりもソース端子の電位が高い，負の V_{GS} が必要である。図14 のバイアス回路は，R_G と R_S により，専用の負電源を必要としない回路方式になっている。

図 14 のバイアス回路において，ゲート端子には電流が流れないため，R_G による電圧降下は 0 である。このため，ゲート端子の電位は $V_G = 0\,\mathrm{V}$ に固定される。一方，ソース抵抗 R_S による電圧降下により，ソース端子の電位はグラウンドから V_S だけ高くなる。結果的に V_{GS} が負の電圧になる。

$I_D = I_S$ の関係から，ゲート・ソース間電圧は次のようになる。

◆ ゲート・ソース間の電圧　　　$V_{GS} = -V_S = -R_S I_D\ [\mathrm{V}]$　　　　　(33)

また，式(33)を変形することで，次の関係が得られる。

$$R_S = \frac{V_S}{I_D} = \frac{|V_{GS}|}{I_D}\ [\Omega] \tag{34}$$

R_G には電流が流れないため，R_G の値は任意でよいが，増幅回路の入力インピーダンスを下げないために，数百 $\mathrm{k\Omega} \sim 1\,\mathrm{M\Omega}$ 程度の高抵抗が使用される。

次に，ドレーンとソース端子の電圧配分は次のようになる。

$$V_{DD} = V_{RD} + V_{DS} + V_S$$
$$= R_D I_D + V_{DS} + R_S I_S = V_{DS} + (R_D + R_S)I_D\ [\mathrm{V}] \tag{35}$$

電源電圧 $V_{DD} = 12\,\mathrm{V}$，$R_D + R_S = 1.2\,\mathrm{k\Omega}$ とすると，負荷線は図 15 (b)の直線 AB になる。動作点 P を負荷線の中央に定めると，P 点のバイアスは $I_{DP} = 5\,\mathrm{mA}$，$V_{DSP} = 6\,\mathrm{V}$，$V_{GSP} = -0.23\,\mathrm{V}$ となる。ソース抵抗 R_S は，式(34)から，次のように求めることができる。

$$R_S = \frac{|V_{GS}|}{I_D} = \frac{|V_{GSP}|}{I_{DP}} = \frac{0.23}{5 \times 10^{-3}} = 46\,\Omega$$

また，$R_D + R_S = 1.2\,\mathrm{k\Omega}$ の関係から，ドレーン抵抗 R_D が求められる。

$$R_D = 1.2 \times 10^3 - 46 \fallingdotseq 1.2\,\mathrm{k\Omega}$$

図 14 のバイアス回路では，負荷線上に動作点 P を定めると，静特性図からバイアス電流 I_{DP} とバイアス電圧 V_{GSP} が得られ，ソース抵抗 R_S は式(34)によって求めることができる。ところで R_S は，バイアス回路の安定抵抗としても動作している。I_D の変動に対する安定度を高めるために，R_S をより大きな値にしたい場合がある。このような場合，図 16 に示す回路を使用することがある。

図 5 の MOS FET によるソース接地増幅回路の電圧配分の式(7)と同じになります。

❶ ゲート端子に電流が流れないので，$I_D = I_S$ の関係を用いている。

6　FET による小信号増幅回路　**119**

図17の回路において，$V_S > V_G$ の関係を満たせば，V_{GS} を負の電圧にすることができる。V_G は R_1 と R_2 の分圧比により，定めることができ，$V_S = V_G - V_{GS}$，$R_S = \dfrac{V_S}{I_D}$ であるから，R_S の値を任意に決めることができる。

> 🖉 R_1 と R_2 による分圧は，p. 113 式(14)になります。

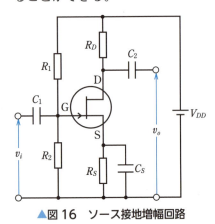

▲図16 ソース接地増幅回路

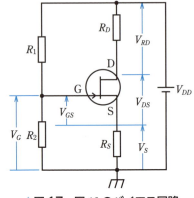

▲図17 図16のバイアス回路

例題 1

図16の回路で，$V_{DD} = 15\,\mathrm{V}$，動作点のバイアス電流 $I_{DP} = 3\,\mathrm{mA}$，バイアス電圧 $V_{GSP} = -0.28\,\mathrm{V}$ とするとき，$V_S = 2\,\mathrm{V}$ とするには，R_S と R_2 をいくらにすればよいか。ただし，$R_1 = 1\,\mathrm{M\Omega}$ とする。

解答 式(34)から，次のように計算できる。
$$R_S = \frac{V_S}{I_D} = \frac{V_S}{I_{DP}} = \frac{2}{3 \times 10^{-3}} \fallingdotseq 667\,\Omega$$
また，$V_G = V_S + V_{GSP} = 2 + (-0.28) = 1.72\,\mathrm{V}$
分圧の式を変形して，R_2 は次のように求めることができる。
$$R_2 = \frac{V_G}{V_{DD} - V_G} R_1 = \frac{1.72}{15 - 1.72} \times 1 \times 10^6 \fallingdotseq 130\,\mathrm{k\Omega}$$

問 3

図16の回路で，$V_{DD} = 15\,\mathrm{V}$，$R_1 = 1\,\mathrm{M\Omega}$，$R_2 = 140\,\mathrm{k\Omega}$，$R_D + R_S = 1\,\mathrm{k\Omega}$，$V_S = 2\,\mathrm{V}$ としたとき，動作点Pにおけるバイアス電流 I_{DP} とバイアス電圧 V_{GSP} を求めよ。ただし，静特性は図15を用いよ。

2 等価回路による増幅度の計算

図18の回路で，C_1，C_2，C_S のインピーダンスが，使用する周波数においてじゅうぶん小さい場合には，これらのコンデンサは短絡していると考えられるので，等価回路は図19になる。

接合形FETの等価回路はMOS FETと同じなので，図19の等価回路は，図10のMOS FETによるソース接地増幅回路の場合と同じ

120　第2章　増幅回路の基礎

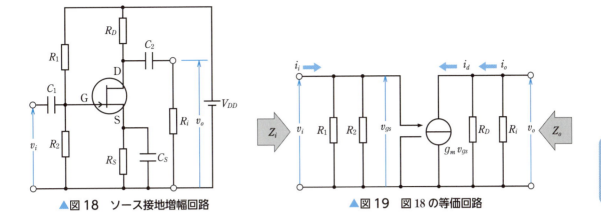

▲図18 ソース接地増幅回路　　▲図19 図18の等価回路

になる。したがって，入出力インピーダンス，電流・電圧増幅度は，次のように MOS FET の場合と同じ式で表すことができる。

入力インピーダンス　$Z_i = \dfrac{R_1 R_2}{R_1 + R_2}$ (36)

出力インピーダンス　$Z_o = \dfrac{R_D R_i}{R_D + R_i}$ (37)

電流増幅度　$A_i = \left| \dfrac{i_o}{i_i} \right| = \dfrac{R_D}{R_D + R_i} g_m Z_i$ (38)

電圧増幅度　$A_v = \left| \dfrac{v_o}{v_i} \right| = Z_o g_m$ (39)

問 4　図17の回路で，$V_{DD} = 12\,\mathrm{V}$，$V_S = 3\,\mathrm{V}$ とするとき，V_{GS} はいくらか。ただし，$R_1 = 1\,\mathrm{M\Omega}$，$R_2 = 300\,\mathrm{k\Omega}$ とする。

問 5　図20の回路で，入力インピーダンス Z_i，出力インピーダンス Z_o，電流増幅度 A_i，電圧増幅度 A_v を求めよ。ただし，$g_m = 43\,\mathrm{mS}$ とする。

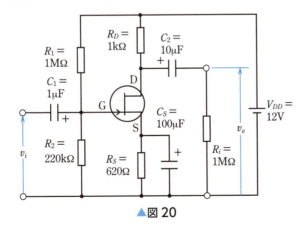

▲図20

問 6　図20の回路で，C_1，C_2，C_S による低域遮断周波数をそれぞれ求めよ。ただし，$g_m = 43\,\mathrm{mS}$ とする。

6　FETによる小信号増幅回路

この章の**まとめ**

2節

❶ 小信号電流増幅率 $h_{fe} = \dfrac{\Delta I_C}{\Delta I_B}$ ▶p.65

❷ トランジスタを働かせるためには，あらかじめ直流の電圧・電流を与えておく必要がある。これを**バイアス電圧**，**バイアス電流**，あるいはたんに**バイアス**という。▶p.66〜71

❸ トランジスタの増幅回路には，**エミッタ接地**，**コレクタ接地**，**ベース接地**の各接地方式がある。▶p.68, 69

❹ 増幅回路の利得 ▶p.75

電圧利得 $\quad G_v = 20\log_{10} A_v\,[\text{dB}]\quad$ $\left(\text{電圧増幅度}\quad A_v = \left|\dfrac{v_o}{v_i}\right|\right)$

電流利得 $\quad G_i = 20\log_{10} A_i\,[\text{dB}]\quad$ $\left(\text{電流増幅度}\quad A_i = \left|\dfrac{i_o}{i_i}\right|\right)$

電力利得 $\quad G_p = 10\log_{10} A_p\,[\text{dB}]\quad$ $\left(\text{電力増幅度}\quad A_p = \left|\dfrac{P_o}{P_i}\right|\right)$

❺ 多段増幅回路における**全体の利得** G は，各段の利得の和で求めることができる。▶p.76

❻ h **パラメータ** ▶p.77, 78

小信号電流増幅率 $\quad h_{fe} = \dfrac{\Delta I_C}{\Delta I_B}\qquad$ **入力インピーダンス** $\quad h_{ie} = \dfrac{\Delta V_{BE}}{\Delta I_B}\,[\Omega]$

電圧帰還率 $\quad h_{re} = \dfrac{\Delta V_{BE}}{\Delta V_{CE}}\qquad$ **出力アドミタンス** $\quad h_{oe} = \dfrac{\Delta I_C}{\Delta V_{CE}}\,[\text{S}]$

❼ 増幅回路の特性は，**等価回路**を用いて考えることができる。▶p.79, 80

3節

❽ トランジスタのバイアス回路には，**固定バイアス回路**，**自己バイアス回路**，**電流帰還バイアス回路**の各バイアス方式がある。▶p.86〜91

回路名	固定バイアス回路	自己バイアス回路	電流帰還バイアス回路
特　徴	安定度が悪い 回路が簡単	安定度がややよい 利得が低下する	安定度がよい 電力損失が大きい

4節

❾ **結合コンデンサ**は，交流信号だけを通して直流を阻止する働きをする。▶p.92

❿ **バイパスコンデンサ**は，交流信号分について，エミッタを接地して増幅度の低下を防ぐ働きをする。▶p.92

⓫ 増幅回路は直流回路（バイアス回路）と交流等価回路に分けて考えることができる。▶p.92

⓬ **帯域幅** $B = f_{CH} - f_{CL}$（低域遮断周波数 f_{CL}，高域遮断周波数 f_{CH}）▶p.95

6節

⓭ FET 増幅回路には，**ソース接地**，**ドレーン接地**，**ゲート接地**の各接地方式がある。▶p.110

⓮ FET 増幅回路の特性は，バイポーラトランジスタと同じように**等価回路**を用いて考えることができる。▶p.114, 115

---

122 第2章　増幅回路の基礎

章末問題

1. 直流電流増幅率 h_{FE} と，小信号電流増幅率 h_{fe} との違いを説明せよ。

2. 図1のエミッタ接地増幅回路において，次の問いに答えよ（ただし，$h_{ie} = 2\,\text{k}\Omega$，$h_{fe} = 160$）。トランジスタの静特性は，図2とする。

    (1) 負荷線を引き，動作点の位置を $V_{CE} = \dfrac{V_{CC}}{2}$ となるように定めよ。このとき I_B の値はいくらか。

    (2) 動作点における h_{FE} の値を求めよ。

    (3) 電圧，電流，電力の各増幅度を，簡単化した等価回路によって計算せよ。

    (4) 入力電圧 $v_i = 10\,\text{mV}$ のとき，出力電圧 v_o はいくらか。

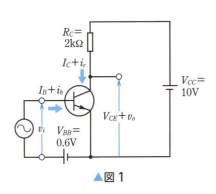
▲図1

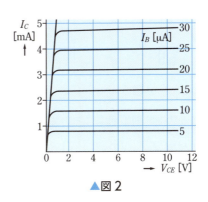
▲図2

3. 図3のバイアス回路の名称を答えよ。また，$V_{CC} = 9\,\text{V}$，$I_C = 2\,\text{mA}$ としたとき，R_B と R_C の値を求めよ。ただし，$h_{FE} = 200$，$V_{BE} = 0.6\,\text{V}$ とする。

4. 図4の電流帰還バイアス回路で，$I_C = 2\,\text{mA}$ に設定するには，R_A，R_B，R_E はいくらにすればよいか。ただし，$h_{FE} = 200$，$V_{CC} = 12\,\text{V}$，$V_E = 2\,\text{V}$，$V_{BE} = 0.6\,\text{V}$ とし，I_A は I_B の20倍流すものとする。

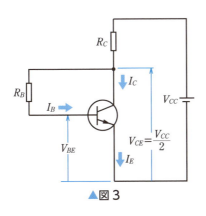
▲図3

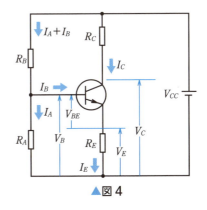
▲図4

5. 図5の電流帰還バイアス回路において，トランジスタの各端子の電位 V_B，V_E，V_C を求めよ。ただし，$I_B \fallingdotseq 0$ とし，I_B を無視してよい。また，$V_{BE} = 0.6\,\text{V}$ とする。

6 図6のエミッタ接地増幅回路において，次の問いに答えよ。ただし，$h_{ie} = 3\,\text{k}\Omega$，$h_{fe} = 120$ とする。

(1) h パラメータによる簡単化した等価回路をかけ。

(2) 入力インピーダンスと出力インピーダンスを求めよ。

(3) 中域の周波数における電流増幅度 A_i と電圧増幅度 A_v を求めよ。

(4) 低域遮断周波数を $20\,\text{Hz}$ として，C_E の値を求めよ。ただし，結合コンデンサ C は，交流信号分に対して短絡しているとしてよい。

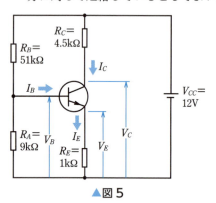

▲図5

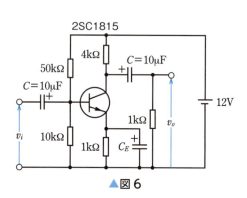

▲図6

7 図7のソース接地増幅回路において，以下の問いに答えよ。

(1) 図8のバイアス回路において，$I_D = 5\,\text{mA}$，$V_{GS} = 1.39\,\text{V}$，$V_S = 1.5\,\text{V}$，$V_{RD} = V_{DS}$ としたとき，R_2，R_S，R_D を求めよ。

(2) 等価回路を作成し，入力インピーダンス Z_i と出力インピーダンス Z_o を求めよ。

(3) 中域の周波数における電流増幅度 A_i と電圧増幅度 A_v を求めよ。ただし，$g_m = 35\,\text{mS}$ とする。

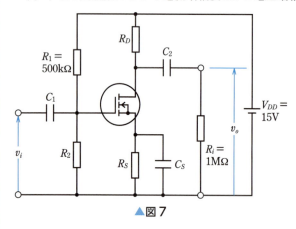

▲図7

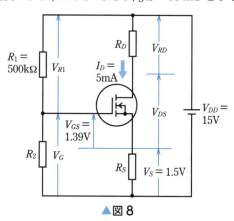

▲図8

8 図7の回路において，$R_D + R_S = 2\,\text{k}\Omega$，次段の入力インピーダンス $R_i = 1\,\text{M}\Omega$，$V_S = 1.5\,\text{V}$，動作点の $I_D = 3.5\,\text{mA}$，$g_m = 21\,\text{mS}$，低域の遮断周波数 $f_{CL} = 20\,\text{Hz}$ としたとき，R_2，R_D，R_S，C_1，C_2，C_S の値を計算し，電圧増幅度 A_v を求めよ。ただし，MOS FET の静特性は p. 111 図7とする。

第3章 いろいろな増幅回路

わたしたちの身のまわりの電子機器には，いろいろな特徴をもった増幅回路が使われている。たとえば，信号の加算や比較などを行う演算回路に用いる演算増幅器，大きな電力エネルギーを取り出すための電力増幅回路，携帯電話をはじめテレビジョン放送やラジオ放送などの無線通信に欠かせない高周波増幅回路などがある。また，出力信号の一部を入力に戻す帰還を用いて，増幅回路の各種特性を改善させる負帰還増幅回路もある。
この章では，これらの増幅回路の特徴と動作および原理などについて学ぶ。

負帰還増幅回路の発明

1876年，スコットランドの工学者アレクサンダー・グラハム・ベルによって電話が発明された。当時は電気信号を増幅する素子がなかったため，通話できる距離には限度があった。

その後，真空管の発明によって電気信号を増幅できるようになり，通話距離を伸ばすために電話の中継器がつくられた。1915年にはベルによって，ニューヨーク・サンフランシスコ間を結ぶ大陸横断通話が公開された。しかし，当時の真空管の性能はふじゅうぶんで，大きなひずみが発生してしまい，電話回線の不具合の原因になっていた。

アメリカの電気技師ハロルド・ブラックは，複数の真空管を用いたひじょうに高い利得をもつ増幅回路の出力信号を，入力に逆の位相で戻すことで高い利得をおさえ込み，真空管がもつ非直線性やひずみの発生を抑制できる負帰還と呼ばれる方式を発明した。

増幅用の素子は真空管からトランジスタやICへと移り変わったが，負帰還は，演算増幅器を用いた回路でも使用されている。

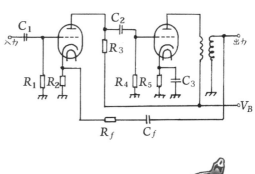

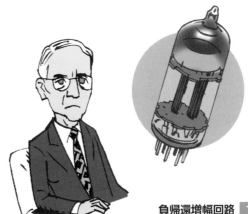

ブラック

1. 負帰還増幅回路
2. 差動増幅回路と演算増幅器
3. 電力増幅回路
4. 高周波増幅回路

1節 負帰還増幅回路

この節で学ぶこと 増幅回路の内部では，波形がひずんだり，雑音が発生したり，温度によってトランジスタの定数が変化したりする。ここでは，これらの問題を改善するために使われる負帰還増幅回路について学ぶ。

1 負帰還の原理

増幅回路の出力信号の一部を入力側に戻すことを**帰還**[1]といい，帰還には**負帰還**[2]と**正帰還**[3]がある。負帰還を利用した増幅回路を**負帰還増幅回路**と呼ぶ。正帰還は発振回路[4]に利用される。

図1(a)は負帰還増幅回路の原理図である。帰還信号 v_f と出力信号 v_o の比を**帰還率**といい，β（ベータ）で表す。β は，次の式となる。

[1] feedback
[2] negative feedback
[3] positive feedback
[4] 第4章で学ぶ。
[5] feedback ratio

◆ 帰還率
$$\beta = \frac{v_f}{v_o} \qquad (1)$$

図1(a)の出力信号 v_o は，帰還回路によって β 倍され，帰還信号 v_f となる。P点において入力信号 v_i と帰還信号 v_f はたがいに逆位相で加算され，増幅度 A_v の増幅回路に入力される。P点のマイナス符号は，入力信号 v_i に対し v_f が減算されることを表している。図1(b)に，P点での信号のようすを示す。

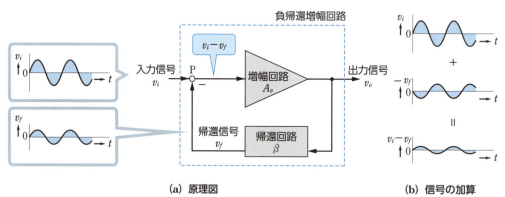

(a) 原理図　　　　　　　　　　　　　(b) 信号の加算
▲図1 負帰還増幅回路の原理図

1 負帰還増幅回路の電圧増幅度

負帰還をかけないときの増幅回路の電圧増幅度を A_v，入力電圧を v_i とすると，出力電圧 v_o は，式(2)のようになる。

$$v_o = A_v v_i \qquad (2)$$

次に，出力電圧の β 倍の電圧 v_f を入力側に負帰還すると，増幅回路の入力電圧は，図1のように，$v_i - v_f$ になるから，次の式がなりたつ。

$$v_o = A_v(v_i - v_f) = A_v(v_i - \beta v_o) \tag{3}$$

式(3)を v_o について整理すると，次のようになる。

$$v_o = \frac{A_v}{1 + A_v \beta} v_i \tag{4}$$

したがって，負帰還増幅回路の電圧増幅度 A_{vf} は，式(5)で表される。

◆ 電圧増幅度 　　$$A_{vf} = \frac{v_o}{v_i} = \frac{A_v}{1 + A_v \beta} \tag{5}$$

> ✏ A_v は負帰還がないときの電圧増幅度で，A_{vf} は負帰還があるときの電圧増幅度です。

式(5)は負帰還増幅回路の電圧増幅度を表す基本式で，$A_v \beta$ を**ループゲイン**❶という。また，$1 + A_v \beta$ を**帰還量**といい，F で表す。帰還量 F は，次のようにデシベルで表す。

❶ loop gain

◆ 帰還量 　　$$F = 20 \log_{10}(1 + A_v \beta) \ [\text{dB}] \tag{6}$$

例題 1

$A_v = 1000$ の増幅回路に，$\beta = 0.02$ の負帰還をかけたときの電圧増幅度 A_{vf} と，帰還量 F を求めよ。

解答 式(5)から，$A_{vf} = \dfrac{1000}{1 + 1000 \times 0.02} \fallingdotseq 48$

式(6)から，$F = 20 \log_{10}(1 + 1000 \times 0.02) \fallingdotseq \textbf{26 dB}$

問 1 例題1の増幅回路で，増幅度 A_v が 10 % 低下したときの全体の増幅度 A_{vf} を求めよ。

問 2 電圧増幅度 A_v が 500 である増幅回路に負帰還をかけ，A_{vf} を 100 にしたい。β をいくらにすればよいか求めよ。

2 負帰還の特徴

負帰還増幅回路で，$A_v \beta \gg 1$ とすると，式(5)から，A_{vf} は，次のように近似される。

$$A_{vf} = \frac{A_v}{1 + A_v \beta} \fallingdotseq \frac{A_v}{A_v \beta} = \frac{1}{\beta} \tag{7}$$

式(7)から，A_{vf} は β のみで決まり，A_v には無関係になる。全体の利得は，帰還回路の特性のみで決定されるため，負帰還をかけない場合に比べ，安定した増幅回路が得られる。たとえば，帰還回路に抵抗のような，周波数特性をもたない素子❷を用いると，A_{vf} の周波数特性を図2のように改善する（帯域幅を広げる）ことができる。

❷ コイル L の誘導性リアクタンス $X_L = 2\pi f L$ [Ω] や，コンデンサ C の容量性リアクタンス $X_C = \dfrac{1}{2\pi f C}$ [Ω] は，周波数によってその値が変化してしまうが，抵抗 R は一定で変化しない。

1 負帰還増幅回路 **127**

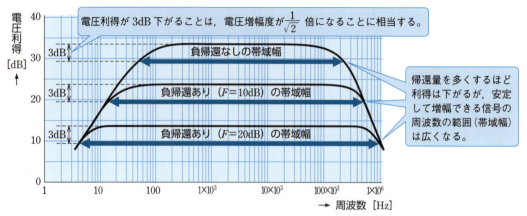

▲図2　負帰還による周波数特性の改善例

そのほか負帰還の特徴をまとめると，次のようになる。
(1) 温度や電源電圧の変動などに対して増幅回路の利得が安定になる。
(2) 増幅回路内部で発生するひずみ，雑音の影響が減少する。
(3) 帯域幅を広げられる。ただし，利得は低下する（図2）。
▶ p.95
(4) 入力インピーダンスや出力インピーダンスを変えることができる。

2　エミッタ抵抗 R_E による負帰還

図3(a)は，エミッタ接地増幅回路のバイパスコンデンサ C_E を取り除いた回路であり，図3(b)は，その等価回路である。エミッタ電流 i_e はバイパスされないため，すべて R_E に流れる。入力電圧 v_i と抵抗 R_E の電圧降下 v_f は同相であるので，h_{ie} に加わる電圧は $v_i - v_f$ となる。
▶ p.92

したがって，図3(a)の増幅回路は，入力電圧 v_i に対して v_f が逆相で加えられるため，v_f を帰還電圧とする負帰還増幅回路になる。

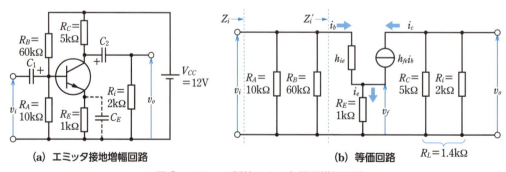

▲図3　エミッタ抵抗による負帰還増幅回路

帰還がない場合（C_E を接続した場合）はエミッタ接地増幅回路であるから，すでに学んだように，電圧増幅度 A_v は，次の式で表される。

$$A_v = \frac{h_{fe}}{h_{ie}} R_L \left(ただし，\ R_L = \frac{R_C R_i}{R_C + R_i} \right) \tag{8}$$

一方，帰還がある場合（C_E を取り除いた場合）の帰還率 β は，次のようになる。

$$\beta = \frac{v_f}{v_o} = \frac{R_E i_e}{R_L i_c} ≒ \frac{R_E}{R_L}^{❶} \tag{9}$$

❶ $i_b ≪ i_c$ と考え，$i_e ≒ i_c$ とする。

したがって，帰還時の電圧増幅度 A_{vf} は，式(5)に式(8)，(9)を代入すると，式(10)で表される。

$$A_{vf} = \frac{A_v}{1 + A_v \beta} = \frac{\dfrac{h_{fe}}{h_{ie}} R_L}{1 + \dfrac{h_{fe}}{h_{ie}} R_L \times \dfrac{R_E}{R_L}} = \frac{h_{fe} R_L}{h_{ie} + h_{fe} R_E} \tag{10}$$

式(8)と式(10)を比べると，式(8)の h_{ie} が式(10)では $h_{ie} + h_{fe} R_E$ になっていることがわかる。したがって，図3(b)においてトランジスタのベースからみた入力インピーダンスを $Z_i{}'$ とすれば，式(11)で表されると考えられる。

$$Z_i{}' = h_{ie} + h_{fe} R_E \tag{11}$$

すなわち，帰還によってトランジスタのベースからみた入力インピーダンスが R_E の h_{fe} 倍だけ増加したことになる。式(11)を書き直すと，次のようになる。

$$Z_i{}' = h_{ie} \left(1 + \frac{h_{fe} R_L}{h_{ie}} \cdot \frac{R_E}{R_L} \right) = h_{ie}(1 + A_v \beta) \tag{12}$$

すなわち，トランジスタのベースからみた入力インピーダンスは，帰還のない場合の $(1 + A_v \beta)$ 倍となることがわかる。回路全体の入力インピーダンス Z_i は，R_A，R_B，$Z_i{}'$ の並列合成抵抗なので，負帰還のない場合と比べて大きくなる。$A_v \beta ≫ 1$ であれば，式(7)，(9)から，次の式で表され，電圧増幅度は，R_L と R_E の比だけで決まる。

◆ 電圧増幅度　　　$A_{vf} ≒ \dfrac{1}{\beta} = \dfrac{R_L}{R_E}$ $\qquad$ (13)

負帰還がない場合
$$Z_i = \frac{1}{\dfrac{1}{R_A} + \dfrac{1}{R_B} + \dfrac{1}{h_{ie}}}$$
負帰還がある場合
$$Z_i = \frac{1}{\dfrac{1}{R_A} + \dfrac{1}{R_B} + \dfrac{1}{Z_i{}'}}$$
（$Z_i{}'$ は式(12)）

問 3 図3の回路で，C_E を取り除いた場合の電圧増幅度と入力インピーダンスを求めよ。ただし，$h_{ie} = 2\,\mathrm{k\Omega}$，$h_{fe} = 100$ とする。

問 4 図3の回路で，C_E と R_i を取り除いた場合の電圧増幅度を求めよ。ただし，$h_{ie} = 1.5\,\mathrm{k\Omega}$，$h_{fe} = 200$ とする。

1　負帰還増幅回路　**129**

3 エミッタホロワ

1 コレクタ接地増幅回路

図4(a)は，コレクタ接地増幅回路である。コレクタ接地増幅回路は，図3において$R_C=0$として，出力電圧v_oをR_Eの両端から取り出し，帰還電圧v_fを出力電圧v_oと等しくした回路である。この回路は，出力電圧v_oをエミッタから取り出しているので，**エミッタホロワ**❶とも呼ばれている。この回路の電圧増幅度A_{vf}，入力インピーダンスZ_i，出力インピーダンスZ_oを求めてみよう。

❶ emitter follower

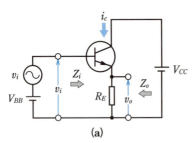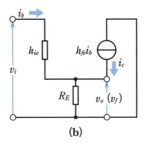

▲図4 コレクタ接地増幅回路

a 電圧増幅度 図4(b)は，図4(a)をhパラメータを用いて書き換えた等価回路である。入力電圧v_iと出力電圧v_oは，$i_c=h_{fe}i_b$より，次の式で表される。

$$v_i = h_{ie}i_b + R_E(i_b+i_c) = h_{ie}i_b + R_E(1+h_{fe})i_b \quad (14)$$

$$v_o = R_E(i_b+i_c) = R_E(1+h_{fe})i_b \quad (15)$$

したがって，電圧増幅度A_{vf}は，次のようになる。

◆ 電圧増幅度
$$A_{vf} = \frac{v_o}{v_i} = \frac{R_E(1+h_{fe})}{h_{ie}+R_E(1+h_{fe})} \quad (16)$$

一般に，$h_{ie} \ll R_E(1+h_{fe})$がなりたつので❷，式(16)は，次のようになる。

❷ 式(16)の分母のh_{ie}を無視できる。

$$A_{vf} \fallingdotseq 1 \quad (17)$$

b 入力インピーダンス 入力インピーダンスZ_iは，$1+h_{fe} \fallingdotseq h_{fe}$として，式(14)から，次のように表され，$h_{ie}$の値よりもかなり大きな値になる。

◆ 入力インピーダンス
$$Z_i = \frac{v_i}{i_b} = h_{ie} + R_E(1+h_{fe}) \fallingdotseq h_{ie} + h_{fe}R_E \; [\Omega] \quad (18)$$

c 出力インピーダンス 出力端子に何も接続しないときの出力

電圧（開放電圧）を v，出力端子を短絡したときに出力端子に流れる電流（短絡電流）を i_s とすれば，出力インピーダンス Z_o は，次のようになる。❶

❶ 鳳・テブナンの定理による（p. 280 付録参照）。

$$Z_o = \frac{v}{i_s} \tag{19}$$

図 4(b) の等価回路での開放電圧 v は，式(17)より $A_{vf} \fallingdotseq 1$ として，次のようになる。

$$v = v_o = A_{vf} v_i \fallingdotseq v_i \tag{20}$$

短絡電流 i_s は，R_E を短絡 ($R_E = 0$) したときに流れる電流であるから，次のように表される。

$$i_s = i_b + i_c = (1 + h_{fe}) i_b = (1 + h_{fe}) \frac{v_i}{h_{ie}} \tag{21}$$

したがって，Z_o は，式(19)に式(20)，(21)を代入して，次のように表され，Z_o は小さな値となることがわかる。

◆ 出力インピーダンス $Z_o = \dfrac{v}{i_s} = \dfrac{h_{ie}}{1 + h_{fe}} \fallingdotseq \dfrac{h_{ie}}{h_{fe}}$ [Ω] (22)

2 エミッタホロワの特徴と応用

a エミッタホロワの特徴

(1) 電圧増幅度は約 1 である。
(2) 入力インピーダンスが大きい。
(3) 出力インピーダンスが小さい。

b エミッタホロワの応用

図 5(a)は，信号電圧 v_{Ao} と出力インピーダンス Z_{Ao} をもつ回路 A と，入力インピーダンスが Z_{Bi} の回路 B を直接つないだ図である。回路 B の入力電圧 v_{Bi} は，

$$v_{Bi} = \frac{Z_{Bi}}{Z_{Bi} + Z_{Ao}} v_{Ao} \tag{23}$$

となり，$Z_{Bi} \gg Z_{Ao}$ であれば，$v_{Bi} \fallingdotseq v_{Ao}$ となる。▶ p. 83

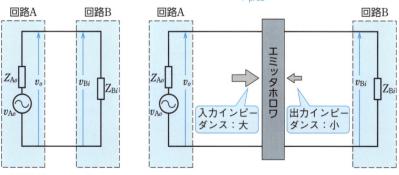

(a) 直接つないだ場合　　(b) エミッタホロワを設けた場合

▲図 5　回路間の信号電圧の伝わり方

しかし，回路 A と回路 B の間には，必ずしも $Z_{Bi} \gg Z_{Ao}$ の関係がなりたつわけではない。そこで，図5(b)に示すエミッタホロワを設けた接続方法が用いられる。

エミッタホロワは，入力インピーダンスが高いため，回路 A の出力電圧 v_o は，ほぼ信号電圧 v_{Ao} と同じになりエミッタホロワに入力される。また，エミッタホロワは出力インピーダンスが低いため，回路 B を接続しても出力電圧はほとんど変化しない。したがって，回路 B の入力電圧 v_{Bi} は，信号電圧 v_{Ao} とほぼ同じになる。

このように，回路と回路との間に設け，たがいの入出力インピーダンスによる信号電圧の伝達への影響を取り除く目的で使用される増幅回路をとくに**緩衝増幅器**❶という。エミッタホロワは，緩衝増幅器としてしばしば使用される。

❶ buffer

問 5 信号電圧 $v_{Ao} = 1.5\,\mathrm{V}$，出力インピーダンス $Z_{Ao} = 10\,\mathrm{k\Omega}$ である回路 A がある。この回路に入力インピーダンス $Z_{Bi} = 5\,\mathrm{k\Omega}$ の回路 B を直接接続すると，回路 B の入力電圧 v_{Bi} はいくらになるか求めよ。

4 多段増幅回路の負帰還

図6は，トランジスタによる2段増幅回路に，抵抗 R_F により負帰還をかけた例であり，C_F は直流を阻止するためのコンデンサである。また，図7は図6の中域における等価回路である。ただし，各コンデンサのインピーダンスは，じゅうぶん小さいとして省略した。

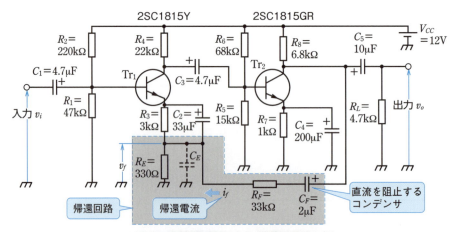

▲図6　負帰還をかけた2段増幅回路の例

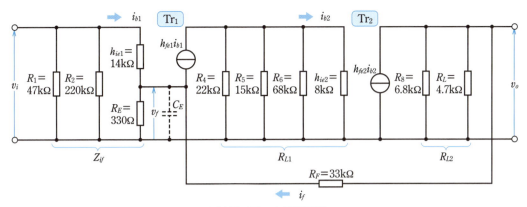

▲図7 図6の等価回路

この回路の全体の電圧増幅度と入力インピーダンスを求めてみよう。ただし，トランジスタの特性は，表1に示すものとする。

▼表1　トランジスタの特性

特性	量	Tr₁	Tr₂
動作点の概略値	V_{CE}	4 V	4 V
	I_C	300 μA	1 mA
hパラメータ	h_{fe}	120	280
	h_{ie}	14 kΩ	8 kΩ

a 負帰還をかけない場合の電圧増幅度 C_E を接続し，さらに R_F の両端を開放して負帰還をかけない場合，Tr_1 の負荷抵抗 R_{L1} は，次のように求められる。

$$R_{L1} = \frac{1}{\frac{1}{R_4} + \frac{1}{R_5} + \frac{1}{R_6} + \frac{1}{h_{ie2}}}$$

$$= \frac{1}{\frac{1}{22 \times 10^3} + \frac{1}{15 \times 10^3} + \frac{1}{68 \times 10^3} + \frac{1}{8 \times 10^3}} \fallingdotseq 4 \text{ k}\Omega$$

エミッタ抵抗 R_E による負帰還がかからないから，1段目の電圧増幅度 A_{v1} は，p.129 式(8)の R_L を R_{L1} として，次のように求められる。

$$A_{v1} = \frac{h_{fe1} R_{L1}}{h_{ie1}} = \frac{120 \times 4 \times 10^3}{14 \times 10^3} \fallingdotseq 34.3$$

Tr_2 の負荷抵抗 R_{L2} は，次のようになる。

$$R_{L2} = \frac{1}{\frac{1}{R_8} + \frac{1}{R_L}} = \frac{1}{\frac{1}{6.8 \times 10^3} + \frac{1}{4.7 \times 10^3}} \fallingdotseq 2.8 \text{ k}\Omega$$

したがって，2段目の電圧増幅度 A_{v2} は，p.129 式(8)から，次のようになる。

$$A_{v2} = \frac{h_{fe2} R_{L2}}{h_{ie2}} = \frac{280 \times 2.8 \times 10^3}{8 \times 10^3} = 98$$

1　負帰還増幅回路

したがって，全体の電圧増幅度 A_v は，次のようになる。

$$A_v = A_{v1} \cdot A_{v2} = 34.3 \times 98 \fallingdotseq 3\,360 \qquad (24)$$

b 負帰還をかけた場合（C_E を取り除いた場合）の電圧増幅度

一般に，増幅回路では入力電圧 v_i に比べ出力電圧 v_o がじゅうぶんに大きいから，帰還電圧 v_f は，R_F を通して出力側から流れる i_f によって R_E に生じる電圧降下と考えてよい。このとき i_f は，次の式で表される。

$$i_f = \frac{v_o}{R_F + R_E}$$

したがって，帰還電圧 v_f は，次のようになる。

$$v_f = R_E i_f = \frac{R_E v_o}{R_F + R_E}$$

帰還率 β は，$R_F \gg R_E$ として，次のように求められる。

$$\beta = \frac{v_f}{v_o} = \frac{R_E}{R_F + R_E} \fallingdotseq \frac{R_E}{R_F} = \frac{330}{33 \times 10^3} = 0.01$$

したがって，負帰還をかけたときの電圧増幅度 A_{vf} は，次のようになる。負帰還をかけることにより電圧増幅度が下がることがわかる。

$$A_{vf} = \frac{A_v}{1 + A_v \beta} = \frac{3\,360}{1 + 3\,360 \times 0.01} \fallingdotseq 97.1 \qquad (25)$$

> 負帰還をかけると電圧増幅度は下がりますが，帯域幅は広くなります（p. 128 図 2）。

c 入力インピーダンス Tr_1 のベースからみた入力インピーダンス Z_i' は，p. 129 式(12)から，次のようになる。

$$Z_i' = h_{ie1}(1 + A_v \beta) = 14 \times 10^3 \times (1 + 3\,360 \times 0.01) \fallingdotseq 484\,\mathrm{k\Omega}$$

入力端子からみた入力インピーダンス Z_{if} は，R_1，R_2 が並列にはいるから，次のようになる。

$$Z_{if} = \cfrac{1}{\cfrac{1}{R_1} + \cfrac{1}{R_2} + \cfrac{1}{Z_i'}} = \cfrac{1}{\cfrac{1}{47 \times 10^3} + \cfrac{1}{220 \times 10^3} + \cfrac{1}{484 \times 10^3}}$$

$$\fallingdotseq 35.9\,\mathrm{k\Omega}$$

問 6 負帰還をかけない場合（式(24)）とかけた場合（式(25)）について，それぞれの電圧利得を計算せよ。

問 7 図 6 の増幅回路において，負帰還をかけない場合の入力端子からみた入力インピーダンス Z_i を求めよ。

Let's Try
図 6 の増幅回路において，Tr_1 と Tr_2 を違う特性をもつ npn トランジスタに取り換えたい。取り換えるトランジスタの特性を表 1 のようにまとめ，電圧増幅度と入力インピーダンスの変化を調べてみよう。

2節　差動増幅回路と演算増幅器

この節で学ぶこと　差動増幅回路は，特性のそろった二つのバイポーラトランジスタ，またはFETを組み合わせてつくる増幅回路で，周囲温度の変化などによる動作点のずれがきわめて少ないなどの特徴がある。演算増幅器は，差動増幅回路などをICとしてつくった増幅器であり，その特徴は，大きな電圧増幅度をもつことである。

ここでは，バイポーラトランジスタによる差動増幅回路の概要と，演算増幅器の特徴および使い方について学ぶ。

1　差動増幅回路の概要

差動増幅回路は，図1のように，二つの入力端子①，②の間に加えられた信号の差 v_i を増幅して，二つの出力端子③，④に電位の差 v_o として出力する回路である。このように差動増幅回路では，入力信号の差 v_i を増幅しているので，v_{i1} と v_{i2} に共通に含まれる成分は出力には現れない。したがって，温度変化などによる**ドリフト**❶の影響を受けにくい回路となっている。

また，差動増幅回路は，ベースの入力コンデンサを用いない回路構成となるので，直流から増幅することが可能である。

差動増幅回路は集積化されて，演算増幅器❷にも利用されている。
▶ p.139

❶　温度変化や電源電圧などの変動による回路素子定数の変化が原因で，出力が変化する現象をいう。

❷　p.56で学んだアナログICの一種である。

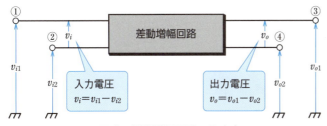

▲図1　差動増幅回路の入出力

図2は，特性のそろった二つのトランジスタのエミッタを結合して，対称接続にした差動増幅回路である。この回路はバイポーラトランジスタを使用しているが，FETでも同様の回路を実現することができる。

a　二つの入力信号がたがいに同相のとき　図2の回路で，二つのトランジスタ Tr_1, Tr_2 の入力端子a, bに，同じ大きさで同相の入力信号 v_{i1}, v_{i2} を加えると，$i_{b1}=i_{b2}$ となり，コレクタ抵抗 R_C に流れる電流も $i_{c1}=i_{c2}$ となる。

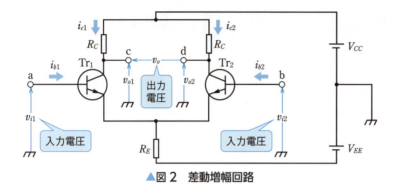

▲図2　差動増幅回路

　ここで，図3(a)の破線で示すように，出力端子 c, d の出力は同一の v_{o1}, v_{o2} となるので，出力端子 c–d 間の電位の差は $v_o = v_{o1} - v_{o2} = 0$ となる。したがって，トランジスタ Tr_1, Tr_2 に共通に発生する変化は，たがいにうちけし合うことになり，出力には現れない。

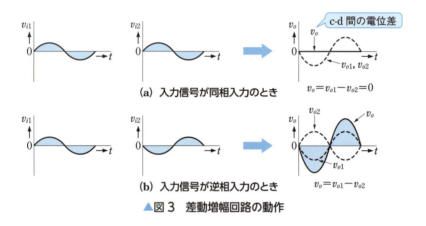

(a) 入力信号が同相入力のとき

(b) 入力信号が逆相入力のとき

▲図3　差動増幅回路の動作

b 二つの入力信号がたがいに逆相のとき　図2の回路で，二つのトランジスタ Tr_1, Tr_2 の入力端子 a, b にたがいに逆相の入力信号 v_{i1}, v_{i2} を加えると，図3(b)のように出力端子 c, d の出力は入力信号を反転増幅した v_{o1}, v_{o2} となる。出力端子 c–d 間の電位の差は，$v_o = v_{o1} - v_{o2}$ となるので，逆相入力の場合にはたがいの出力が加わり合って，大きな出力 v_o が得られる。また，この場合も，トランジスタ Tr_1, Tr_2 に共通に発生する変化はうちけし合うことになり，ドリフトなどを低減することができる。

2 差動増幅回路の動作点と増幅度

1 動作点

図2の回路について，トランジスタの動作点を調べる。Tr_1とTr_2の回路は対称であるので，動作点は等しいと考えられる。❶

動作点のI_C，I_B，V_{BE}を求めてみよう。Tr_1とTr_2のエミッタ電流をともにI_EとしてTr_1のバイアス回路を示すと，図4のようになる。❷

図4から，ベース電圧V_Bを表すと，次のようになる。

$$V_B = -V_{EE} + 2I_E R_E + V_{BE} = 0 \quad (1)$$

式(1)において$I_E = I_C$とすると，I_Cは次のように表される。

$$I_C = \frac{V_{EE} - V_{BE}}{2R_E} \quad (2)$$

$I_C = h_{FE} I_B$より，ベース電流I_Bは，次のようになる。

$$I_B = \frac{I_C}{h_{FE}} = \frac{V_{EE} - V_{BE}}{2 h_{FE} R_E} \quad (3)$$

さらに，図4から，次の関係がなりたつ。

$$-V_{EE} + 2I_E R_E + V_{CE} + I_C R_C = V_{CC} \quad (4)$$

式(4)において$I_E = I_C$とし，V_{CE}について整理すると，V_{CE}は次のように求められる。

$$V_{CE} = V_{CC} + V_{EE} - (R_C + 2R_E) I_C \quad (5)$$

❶ Tr_1とTr_2は同じ特性とする。

❷ 図2において，$v_{i1} = 0$，$v_{i2} = 0$のときは，a点とb点を接地に短絡するのと同じである。

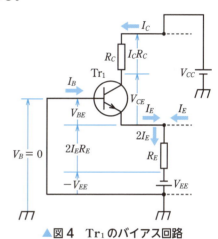
▲図4 Tr_1のバイアス回路

例題 1

図4の回路のI_B，I_C，V_{CE}を求めよ。ただし，$V_{CC} = V_{EE} = 15\,\text{V}$，$V_{BE} = 0.6\,\text{V}$，$R_C = 5.1\,\text{k}\Omega$，$R_E = 15\,\text{k}\Omega$，$h_{FE} = 100$とする。

解答 式(3)から，$I_B = \dfrac{V_{EE} - V_{BE}}{2 h_{FE} R_E} = \dfrac{15 - 0.6}{2 \times 100 \times 15 \times 10^3} = \mathbf{4.8\,\mu A}$

$I_C = I_B h_{FE} = 4.8 \times 10^{-6} \times 100 = \mathbf{0.48\,mA}$

式(5)から，

$V_{CE} = V_{CC} + V_{EE} - (R_C + 2R_E) I_C$

$= 15 + 15 - (5.1 \times 10^3 + 2 \times 15 \times 10^3) \times 0.48 \times 10^{-3}$

$= \mathbf{13.2\,V}$

問 1 例題1において，$R_E = 10\,\text{k}\Omega$とした場合のI_B，I_C，V_{CE}を求めよ。

2 電圧増幅度

図5は，図2の回路を等価回路で表したものである。この等価回路を用いて出力電圧と電圧増幅度を求める。

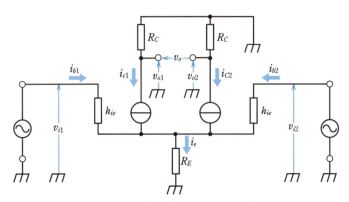

▲図5　等価回路で表した差動増幅回路

入力電圧 v_{i1}，v_{i2} は，それぞれ次の式で表される。

$$v_{i1} = i_{b1}h_{ie} + i_e R_E, \quad v_{i2} = i_{b2}h_{ie} + i_e R_E$$

したがって，入力電圧の差 $v_{i1} - v_{i2}$ は，式(6)のようになる。

$$v_{i1} - v_{i2} = (i_{b1} - i_{b2})h_{ie} \quad (6)$$

また，出力電圧 v_{o1}，v_{o2} は，それぞれ次の式で表される。

$$v_{o1} = -i_{c1}R_C = -i_{b1}h_{fe}R_C, \quad v_{o2} = -i_{c2}R_C = -i_{b2}h_{fe}R_C$$

上式をそれぞれ i_{b1}，i_{b2} について求めると，次の式が得られる。

$$i_{b1} = -\frac{v_{o1}}{h_{fe}R_C} \quad (7)$$

$$i_{b2} = -\frac{v_{o2}}{h_{fe}R_C} \quad (8)$$

式(7)，(8)を式(6)に代入し整理すると，入力電圧の差は，次の式で表される。

$$v_{i1} - v_{i2} = -(v_{o1} - v_{o2})\frac{h_{ie}}{h_{fe}R_C} \quad (9)$$

ここで，差動増幅回路の入力電圧を $v_{i1} - v_{i2}$，出力電圧を $v_{o1} - v_{o2}$ と定義すると，電圧増幅度 A_v は，次の式で表される。

◆差動増幅回路の電圧増幅度

$$A_v = \frac{v_{o1} - v_{o2}}{v_{i1} - v_{i2}} = -\frac{h_{fe}R_C}{h_{ie}} ❶ \quad (10)$$

❶ 逆相増幅であることを示すため，ここでは負符号をつけて表している。

問 2 図2の回路において，$h_{fe} = 100$，$h_{ie} = 5\,\mathrm{k\Omega}$，$R_C = 10\,\mathrm{k\Omega}$ とした場合の電圧増幅度を求めよ。

3 演算増幅器の特性と等価回路

1 演算増幅器の特性

演算増幅器❶は，図6に示す図記号で表され，反転入力端子❷と非反転入力端子❸❹および出力端子をもっている。

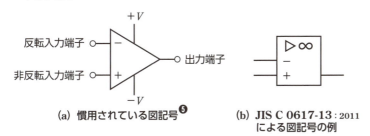

▲図6 演算増幅器の図記号

表1に代表的な演算増幅器の特性例を示す。

▼表1 演算増幅器の特性例

特　性	記号	条　件	代表値	単位
入力インピーダンス	Z_i		5×10^6	Ω
出力インピーダンス	Z_o	$A_{vf}=10$, $f=10\,\mathrm{kHz}$	1	Ω
電圧利得❻	G_v	$+V=+15\,\mathrm{V}$, $-V=-15\,\mathrm{V}$, $R_L \geqq 2\,\mathrm{k\Omega}$	100	dB

2 演算増幅器の基本動作

表1からわかるように，演算増幅器の入力インピーダンスはひじょうに大きく，出力インピーダンスは小さい。また，電圧利得はひじょうに大きい。そこで，次のような特性をもつ演算増幅器を，**理想演算増幅器**と呼ぶ。

(1) 入力インピーダンスが無限大（∞）
(2) 出力インピーダンスが0 Ω
(3) 増幅度が無限大
(4) 周波数特性の帯域幅が無限大

❶ operational amplifier
オペアンプともいう。
❷ 本書では図6(a)の図記号を用いる。
❸ 逆相入力端子ともいう。
❹ 正相入力端子ともいう。
❺ 電源端子を表す $+V$，$-V$の線は，まちがいを生じるおそれがない場合，省略することができる。
❻ voltage gain
演算増幅器の場合は，入力信号が直流電圧のときの利得のこと。

実際の演算増幅器でも直流から増幅できます。しかし，増幅できる信号の周波数には限界があります。

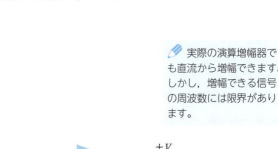

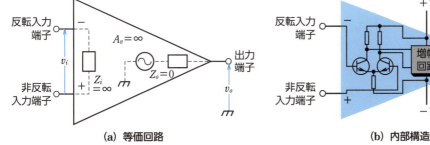

▲図7 演算増幅器の等価回路と内部構造

図7(a)に理想演算増幅器の等価回路，図7(b)に実際の内部構造を示す。

演算増幅器の内部（図7(b)）は，前項で学んだ差動増幅回路のあとに，直流から増幅できる何段かの増幅回路を重ねて電圧増幅度を大きくしたものと考えてよい。したがって，反転入力端子と非反転入力端子は，差動増幅回路に使用されている二つのバイポーラトランジスタのベース（またはFETのゲート）である。

4 演算増幅器の基本的な使い方

1 正相増幅回路と仮想短絡

演算増幅器は，電圧増幅度がひじょうに大きいので，負帰還をかけて使用するのが一般的である。負帰還は，出力端子から反転入力端子へ電圧を戻すことによってかけることができる。

図8の回路は，入力電圧 v_I と出力電圧 v_O の位相が同相となるので，**正相増幅回路**または**同相増幅回路**という。❶

❶ 非反転増幅回路ともいう。

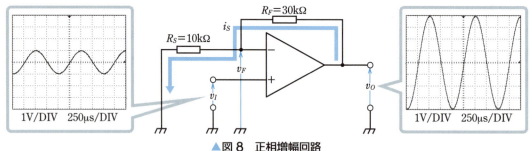

▲図8 正相増幅回路

いま，理想演算増幅器と仮定し $Z_i = \infty$ とする。図のように，入力電圧を v_I❷，帰還電圧を v_F とすれば，差動入力電圧は $(v_I - v_F)$ であるから，出力電圧 v_O は，次のようになる。

$$v_O = A_v(v_I - v_F) \tag{11}$$

次に帰還電圧 v_F は，出力電圧 v_O が R_S と R_F によって分圧された値となるため，次の式で表される。

$$v_F = \frac{R_S}{R_S + R_F} v_O \tag{12}$$

式(12)を式(11)に代入すると，次のようになる。

$$v_O = A_v\left(v_I - \frac{R_S}{R_S + R_F} v_O\right) \tag{13}$$

さらに右辺を展開し，v_O と v_I を含む項に分けて整理すると，出力

入力インピーダンスが無限大のため，理想演算増幅器の入力端子には電流が流れ込みません。

❷ 演算増幅器は，直流も増幅できるので，v_I は直流または交流，および交流を含んだ直流を意味する。

電圧 v_O は，次のようになる。

$$v_O = \frac{A_v}{1 + \dfrac{A_v R_S}{R_S + R_F}} v_I \qquad (14)$$

右辺の分母と分子を A_v で割り，$A_v = \infty$ とすると，式(14)は，次のようになる。

$$v_O = \frac{1}{\dfrac{1}{A_v} + \dfrac{R_S}{R_S + R_F}} v_I = \frac{R_S + R_F}{R_S} v_I \qquad (15)$$

したがって，電圧増幅度 A_{vf} は，次のように表される。

◆ 正相増幅回路の電圧増幅度
$$A_{vf} = \frac{v_O}{v_I} = \frac{R_S + R_F}{R_S} = 1 + \frac{R_F}{R_S} \qquad (16)$$

ここで，式(12)に式(15)を代入すると，次のようになる。

$$v_F = \frac{R_S}{R_S + R_F} \times \frac{R_S + R_F}{R_S} v_I = v_I \qquad (17)$$

式(17)は，非反転入力端子と反転入力端子の電位が等しくなることを示している。この現象を**仮想短絡**または**イマジナリショート**❶という。

仮想短絡は，演算増幅器に負帰還がかかった回路でなりたち，演算増幅器を用いたいろいろな回路の計算に利用することができる。

問 3 図8の回路で，$R_S = 12\,\text{k}\Omega$，$R_F = 240\,\text{k}\Omega$ のとき，電圧増幅度 A_{vf} を求めよ。

問 4 図8の回路で，$R_S = 20\,\text{k}\Omega$ のとき，$A_{vf} = 11$ とするためには，R_F をいくらにすればよいか求めよ。

2 逆相増幅回路

図9の回路は，入力電圧と出力電圧の位相が逆相となるので，**逆相増幅回路**❷という。

仮想短絡を考慮すると，反転入力端子の電位は0 Vであるから，入力電圧 v_I は，次のようになる。

🖉 図8から，v_F は反転入力端子の電位であり，v_I は非反転入力端子の電位です。

❶ virtual short

❷ 反転増幅回路ともいう。

🖉 理想演算増幅器では，入力インピーダンスが無限大なので，電流 i_S は反転入力端子に流れ込みません。

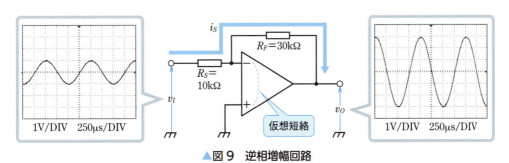

▲図9　逆相増幅回路

$$v_I = R_S i_S \tag{18}$$

また，出力電圧 v_O は，次のようになる。

$$v_O = -R_F i_S \tag{19}$$

したがって，電圧増幅度 A_{vf} は，次のように表される。

◆ 逆相増幅回路の電圧増幅度

$$A_{vf} = \frac{v_O}{v_I} = \frac{-R_F i_S}{R_S i_S} = -\frac{R_F}{R_S} \tag{20}$$

ここで図9の回路は，$R_F = 30\,\mathrm{k\Omega}$，$R_S = 10\,\mathrm{k\Omega}$ であるから，電圧増幅度 A_{vf} は，-3 になる。

問 5 図9の回路で，$R_S = 5\,\mathrm{k\Omega}$，$R_F = 330\,\mathrm{k\Omega}$ のとき，電圧増幅度 A_{vf} を求めよ。

問 6 図9の回路で，$R_F = 50\,\mathrm{k\Omega}$ のとき $A_{vf} = -20$ とするためには R_S をいくらにすればよいか求めよ。

Let's Try 図9の逆相増幅回路において，仮想短絡がなりたつとすると，入力インピーダンスはいくらになるだろうか。また，できるだけ簡単に入力インピーダンスを測定する方法についてグループで調べ，討論してみよう。

例題 2 図10に示す増幅回路の電圧増幅度 A_{vf} を求めよ。

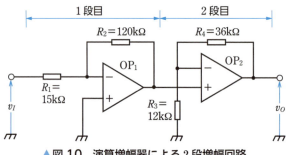

▲図10 演算増幅器による2段増幅回路

解答 式(16)と式(20)によって求める。

1段目の電圧増幅度　$A_{vf1} = -\dfrac{R_2}{R_1} = -\dfrac{120 \times 10^3}{15 \times 10^3} = -8$

2段目の電圧増幅度　$A_{vf2} = 1 + \dfrac{R_4}{R_3} = 1 + \dfrac{36 \times 10^3}{12 \times 10^3} = 4$

全体の電圧増幅度 A_{vf} は，次のようになる。

$$A_{vf} = A_{vf1} \times A_{vf2} = -8 \times 4 = -32$$

🖉 1段目は逆相増幅回路，2段目は正相増幅回路です。抵抗を表す文字について，図と公式における文字の違いに惑わされないように注意しましょう。

問 7 図11の回路において，全体の電圧増幅度 A_{vf} が -279 であるとき，R_1 の値を求めよ。

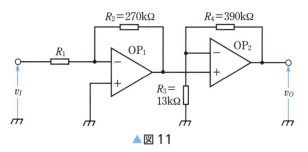

▲図11

3 加算回路

演算増幅器を使用すると，電圧と電圧の加算を行うことができる。

図12は，入力電圧 V_1，V_2，V_3 の和に比例した出力電圧が得られる**加算回路**[❶]である。

❶ adder

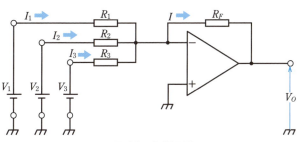

▲図12 加算回路

演算増幅器の二つの入力端子間が仮想短絡であることに注意すると，次の式がなりたつ。

$$I_1 = \frac{V_1}{R_1}, \quad I_2 = \frac{V_2}{R_2}, \quad I_3 = \frac{V_3}{R_3} \tag{21}$$

理想演算増幅器の入力インピーダンスは無限大であるので，I_1，I_2，I_3 はすべて R_F を流れる。したがって，出力電圧 V_O は，式(22)となる。

$$\begin{aligned} V_O &= -R_F I = -R_F(I_1 + I_2 + I_3) \\ &= -\left(\frac{R_F}{R_1}V_1 + \frac{R_F}{R_2}V_2 + \frac{R_F}{R_3}V_3\right) \end{aligned} \tag{22}$$

式(22)は，V_O が，入力電圧 V_1，V_2，V_3 にそれぞれ特定の係数をかけて和を求めた値となることを意味している。ここで，すべての抵抗が等しい（$R_1 = R_2 = R_3 = R$）とすると，V_O は，次の式で表される。

◆ 出力電圧
$$V_O = -\frac{R_F}{R}(V_1 + V_2 + V_3) \,\mathrm{[V]} \tag{23}$$

つまり，V_O は，V_1，V_2，V_3 の和に比例した出力電圧となる。

図 12 は，3 入力の場合であるが，入力側の抵抗をさらに並列に接続することにより，任意の入力数の加算回路をつくることができる。また，入力電圧は交流信号でもよい。

例題 3 図 13 の回路の出力電圧 V_O を求めよ。

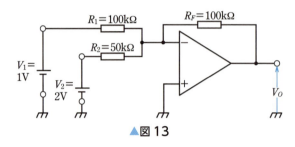

▲図 13

解答 2 抵抗の場合の式(22)に相当する式を用いて計算する。

$$V_O = -\left(\frac{R_F}{R_1}V_1 + \frac{R_F}{R_2}V_2\right) = -\left(\frac{100\times10^3}{100\times10^3}\times1 + \frac{100\times10^3}{50\times10^3}\times2\right)$$
$$= -5\,\mathrm{V}$$

問 8 図 12 において，$R_1 = R_2 = R_3 = R_F = 100\,\mathrm{k\Omega}$，$V_1 = 1\,\mathrm{V}$，$V_2 = 2\,\mathrm{V}$，$V_3 = 5\,\mathrm{V}$ のとき，出力電圧 V_O を求めよ。

問 9 図 12 において，$R_1 = R_2 = R_F = 100\,\mathrm{k\Omega}$，$R_3 = 50\,\mathrm{k\Omega}$，$V_1 = 1.5\,\mathrm{V}$，$V_2 = 3\,\mathrm{V}$，$V_3 = -2\,\mathrm{V}$ のときの出力電圧 V_O を求めよ。

4 比較回路

入力信号を，ある基準電圧と比較し，その大小を判定する回路を**比較回路**❶という。

❶ comparator

　図 14(a)の回路は，非反転入力端子に入力信号電圧 v_I を加え，反転入力端子に基準電圧 V_r を加えている。演算増幅器に帰還をかけていないので，図 14(b)のように，入力信号電圧 v_I と基準電圧 V_r の関係

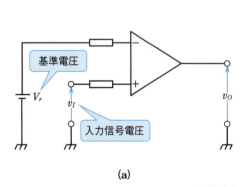
(a)

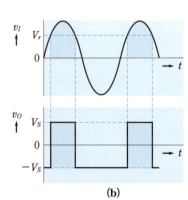
(b)

▲図 14　比較回路

144　第 3 章　いろいろな増幅回路

が $v_I > V_r$ の場合，出力電圧 v_O は正の最大電圧 V_S となる。また，$v_I < V_r$ の場合，v_O は負の最大電圧 $-V_S$ となる。

一般の演算増幅器には，帰還動作の安定性を高めるために，図15のような位相補償コンデンサが設けられている。

比較回路では，帰還をかける必要がないため，位相補償コンデンサを内蔵せず，動作を高速化した演算増幅器が一般的に用いられる。❶

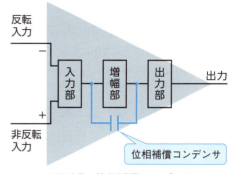

▲図15 位相補償コンデンサ

❶ このような演算増幅器を，比較器ともいう。
❷ voltage follower

5 その他の応用例

a ボルテージホロワ❷ 図16のような回路をボルテージホロワといい，正相増幅回路の電圧増幅度の式(16)において，$R_F = 0\,\Omega$，$R_S = \infty\,\Omega$ としたものである。したがって電圧増幅度 A_{vf} は，次のようになる。

$$A_{vf} = 1 + \frac{0}{\infty} = 1 \quad (24)$$

この回路は，ひじょうに大きな入力インピーダンスと小さな出力インピーダンスをもち，すぐれた緩衝増幅器として用いることができる。 ▶ p.132

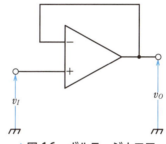

▲図16 ボルテージホロワ

b 電流-電圧信号変換回路 図17のような回路を電流-電圧信号変換回路といい，逆相増幅回路を応用したものである。入力電流を i_S とすると出力電圧は，次の式で表される。

$$v_O = -R_F i_S \quad (25)$$

一般的な電流計で測定できる電流は数 μA 程度までである。それよりも小さな電流を測定したい場合や，小さな電流しか得られないセンサを用いる場合に，この回路が用いられる。

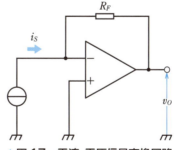

▲図17 電流-電圧信号変換回路

問 10 図17の回路を用いて $R_F = 500\,\mathrm{k\Omega}$ のとき，$-0.1\,\mathrm{V}$ の出力電圧が得られた。このときの i_S の値を求めよ。

製作コーナー

演算増幅器を用いた増幅回路の製作

p.141 図9において，$R_S = 10$ kΩ，$R_F = 100$ kΩ の逆相増幅回路を製作し，増幅動作と入出力波形を調べてみよう。

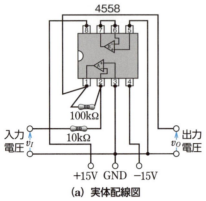
(a) 実体配線図

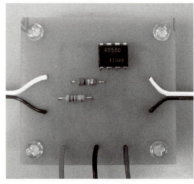
(b) 製作した回路

▲逆相増幅回路の製作

使用部品 演算増幅器(4558)，抵抗(1/4 W) 10 kΩ，100 kΩ

使用工具 ニッパ，ラジオペンチ，ドライバ，はんだごて

動作確認
(1) 下図(a)のように，低周波発振器，電子電圧計，オシロスコープを接続する。
(2) 低周波発振器の周波数を 1 000 Hz とし，電子電圧計で確認しながら $v_I = 100$ mV とする。このときの v_O を，電子電圧計で読み取り記録する。
(3) 電圧増幅度 $A_{vf} = \dfrac{v_O}{v_I}$ を求める。
(4) 下図(b)は，2現象オシロスコープで観測した v_I と v_O の波形例である。入力信号に対し，出力信号の位相が反転していることが確認できる。
(5) p.141 図9の逆相増幅回路において $A_{vf} = -10$ とは，入力信号の10倍の電圧が逆位相で出力されることである。このことを確かめよう。
(6) 増幅度が，計算通りになる上限の周波数を調べてみよう。

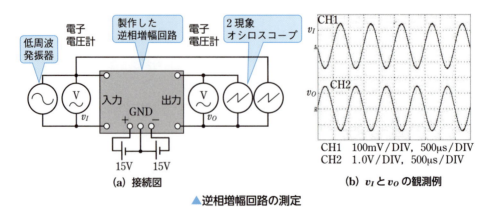

(a) 接続図　　(b) v_I と v_O の観測例

▲逆相増幅回路の測定

146　第3章　いろいろな増幅回路

3節 電力増幅回路

この節で学ぶこと　電力増幅回路（大信号増幅回路ともいう）は，小信号増幅回路に比べて，取り扱う信号が大きいため，いままで学んだような交流の等価回路を用いることができない。このため，主として負荷線を用いて出力電力などを求めている。

　ここでは，最大値が大きい入力電圧を，電力増幅回路でいかに効率よく増幅するか，また，発熱に対していかに動作を安定させるか，などについて学ぶ。

1　電力増幅回路の基礎

1　トランジスタの許容動作範囲

　トランジスタ増幅回路は，本質的にはすべて電力増幅回路であるが，ここでは最終的に負荷に大きな信号電力を供給する目的の回路を，とくに電力増幅回路と呼ぶことにする。

　大信号を取り扱う電力増幅回路では，大きなコレクタ電流が流れるので，図1(a)のようにトランジスタ内部での発熱が問題となる。この発熱をもたらす電力損失は，コレクタ・エミッタ間電圧 V_{CE} とコレクタ電流 I_C との積，すなわちコレクタ損失として，式(1)で与えられる。

$$P_C = V_{CE} I_C \tag{1}$$

　トランジスタは，コレクタ損失による発熱のため破壊されることがある。このため，トランジスタを冷やす目的で図1(b)のような**放射器**❶を取りつけることが多い。

　電力増幅用トランジスタの動作範囲は，図2(a)のように最大許容コレクタ電圧 V_{CEmax}，最大許容コレクタ電流 I_{Cmax} の両直線と，最大許容コレクタ損失 P_{Cmax} の曲線で囲まれた領域内にかぎられる。

❶　ヒートシンク（heat sink）ともいう。
　周囲の空気と触れる面積を広くし，放熱効果を高めている。

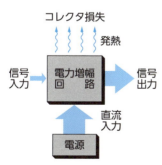
(a) トランジスタの発熱

(b) 放熱器の外観例

▲図1　トランジスタの発熱と放熱器の例

3　電力増幅回路　147

なお，最大許容コレクタ損失は，放熱器の有無や周囲温度によって図2(b)のように変化するから，実際に使用するトランジスタに許されるコレクタ損失（許容コレクタ損失）は，最大定格 $P_{C\max}$ より小さくなることに注意しなければならない。電力増幅回路では，熱によってバイアスの変化が起きやすいので，とくにバイアスの安定化が必要である。このため，ダイオードによる温度補償❶が一般に行われている。また，電力増幅回路は，大信号を取り扱うため動作範囲が広くなり，小信号増幅のときのように，h パラメータを使って計算できないので，負荷線を使って信号の出力電力などを計算する。

❶ ダイオードの順方向電圧降下の温度特性が，熱によるバイアスの変化をうちけすように利用することができる。

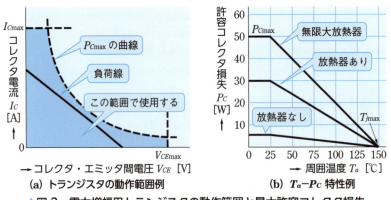

▲図2　電力増幅用トランジスタの動作範囲と最大許容コレクタ損失

2　電力増幅回路のバイアス

　電力増幅回路は，バイアスによって A 級・B 級および C 級に分けられる。

📝 動作点と考えてもよいです。

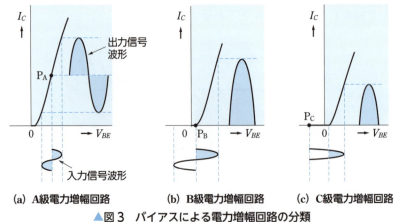

▲図3　バイアスによる電力増幅回路の分類

a　A級電力増幅回路　図3(a)のように，入力信号波形と相似の出力信号波形を得るために，点P_Aをバイアスに設定する電力増幅回路を**A級電力増幅回路**という。入力信号がない状態でも大きなコレクタ電流I_Cを流す必要があるが，ひずみの少ない増幅ができる。

b　B級電力増幅回路　図3(b)のように，V_{BE}-I_C特性で電流が0である点P_B❶をバイアスとする電力増幅回路を**B級電力増幅回路**という。B級増幅では，入力信号波形の半分しか増幅できないから，残りの半分の波形を，もう一つの回路でB級増幅したのち，二つを合成する方法が用いられる。これを**B級プッシュプル❷電力増幅回路**という。

c　C級電力増幅回路　図3(c)の点P_Cのようにバイアスを設定した回路を，**C級電力増幅回路**といい，高周波の電力増幅に使用される。C級電力増幅回路では，入力信号の一部分だけを増幅しているが，負荷に適当な共振回路を接続することにより正弦波出力が得られる。

❶ 電流I_Cが流れはじめる点。

❷ push-pull

参考　D級電力増幅回路

増幅回路の内部動作をディジタル的に行い，小さな入力信号を大きな出力電力に増幅する回路を**D級電力増幅回路**と呼ぶ。バイアスの違いによって分類したA級・B級およびC級電力増幅回路とは動作原理が異なる。図4に，MOS FETを出力段に用いたD級電力増幅回路の例を示す。

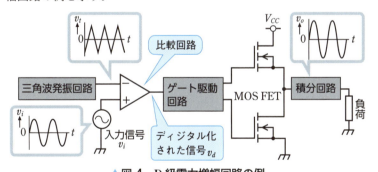

▲図4　D級電力増幅回路の例

増幅回路内部の動作をディジタル的に行うため，比較回路で入力信号をディジタル化する。図5にその原理を示す。

図5(a)はアナログ入力信号v_iであり，図5(b)は，その形から三角波と呼ばれる信号である。比較回路にこれらの信号を入力し，三角波よりもv_iの電位が高いときに一定の大きさの電圧を発生させることで，ディジタル化された信号v_dを得ている。得られたディジタル

3　電力増幅回路　**149**

信号 v_d の高電位部分の幅は，入力信号 v_i の大きさに比例していることがわかる。

　比較回路は，スピーカなどの負荷を直接駆動する能力が低いので，MOS FET などを使って駆動能力を高めている。また，図5(c)の波形のままでは不必要な周波数成分を多く含むため，積分回路（第6章で詳しく学ぶ）を通すことで，図4に示す出力信号 v_o を得ている。

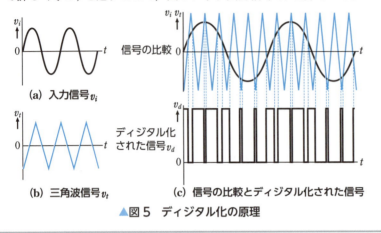

▲図5　ディジタル化の原理

2　A級シングル電力増幅回路

1　基本回路　図6は，A級シングル電力増幅回路の基本回路である。変成器を使用して負荷を接続しているので，**変成器結合電力増幅回路**という。

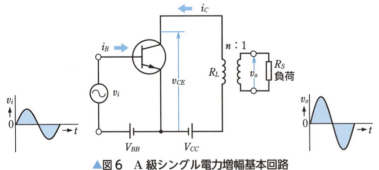

▲図6　A級シングル電力増幅基本回路

2　変成器によるインピーダンス変換　図7(a)は，変成器の構造例である。鉄心と一次側コイル，二次側コイルで構成されている。

　図7(b)に示すような，一次側の巻数が n_1，二次側の巻数が n_2 である理想的な変成器において，次の関係がなりたつ。

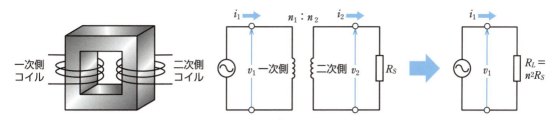

(a) 変成器の構造例　(b) 図記号による表示　(c) 一次側からみたインピーダンス

▲図7　変成器によるインピーダンス変換

$$\left. \begin{array}{l} v_1 i_1 = v_2 i_2 \\ \dfrac{v_1}{v_2} = \dfrac{i_2}{i_1} = \dfrac{n_1}{n_2} = n \end{array} \right\} \quad (2)$$

式(2)の n を変成器の巻数比という。ここで，図7(b)の R_S を v_2 と i_2 で表すと，次の関係がある。

$$R_S = \dfrac{v_2}{i_2} \quad (3)$$

また，式(2)の第2式より，v_1 と i_1 を v_2 と i_2 で表すと，式(4)となる。

$$\left. \begin{array}{l} v_1 = nv_2 \\ i_1 = \dfrac{i_2}{n} \end{array} \right\} \quad (4)$$

したがって，図7(c)のように，一次側からみた負荷抵抗 R_L は，次の式で表される。

◆一次側からみた負荷抵抗

$$R_L = \dfrac{v_1}{i_1} = \dfrac{nv_2}{\dfrac{i_2}{n}} = n^2 \dfrac{v_2}{i_2} = n^2 R_S \ [\Omega] \quad (5)$$

> 一次側と二次側で電力が等しいということです。理想変成器は，一次側から二次側へ電力を損失なく伝達します。
> 電圧の変換を主たる目的とする変成器を，変圧器と呼びます。

問 1　インピーダンスが 4Ω のスピーカを，変成器によって 400Ω に変換したい。変成器の巻数比 n を，いくらにすればよいか。

問 2　問1と同じ巻数比の変成器に 8Ω のスピーカを接続した。変成器の一次側からみたインピーダンスはいくらになるか。

3　動特性

a　交流負荷線　一般に，変成器の巻線抵抗はひじょうに小さいので，トランジスタの直流負荷はほとんど 0Ω とみなすことができる。したがって，コレクタ・エミッタ間には，電源電圧 V_{CC} がそのまま加わると考えてよいので，直流負荷線は図8に示すように，V_{CC} を通る垂直な直線になる。

❶ $V_{CE} = V_{CC}$

3　電力増幅回路　**151**

動作点Pを通って傾きが$-\dfrac{1}{R_L}$の直線を**交流負荷線**❶という。交流信号がない場合におけるトランジスタのコレクタ・エミッタ間電圧V_{CE}は，電源電圧V_{CC}である。交流信号にともないv_{CE}はV_{CC}を中心にして変化する。

b 最適負荷 次に，**最適負荷**❷となる交流負荷線❸を考えてみよう。

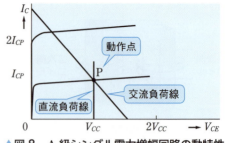
▲図8 A級シングル電力増幅回路の動特性

図9(a)，(b)は交流負荷線の傾きによって，トランジスタのi_Cとv_{CE}の交流分の最大値が変化するようすを表している。図9(a)では，v_{CE}の交流分の最大値が最大になっておらず，図9(b)では，i_Cの交流分の最大値が最大になっていない。

❶ AC load line
❷ 使用するトランジスタで，ひずみが少なく，しかも大きな出力電力が得られる負荷を最適負荷という。

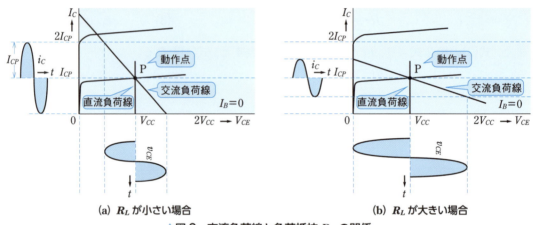

(a) R_L が小さい場合　　(b) R_L が大きい場合
▲図9 交流負荷線と負荷抵抗R_Lの関係

i_Cとv_{CE}の両方ともひずみがなく最大となるのは，図10のように，交流負荷線が動作点Pで2等分されるときである。

❸ i_Cやv_{CE}は，直流分と交流分を含んでいるので，交流分の振幅であることを表すために，「交流分の最大値」ということにする。

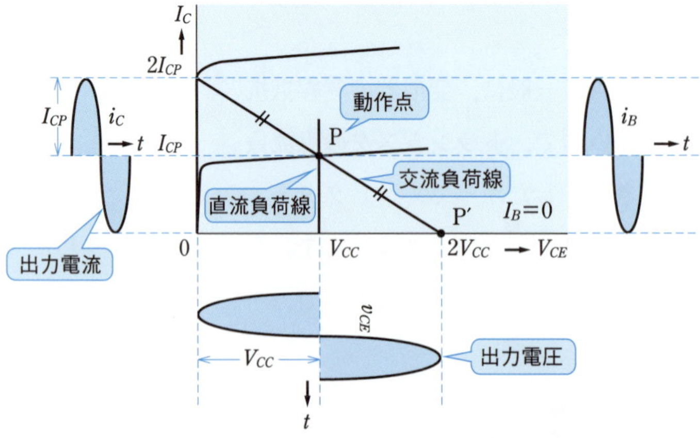

▲図10 最適負荷時のA級シングル電力増幅回路の動特性

したがって，最適負荷時においては，図10に示すように，トランジスタのコレクタ・エミッタ間電圧 v_{CE} の最大は，$2V_{CC}$ である。

図において，$V_{CE} = 2V_{CC}$ の点から，傾きが $-\dfrac{1}{R_L}$ の直線を引くと，これが交流負荷線であり，直流負荷線との交点 P が動作点となる。

コレクタバイアス電流 I_{CP} は交流負荷線の傾きから，次のように表される。

$$I_{CP} = \frac{V_{CC}}{R_L} \tag{6}$$

参考　変成器を用いた場合のコレクタ電圧について

図6のように，一つのトランジスタで電力増幅回路を構成する場合，一般に変成器結合によるA級増幅のエミッタ接地回路を用いる。

図10で，交流負荷線の点 P′ が電源電圧よりも大きくなっているが，これは図11に示すように，変成器のコイルに発生する逆起電力によるものである。

図11(a)のようにコレクタ電流 i_C が減少すると，コイルには電流の減少をさまたげる向きに逆起電力 v_l が発生する。したがって，$v_{CE} = V_{CC} + v_l$ となり，出力電圧 v_{CE} は動作点 V_{CC} よりも大きくなる。また，図11(b)のように i_C が増加すると，逆起電力 v_l は電源電圧と逆向きになるので，出力電圧 v_{CE} は動作点 V_{CC} よりも小さくなる。

このように変成器を用いた回路では，コレクタ電圧が電源電圧より高くなるので，トランジスタの定格に注意が必要である。

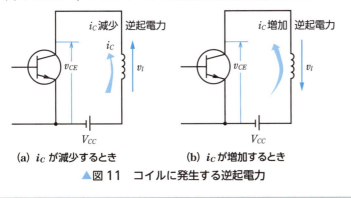

(a) i_C が減少するとき　　(b) i_C が増加するとき

▲図11　コイルに発生する逆起電力

次に，信号が正弦波の場合の，最大出力電力，電源効率，コレクタ損失を求めてみよう。

c 最大出力電力 図 10 から，出力電圧の交流分の最大値は V_{CC}，出力電流の交流分の最大値は I_{CP} となるので，これを実効値に直して最大出力電力 P_{om} を求めると，式(7)で表される。

$$P_{om} = \frac{V_{CC}}{\sqrt{2}} \times \frac{I_{CP}}{\sqrt{2}} = \frac{1}{2} V_{CC} I_{CP} \tag{7}$$

交流負荷線の傾きから，$R_L = \dfrac{V_{CC}}{I_{CP}}$ であるから，負荷抵抗 R_L と最大出力電力 P_{om} との関係は，次のようになる。

◆ 最大出力電力
$$P_{om} = \frac{1}{2} V_{CC} I_{CP} = \frac{1}{2} V_{CC} \frac{V_{CC}}{R_L} = \frac{V_{CC}^2}{2R_L} \ [\text{W}] \tag{8}$$

d 電源効率 負荷抵抗から取り出せる出力電力と，電源から供給される直流電力の平均値との比を，**電源効率**または**電力効率**といい❶，η（イータ）で表す。A 級電力増幅の場合，電源が供給するコレクタ電流の平均値は，図 12 のように信号の大小と無関係に一定で，I_{CP} となる。したがって，電源から供給される平均電力 P_{DC} は，次の式で表される。

❶ power efficiency

📝 A 級電力増幅回路では，入力信号がないときも，平均電力 P_{DC} で表される電力が消費されます。

◆ 電源から供給される平均電力
$$P_{DC} = V_{CC} I_{CP} \ [\text{W}] \tag{9}$$

また，A 級電力増幅回路の電源効率は，最大出力時に最大となる。このときの電源効率 η_m は，次の式で表される。

◆ 電源効率
$$\eta_m = \frac{P_{om}}{P_{DC}} = \frac{\frac{1}{2} V_{CC} I_{CP}}{V_{CC} I_{CP}} = \frac{1}{2} = 0.5 \tag{10}$$

つまり，電源効率 η_m は，50 % になる。

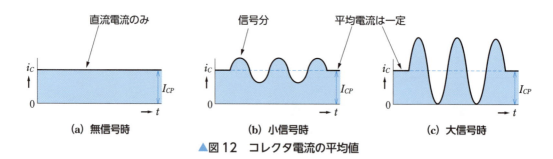

▲図 12 コレクタ電流の平均値

e コレクタ損失 電源の平均電力 P_{DC} と交流出力電力 P_o との差は，すべてコレクタ損失 P_C となり，次の関係がなりたつ。

$$P_C = P_{DC} - P_o \tag{11}$$

P_C は $P_o = 0$ のとき，すなわち無信号時に最大となる❷。したがって，コレクタ損失の最大値 P_{Cm} は式(8)，(9)から，次の式で表される。

❷ コレクタ損失の最大値 P_{Cm} は，P_{DC} と等しくなる。

◆ **コレクタ損失の最大値** $P_{Cm} = P_{DC} = V_{CC}I_{CP} = 2P_{om}$ [W]　　(12)

つまり，最大出力電力の2倍がコレクタ損失の最大値になる。

最大出力電力，電源効率，コレクタ損失などを電力増幅回路の**動作量**という。

例題 1　次のA級シングル電力増幅回路の動作量を求めよ。

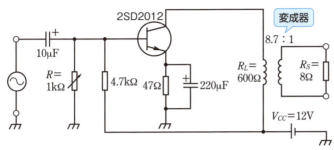

▲図13　A級シングル電力増幅回路例

解答　変成器の電力損失を無視できる場合について動作量を求めると，次のようになる。

最大出力電力　$P_{om} = \dfrac{V_{CC}^2}{2R_L} = \dfrac{12^2}{2 \times 600}$ W = **120 mW**

コレクタ電流の平均値　$I_{CP} = \dfrac{V_{CC}}{R_L} = \dfrac{12}{600}$ A = **20 mA**

電源の平均電力　$P_{DC} = V_{CC}I_{CP} = 12 \times 20$ mW = **240 mW**

コレクタ損失（最大出力時）　$P_C = P_{DC} - P_{om} = (240 - 120)$ mW = **120 mW**

コレクタ損失（無信号時）　$P_{Cm} = P_{DC} =$ **240 mW**

電源効率（最大出力時）　$\dfrac{P_{om}}{P_{DC}} = \dfrac{120}{240} = 0.5$　(**50 %**)

注. 実際にはトランジスタの内部抵抗，エミッタ抵抗，変成器の巻線抵抗などによって損失を生じるので，実際の出力は，損失がない場合の出力の60〜80 %に低下する。可変抵抗 R は，$I_{CP} = \dfrac{V_{CC}}{R_L} = 20$ mA に設定するための抵抗である。

問 3　例題1の回路で，電源電圧が1V低下して $V_{CC} = 11$ V になったときの動作量を求めよ。

問 4　問3で，V_{CC} が低下するまえと同じ最大出力電力を得るには R_S をいくらにすればよいか。

問 5　例題1の回路で，コレクタ損失はいつ最大になるか。

3　B級プッシュプル電力増幅回路

　A級増幅回路では，無信号時にも直流のコレクタ電流が流れるため，消費電力が大きく，電源効率も悪い。これに対して，B級増幅回路は，入力信号があるときだけコレクタ電流が流れるため，電力のむだが少なく，電源効率のよい増幅を行うことができる。

　ここでは，エミッタホロワを使用した電力増幅回路について学ぶ。

1　動作原理

　図14は，B級プッシュプル電力増幅回路の原理図であり，負荷抵抗 R_L をエミッタに接続している。

　Tr_1 は npn 形トランジスタであり，Tr_2 は pnp 形トランジスタである。

　図15(a)において，入力電圧 v_i が正の半周期では，トランジスタのベース電圧が正の電圧となり，Tr_1 だけが動作してエミッタ電流 i_{e1} が流れる。したがって，出力電圧 v_o は正の半周期となる。

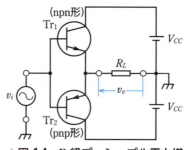

▲図14　B級プッシュプル電力増幅回路の原理図

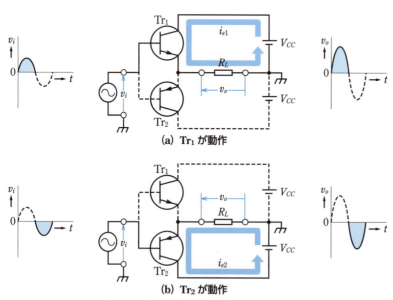

▲図15　B級プッシュプル電力増幅回路の動作原理

次に，図 15(b)のように，入力電圧 v_i が負の半周期では，トランジスタのベース電圧は負の電圧となり，Tr_2 だけが動作してエミッタ電流 i_{e2} が流れる。したがって，出力電圧 v_o は負の半周期となる。

以上のことから，入力電圧 v_i の正および負の半周期において，Tr_1 または Tr_2 が半周期ずつ動作し，出力電圧 v_o は全周期にわたり信号が出力される。このように，二つのトランジスタが交互に動作するので，この回路を **B 級プッシュプル電力増幅回路**という。この回路は，変成器結合 B 級プッシュプル電力増幅回路と区別する場合，**SEPP 電力増幅回路**❶と呼ばれる。

また，出力に変成器を使用しない **OTL 方式**❷を用いているので，**SEPP-OTL 回路**とも呼ぶ。

> **✿Note　相補形**
>
> 図 15 の SEPP 回路は，特性のそろった npn 形と pnp 形のトランジスタを用いている。このような形式を**相補形**❸と呼ぶ。二つのトランジスタの極性が反対であるため，入力側を並列につなぐだけで，プッシュプル動作を行うことができる。

問 6　図 15(b)において，Tr_1 のコレクタ・エミッタ間に加わる最大電圧を求めよ。

問 7　次の用語を説明せよ。

(1)　SEPP　　(2)　OTL　　(3)　コンプリメンタリ

2　クロスオーバひずみ

図 16(a)に示す SEPP 電力増幅回路では，図 16(b)に示すトランジスタの $V_{BE}-I_B$ 特性から，ベース・エミッタ間電圧が約 0.6 V 以上にならないと，ベース電流 I_B が流れない。このため，エミッタ電流 I_E も流れないので，図 17 のように，正弦波入力電圧 v_i が ± 約 0.6 V の間，出力電圧 v_o が 0 となり，ひずみを生じる。このひずみを**クロスオーバひずみ**❹と呼ぶ。このひずみを除去するためには，図 18 に示すように，無信号時にも少しエミッタ電流が流れるように，わずかなバイアス電圧 V_{BB} を加え，A 級に少し近い動作点になるようにしている。

❶　single-ended push-pull

負荷へ接続する出力端子が 1 組のプッシュプル回路を SEPP，2 組の回路を DEPP という。

❷　output transformer-less

出力側に変成器を使用すると，増幅回路の周波数特性に悪影響を与えるため，オーディオアンプなどには OTL 回路が用いられる。

❸　一般に，コンプリメンタリと呼ぶ。MOS FET の p チャネルと n チャネルを用いる場合の呼び方と同じである。p. 54 参照。

❹　cross-over distortion

3　電力増幅回路　**157**

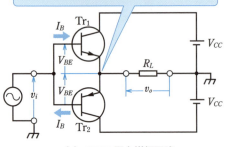
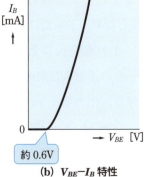

(a) SEPP 電力増幅回路　　　　(b) $V_{BE}-I_B$ 特性

▲図16　クロスオーバひずみの原理

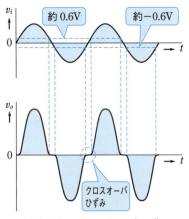
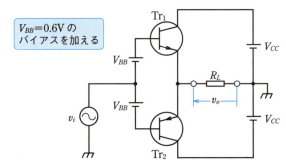

▲図17　クロスオーバひずみ　　▲図18　クロスオーバひずみを除去する回路の原理図

3 動特性

B級プッシュプル電力増幅回路の動作は，二つのトランジスタの $V_{BE}-I_C$ 特性や $V_{CE}-I_C$ 特性などを，たがいに逆向きに組み合わせて考えることができる。トランジスタおよび回路の損失を無視すると，その動特性は図19のようになる。次に，$V_{CE}-I_C$ 特性を使って，信号が正弦波の場合の動作量を求めてみよう。

a 最大出力電力

出力電力 P_o は，出力電圧 v_o の最大値 V_{oP} と，出力電流の最大値 $I_{CP} = \dfrac{V_{oP}}{R_L}$ とから，次のようになる。

$$P_o = \frac{V_{oP}}{\sqrt{2}} \cdot \frac{I_{CP}}{\sqrt{2}} = \frac{V_{oP} I_{CP}}{2} = \frac{V_{oP}^2}{2R_L} \tag{13}$$

出力電力 P_o が最大となるのは，$V_{oP} = V_{CC}$ のときであるので，最大出力電力 P_{om} は，次のようになる。

◆ 最大出力電力
$$P_{om} = \frac{V_{CC} I_{CP}}{2} = \frac{V_{CC}^2}{2R_L} \tag{14}$$

❶ 図15に示すように，負荷抵抗 R_L に流れる電流はエミッタ電流であるが，エミッタ電流とコレクタ電流はほぼ等しいので，$V_{CE}-I_C$ 特性を使ってもよい。

🖉 交流電圧・電流の最大値を $\sqrt{2}$ で割って実効値にしています。

🖉 ここでは，A級シングル電力増幅回路と異なり，変成器による逆起電力が発生しないため，$V_{oP} \leq V_{CC}$ となります。

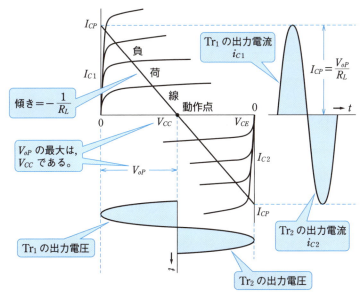

▲図19 B級プッシュプル電力増幅回路の動特性

b 最大電源効率 電源から供給される平均電力は，電源電圧と電源電流の平均値をかけたものである。電源には，i_{C1} と i_{C2} が流れるから，電源の電流 i_{CC} の波形は，図20のようになり，i_{CC} の平均値 I_{DC} は $\dfrac{2}{\pi} I_{CP}$ である。よって，電源の平均電力 P_{DC} は，次のようになる。

$$P_{DC} = V_{CC} I_{DC} = V_{CC} \frac{2}{\pi} I_{CP} = V_{CC} \frac{2}{\pi} \frac{V_{oP}}{R_L}$$

$$= \frac{2 V_{CC} V_{oP}}{\pi R_L} \tag{15}$$

ここで，式(13)，(15)から電源効率 η は，式(16)のようになる。

$$\eta = \frac{P_o}{P_{DC}} = \frac{V_{oP}^2}{2 R_L} \frac{\pi R_L}{2 V_{CC} V_{oP}} = \frac{\pi V_{oP}}{4 V_{CC}} \tag{16}$$

電源効率 η が最大となるのは，出力電力が最大，つまり $V_{oP} = V_{CC}$ のときなので，最大電源効率 η_m は，式(16)より，次のように表される。

◆ 最大電源効率 $\eta_m = \dfrac{\pi}{4} \fallingdotseq 0.785$ (17)

つまり，最大電源効率 η_m は，約78.5％になる。

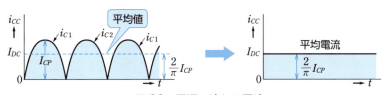

▲図20 電源に流れる電流

C　コレクタ損失　電源の平均電力 P_{DC} と，出力電力 P_o の差が Tr_1 と Tr_2 のコレクタ損失の和になる。トランジスタ1個あたりのコレクタ損失 P_C は，次のようになる。

$$P_C = \frac{1}{2}(P_{DC} - P_o) \tag{18}$$

さらに，式(18)に式(15)，(13)を代入すると，次のように表される。

$$P_C = \frac{1}{2}\left(\frac{2V_{CC}V_{oP}}{\pi R_L} - \frac{V_{oP}^2}{2R_L}\right) \tag{19}$$

式(19)から，コレクタ損失 P_C は出力電圧の最大値 V_{oP} の二次関数で表されることがわかる。そこで，式(19)を平方完成すると，式(20)のように表される。

$$P_C = -\frac{1}{4R_L}\left(V_{oP} - \frac{2}{\pi}V_{CC}\right)^2 + \frac{V_{CC}^2}{\pi^2 R_L} \tag{20}$$

したがって，コレクタ損失 P_C は，$V_{oP} = \dfrac{2}{\pi}V_{CC}$ のとき最大になり，コレクタ損失の最大値 P_{Cm} は次のように表される。

> $y = ax^2 + bx + c$ で表される二次関数を，$y = a(x+p)^2 + q$ の形式に変形することです。このとき，
> $p = \dfrac{b}{2a}$
> $q = c - \dfrac{b^2}{4a}$
> の関係があります。

◆ **コレクタ損失の最大値**　　$P_{Cm} = \dfrac{V_{CC}^2}{\pi^2 R_L}$ 　　(21)

ここで，式(21)で表されるコレクタ損失の最大値 P_{Cm} と式(14)で表される最大出力電力 P_{om} の比を求めると，次のようになる。

$$\frac{P_{Cm}}{P_{om}} = \frac{V_{CC}^2}{\pi^2 R_L}\frac{2R_L}{V_{CC}^2} = \frac{2}{\pi^2} \fallingdotseq 0.2 \tag{22}$$

式(22)は式(23)で表され，最大出力電力の約20％が P_{Cm} となる。

$$P_{Cm} \fallingdotseq 0.2 P_{om} \tag{23}$$

したがって，電力増幅用トランジスタの特性は，次の関係式を満たす必要がある。

(1) $P_{C\max} > 0.2 P_{om}$　　(2) $V_{CE\max} > 2V_{CC}$　　(3) $I_{C\max} > I_{CP}$

一般に，(1)，(2)，(3)の右辺の値を 1.5〜2 倍した値のトランジスタを選定する。

Let's Try　B級プッシュプル電力増幅回路において，出力電圧の波形が図21のような三角波の場合，最大出力電力，最大電源効率，コレクタ損失の最大値などを計算やグラフを利用して求め，正弦波の場合と比べて，どのようなことがいえるかグループで話し合い，発表しよう。

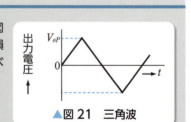

▲図21　三角波

例題 2

次の B 級プッシュプル電力増幅回路の動作量を求めよ。

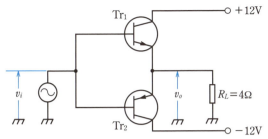

▲図 22　B 級プッシュプル電力増幅回路

解答　最大出力電力 $P_{om} = \dfrac{V_{CC}^2}{2R_L} = \dfrac{12^2}{2 \times 4} = 18$ W

最大出力時においては $V_{oP} = V_{CC}$ となるので，最大出力時の電源の平均電力 P_{DC} は，

$$P_{DC} = \dfrac{2V_{CC} V_{oP}}{\pi R_L} = \dfrac{2 \times 12 \times 12}{\pi \times 4} \fallingdotseq 22.9 \text{ W}$$

コレクタ損失の最大値　$P_{Cm} \fallingdotseq 0.2 P_{om} = 0.2 \times 18 = 3.6$ W

V_{CE} の最大値　$2V_{CC} = 2 \times 12 = 24$ V

I_C の最大値　$I_{CP} = \dfrac{V_{oP}}{R_L} = \dfrac{12}{4} = 3$ A

問 8　SEPP 電力増幅回路において，8 Ω のスピーカから 2 W の音声出力を取り出すために必要な電源電圧 $\pm V_{CC}$ の値を求めよ。ただし，最大出力電力の 60 % が実際の音声出力として取り出せるとする。

問 9　$V_{CC} = 6$ V の SEPP 電力増幅回路において，負荷抵抗が 8 Ω のとき，出力電流の最大値 I_{CP} を求めよ。また，片方のトランジスタのコレクタ電流 i_{C1} の波形をかけ。

問 10　最大出力 P_{om} が 1 W のとき，SEPP 電力増幅回路におけるトランジスタのコレクタ損失の最大値はいくらか。

> **Let's Try**　B 級プッシュプル電力増幅回路において，なんらかの理由で負荷が短絡した場合，トランジスタはどうなるか。また，短絡による不具合を防ぐ方法についてグループで話し合って，発表してみよう。

4　バイアスの安定化とダーリントン接続

トランジスタのベース・エミッタ間電圧 V_{BE} は第 2 章 3 節で学んだように，温度の影響を受ける。とくに，B 級プッシュプル電力増幅回路において，V_{BE} はクロスオーバひずみに大きく影響を与える。

また，B級プッシュプル電力増幅回路の出力トランジスタでは，より大きな電流増幅率をもったトランジスタが必要な場合がある。

ここでは，バイアスを安定化する方法と，大きな電流増幅率を得るためのトランジスタの接続方法について，具体的に考えてみよう。

a ダイオードによるバイアス回路

図23の回路はダイオードD_1とD_2により，トランジスタTr_1とTr_2のベースにバイアスを加えている。❶このダイオードは，トランジスタのベース・エミッタ間に約0.6Vのバイアス電圧を与えて，図18の回路と同様に，プッシュプル電力増幅回路のクロスオーバひずみを除去する働きをしている。また，ダイオードの順電圧V_Fの温度変化と，トランジスタのV_{BE}の温度変化はほぼ同様の変化となるため，このダイオードはバイアスを安定させる温度補償回路の働きもしている。

❶ 図18のV_{BB}を，ダイオードの順方向電圧降下を利用してつくり出している。

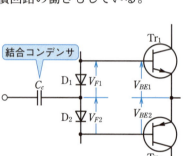

▲図23 ダイオードによるバイアス回路

> **Let's Try**
> 図23の回路のほかに，バイアスを安定化させるためにどのような素子が用いられているか，また，その素子を用いた回路の働きを調べてみよう。

b ダーリントン接続

大きな電流増幅率を必要とする場合，ダーリントン接続❷が用いられる。図24(a)に，2個のnpn形トランジスタ$Tr_1(h_{FE}=h_{FE1})$，$Tr_2(h_{FE}=h_{FE2})$をダーリントン接続した場合の各部の電流を示す。

❷ Darlington connection

2個のトランジスタの働きを，図24(b)に示す等価なトランジスタで表すと，直流電流増幅率h_{FE}は，次のようになる。

$$h_{FE}=\frac{I_C}{I_B}=h_{FE1}+h_{FE2}+h_{FE1}h_{FE2} \qquad (24)$$

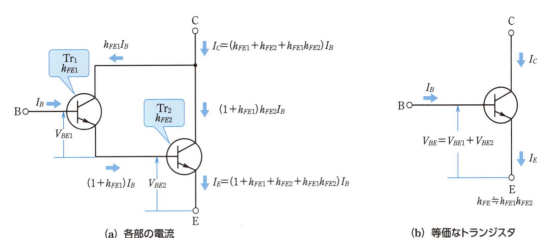

▲図24 ダーリントン接続の例

ここで，$(h_{FE1}+h_{FE2}) \ll h_{FE1}h_{FE2}$ とすると，式(24)において $h_{FE1}+h_{FE2}$ は無視できるので，

$$h_{FE} \fallingdotseq h_{FE1}h_{FE2} \qquad (25)$$

となり，ひじょうに大きな電流増幅率をもったトランジスタと等価になる。図25は，ダーリントントランジスタの例である。図26に，いろいろなダーリントン接続を示す。

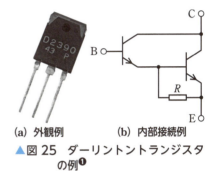

(a) 外観例　(b) 内部接続例

▲図25　ダーリントントランジスタの例[1]

[1] R は，大きな電流増幅度に対する安定性の確保と，動作の高速化のための抵抗である。

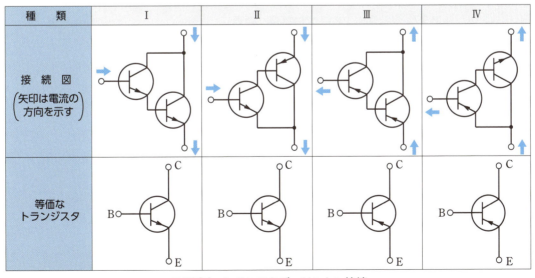

▲図26　いろいろなダーリントン接続

3　電力増幅回路

5 単電源 SEPP 電力増幅回路

図27は、R_L に大容量コンデンサを直列に接続し、電源を一つにした単電源 SEPP 電力増幅回路の原理図である。❶

① 増幅回路に電源が与えられた直後、コンデンサ C の電荷は 0 であるから、コンデンサ C は Tr_1 を通して充電される。

② コンデンサ C の充電が終了すると $I_{E1}=I_{E2}$、$I_{R1}=I_{R2}$ となる。

③ ダイオード D_1、D_2 の特性が等しく、Tr_1 と Tr_2 が相補形であることから A 点と B 点の電圧はどちらも $\frac{V_{CC}}{2}$ となる。

④ 入力電圧 v_i が加わると、v_i が負の半周期では、コンデンサ C に充電された電荷によって、Tr_2 のコレクタ電流 i_{C2} が負荷 R_L に流れる。

正の半周期では、V_{CC} によって Tr_1 のコレクタ電流 i_{C1} が負荷 R_L に流れるとともに、コンデンサ C を充電する。

つまり、この回路は単電源であるが、p.156 図14の回路と同様に動作する。

❶ ここでは、$R_1=R_2$、D_1 と D_2 は同じ特性、Tr_1 と Tr_2 はコンプリメンタリ（相補形）とした場合を考える。

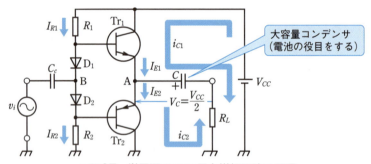

▲図27 単電源 SEPP 電力増幅回路の原理

問 11 図28のダーリントン接続において、I_B の大きさを1とした場合、①から⑤の電流の大きさはいくらか。

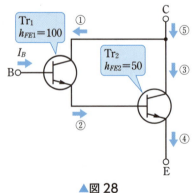

▲図28

4節 高周波増幅回路

この節で学ぶこと これまでは，低周波増幅回路について学んだが，ここでは，ラジオ放送の周波数を中心とした高周波増幅回路について学ぶ。高周波増幅回路は，一般に，同調回路を用いて特定の周波数の範囲だけを増幅するので，同調増幅回路とも呼ばれる。

1 高周波増幅の基礎

1 高周波増幅の帯域

ラジオ受信機で，1000 kHz の放送局の放送を聞きたい場合，図1に示すように，ラジオ受信機の選局つまみや選局ボタンを操作して周波数を 1000 kHz に合わせる。❶ すると，アンテナからはいってきた周波数の異なる電波の信号の中から，1000 kHz 付近の電波の信号だけが選択され取り込まれ，増幅などが行われることによって目的の放送局の音声を聞くことができる。

増幅を行う周波数帯域の狭い増幅回路を**狭帯域増幅回路**という。これに対して，広い周波数帯域にわたって増幅を行う回路を**広帯域増幅回路**といい，テレビジョン受信機などに使われている。

❶ ラジオ受信機の中には，この選局操作を可変容量ダイオード（p.27参照）などを用いて，電子的に行うものもある。

▲図1 ラジオ放送の選局

2 高周波基本増幅回路

図2は，高周波増幅の基本となる高周波基本増幅回路である。トランジスタの入力側・出力側ともにコイルとコンデンサを並列に接続した共振回路を内蔵した**高周波変成器**❷ T_1，T_2 を用いている。高周波増幅回路に使用される**共振回路**❸は，希望の入力信号の周波数と同じ周波数に共振させることから**同調回路**❹といい，その共振周波数を**同調周波数**という。二つの同調回路の同調周波数は，ふつうたがいに等しくなるように設定する。

❷ high frequency transformer
高周波変成器では，コアとして鉄粉を固めたダストコアが用いられる。
❸ resonance circuit
❹ tuning circuit

4 高周波増幅回路　**165**

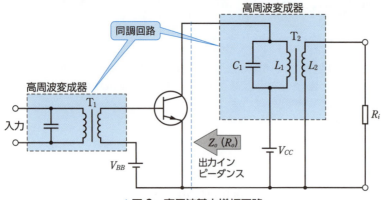

▲図2 高周波基本増幅回路

図3は,高周波基本増幅回路の増幅度の特性を示したものである。

理想的特性とは,図3の青色の特性のように,ある周波数 f_0 を中心として,必要な周波数の幅 B の範囲の信号を一定の増幅度で増幅する特性である。しかし,高周波基本増幅回路の実際の特性は,図3に示した黒色の特性になる。

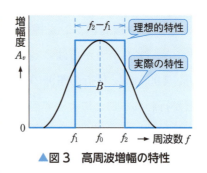

▲図3 高周波増幅の特性

3 高周波用トランジスタ

高周波増幅回路では,低周波の場合と異なり,トランジスタも高周波増幅に適したものを用いなければならない。

トランジスタの電流増幅率 h_{fe} は,周波数が高くなるに従い,少しずつ小さくなる。このようすを図4に示す。

❶ 本書では,100 kHz の周波数を超える信号を増幅する回路を,高周波増幅回路として扱う(p. 63〜64 参照)。

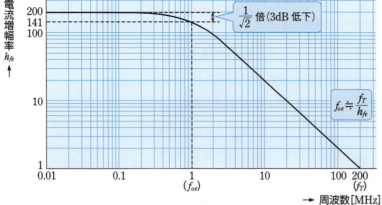

▲図4 h_{fe} の特性例 (低周波における h_{fe} が200で,$f_T = 200$ MHz の場合)

$h_{fe}=1$ になる周波数を**トランジション周波数**といい（f_T と表す），電流増幅可能な最高周波数となる。したがって，f_T の大きなトランジスタほど，より高い周波数の信号の増幅に使用できる。

なお，h_{fe} の値が低周波における値の $\dfrac{1}{\sqrt{2}}$ 倍になる（3 dB 下がる）周波数 $f_{\alpha e}$ を**エミッタ接地遮断周波数**といい，f_T との間に次のような関係がなりたつことが知られている。

❶ transition frequency
　低周波における h_{fe} がどのような値をもつトランジスタにおいても，$h_{fe}=1$ となる周波数である。

◆ エミッタ接地遮断周波数　　$f_{\alpha e} \fallingdotseq \dfrac{f_T}{h_{fe}}$ [Hz]　　(1)

❷ 式(1)の h_{fe} は，低周波における値である。

また，高周波増幅回路では，低周波ではあまり問題にならなかったトランジスタ自体のもつ静電容量が，増幅回路の特性に大きな影響を与える。

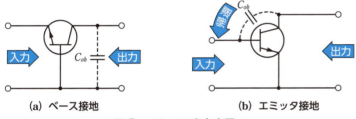

(a) ベース接地　　　　　(b) エミッタ接地

▲図5　コレクタ出力容量 C_{ob}

図5(a)に示すように，ベース・コレクタ間の静電容量を外部から測定したときの値 C_{ob} を，**コレクタ出力容量**という。図5(b)はエミッタ接地の場合で，C_{ob} は出力側から入力側への帰還容量となる。高周波においては，C_{ob} は発振の原因となるので，なるべく C_{ob} の小さな値のトランジスタを使う必要がある。

❸ 高周波増幅回路では，C_{ob} のほかにも考慮しなければならない要素が多くあり，設計・製作の難易度が高くなる。

表1に，高周波用トランジスタの各種定数を示す。

▼表1　高周波用トランジスタの特性例

定格名	記号	2SC2669	2SC1923	2SC3355	単位
トランジション周波数	f_T	100*	550**	6500**	MHz
コレクタ出力容量	C_{ob}	2.0**	1.1**	0.65**	pF
最大許容コレクタ損失	$P_{C\max}$	0.2	0.1	0.6	W
直流電流増幅率	h_{FE}	40〜240	40〜200	120**	

＊：最小値　　＊＊：代表値

以上をまとめると，高周波増幅回路で用いるトランジスタは，次のような条件を満たすことが必要である。

(1) トランジション周波数 f_T がじゅうぶん大きいこと。
(2) コレクタ出力容量 C_{ob} の値が小さいこと。

4　高周波増幅回路　　**167**

このほかにも低周波用トランジスタを選ぶときと同じように，各種最大定格にも注意する必要がある。図6に，高周波用トランジスタの外観例を示す。

❶ 中央と右端のトランジスタには，二つのエミッタ電極があるが，図2の増幅回路をプリント基板でつくるさい，接地された二つのエミッタ電極によって，ベース（入力側）・コレクタ（出力側）間が遮られ，入出力間の干渉を防ぐことができる。また，右端のトランジスタの大きなエミッタ電極は，放熱効果を高める働きがある。

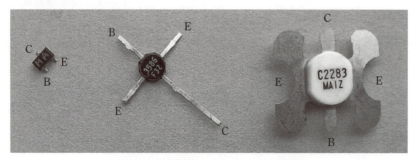

▲図6　高周波用トランジスタの外観例

問 1 表1の高周波用トランジスタ 2SC1923 の小信号電流増幅率 h_{fe} が 90 であった。この高周波用トランジスタのエミッタ接地遮断周波数 $f_{αe}$ を求めよ。

2 高周波増幅回路の特性

前項で学んだように，高周波増幅回路には，同調回路が使用されるので，ここでは，まずコイルの品質のよさを表す Q と帯域幅 B との関係，次に変成器のセンタタップを用いたインピーダンス変換について学ぶ。

❷ quality factor

1 同調回路の性質

図7(a)は，高周波増幅回路に用いられる同調回路である。ただし，r はコイルの抵抗分である。いま，$\omega L \gg r$ とすると，図7(a)は図7(b)のように書き換えることができる。このとき，並列抵抗 R_p は，次のように表される。

❸ 図 7(a), (b) のインピーダンスが等しいことから $\dot{Z}_s = \dot{Z}_p$ とおき，両辺の実部と虚部がそれぞれ等しい条件から導かれる。

$$R_p = \frac{(\omega L)^2}{r} \qquad (2)$$

図7(b)において，端子電圧 $\dot{V}$ は，次のように表される。

$$\dot{V} = \dot{I}_C \dot{Z}_p = \dot{I}_C \frac{1}{\frac{1}{R_p} + j\omega C + \frac{1}{j\omega L}}$$

$$= \frac{\dot{I}_C}{\frac{1}{R_p} + j\left(\omega C - \frac{1}{\omega L}\right)} \qquad (3)$$

式(3)から，端子電圧 $\dot{V}$ の大きさは，次のようになる。

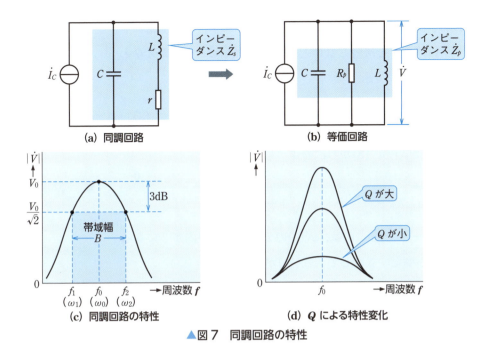

▲図7 同調回路の特性

$$|\dot{V}| = |\dot{I}_C||\dot{Z}_p| = |\dot{I}_C| \left| \frac{1}{\frac{1}{R_p} + j\left(\omega C - \frac{1}{\omega L}\right)} \right|$$

$$= |\dot{I}_C| \frac{1}{\sqrt{\left(\frac{1}{R_p}\right)^2 + \left(\omega C - \frac{1}{\omega L}\right)^2}}$$

$$= \frac{R_p|\dot{I}_C|}{\sqrt{1 + R_p{}^2\left(\omega C - \frac{1}{\omega L}\right)^2}} \quad (4)$$

❶ 最後の式変形では，分母と分子に R_p を掛けている。

式(4)は，周波数に対して図7(c)のような特性となる。$|\dot{V}|$ は，$\omega C - \frac{1}{\omega L} = 0$ のとき最大になり，このときの角周波数 ω_0 は，式(5)で表される。

$$\omega_0 = 2\pi f_0 = \frac{1}{\sqrt{LC}} \quad [\text{rad/s}] \quad (5)$$

したがって，同調周波数 f_0 は，式(6)で表される。

◆ 同調周波数　　　$f_0 = \dfrac{1}{2\pi\sqrt{LC}}$　[Hz]　　(6)

このときの電圧（$|\dot{V}|$ の最大値）を V_0 とすると，式(7)で表される。

$$V_0 = R_p|\dot{I}_C| \quad (7)$$

いま，図7(c)のように，$|\dot{V}|$ が V_0 の $\frac{1}{\sqrt{2}}$ 倍になる周波数，すなわち電圧の比で 3 dB 低くなる周波数を f_1，f_2 とする。このとき，$f_2 - f_1 = B$ を同調回路の**帯域幅**という。

帯域幅 B は，次のように求めることができる。まず，同調回路にトランジスタや負荷などを接続しないときの Q を Q_0(これを**無負荷 Q** という) とし，次のように定義する。

◆ 無負荷 Q
$$Q_0 = \frac{\omega_0 L}{r} = \frac{R_p}{\omega_0 L} = \omega_0 C R_p \tag{8}$$

すると，式(4)は式(7)，(8)から次のようになる。

$$|\dot{V}| = \frac{R_p|\dot{I}_C|}{\sqrt{1 + \left(\omega C R_p - \frac{1}{\omega}\frac{R_p}{L}\right)^2}} = \frac{V_0}{\sqrt{1 + Q_0{}^2\left(\frac{\omega}{\omega_0} - \frac{\omega_0}{\omega}\right)^2}} \tag{9}$$

❶ 式(8)から，
$$CR_p = \frac{Q_0}{\omega_0},$$
$$\frac{R_p}{L} = \omega_0 Q_0$$
である。

ここで，$|\dot{V}| = \dfrac{V_0}{\sqrt{2}}$ となるのは，式(9)の分母の平方根内が 2 になるときなので，ω が満たす式として，式(10)が得られる。

$$1 + Q_0{}^2\left(\frac{\omega}{\omega_0} - \frac{\omega_0}{\omega}\right)^2 = 2 \tag{10}$$

式(10)からは，次の式(11)，(12)の 2 式が得られる。

$$\begin{cases} Q_0\left(\dfrac{\omega}{\omega_0} - \dfrac{\omega_0}{\omega}\right) = 1 & (11) \\[4mm] Q_0\left(\dfrac{\omega}{\omega_0} - \dfrac{\omega_0}{\omega}\right) = -1 & (12) \end{cases}$$

式(11)，(12)の両辺に，$\omega_0\omega$ を掛けて ω の 2 次式にし，ω を求めると，式(11)，(12)のそれぞれについて，次の式(13)，(14)が得られる。

$$\begin{cases} \omega = \dfrac{\omega_0 \pm \sqrt{\omega_0{}^2 + 4Q_0{}^2\omega_0{}^2}}{2Q_0} & (13) \\[4mm] \omega = \dfrac{-\omega_0 \pm \sqrt{\omega_0{}^2 + 4Q_0{}^2\omega_0{}^2}}{2Q_0} & (14) \end{cases}$$

❷
$$\begin{cases} Q_0\omega^2 - \omega_0\omega - Q_0\omega_0{}^2 = 0 \\ Q_0\omega^2 + \omega_0\omega - Q_0\omega_0{}^2 = 0 \end{cases}$$

✏ 2 次方程式
$ax^2 + bx + c = 0 (a \neq 0)$
の解は，
$$x = \frac{-b \pm \sqrt{b^2 - 4ac}}{2a}$$
となります。

求めたい式(10)の解を ω_1，ω_2 とすると，式(13)，(14)から，$0 < \omega_1 < \omega_2$ を満たすものとして，次のように求められる。

$$\begin{cases} \omega_2 = \dfrac{\omega_0 + \sqrt{\omega_0{}^2 + 4Q_0{}^2\omega_0{}^2}}{2Q_0} & (15) \\[4mm] \omega_1 = \dfrac{-\omega_0 + \sqrt{\omega_0{}^2 + 4Q_0{}^2\omega_0{}^2}}{2Q_0} & (16) \end{cases}$$

式(15)，(16)から，次の関係が得られる。

$$\omega_2 - \omega_1 = \frac{\omega_0}{Q_0} \tag{17}$$

式(17)の両辺を 2π で割ることによって，帯域幅 B は，次のように表される。

◆ 帯域幅
$$B = f_2 - f_1 = \frac{f_0}{Q_0} \ [\text{Hz}] \tag{18}$$

式(9)の特性は，L，C の値を一定にして Q_0 を変えると図7(d)のようになる。すなわち，Q_0 の大きい同調回路ほど帯域幅の狭い鋭い特性が得られる。Q_0 の大きい回路とは，式(8)からわかるように，図7(a)の r の小さい回路，または図7(b)の R_p の大きい回路である。

問 2 $f_0 = 455\,\mathrm{kHz}$，$Q_0 = 60$ のとき，B の値を求めよ。

問 3 $f_0 = 10.7\,\mathrm{MHz}$ の同調回路において，出力電圧が $\dfrac{1}{\sqrt{2}}$ 倍になる周波数を調べたところ，10.6 MHz と 10.8 MHz であった。Q_0 を求めよ。

2 タップによるインピーダンス変換

同調回路で帯域幅の狭い鋭い特性を得るには，式(18)からわかるように，Q_0 の大きい同調回路を用いる必要がある。

図2のように，実際の増幅回路では，トランジスタの出力インピーダンス $Z_o(R_o)$ が同調回路へ並列にはいり，また，負荷 R_i も変成器 T_2 で一次側に変換されて同調回路に並列にはいる。このため，同調回路に並列にはいる抵抗が小さくなるので，同調回路全体の Q が低下し，鋭い特性が得られないことになる。

そこで，図8(a)に示すタップつきの変成器を図2の T_2 のかわりに使用することにより，Q の低下を防いでいる。この変成器は，タップ c と二次コイル L_2 を用いて等価的に同調回路の並列抵抗を大きくするインピーダンス変換をしている。図8(b)は，図8(a)を端子 a–b からみた等価回路である。

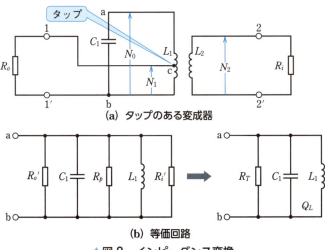

▲図8 インピーダンス変換

図 8(a)のように，コイルの巻数を N_0，N_1 および N_2 とすると，R_o と R_i はそれぞれ次のように $R_o{}'$ と $R_i{}'$ に変換されて，等価回路の同調回路に並列にはいる。

$$\left.\begin{array}{l} R_o{}' = \left(\dfrac{N_0}{N_1}\right)^2 R_o = n_1{}^2 R_o \\[3mm] R_i{}' = \left(\dfrac{N_0}{N_2}\right)^2 R_i = n_2{}^2 R_i \end{array}\right\} \tag{19}$$

$$\text{ただし，} n_1 = \frac{N_0}{N_1}, \quad n_2 = \frac{N_0}{N_2}$$

したがって，同調回路にはいる全並列抵抗 R_T は，図 8(b)から，次のようになる。

$$R_T = \frac{1}{\dfrac{1}{R_o{}'} + \dfrac{1}{R_p} + \dfrac{1}{R_i{}'}} \tag{20}$$

このときの Q を Q_L（**負荷 Q** という）とすると，次の式がなりたつ。

◆ 負荷 Q　　　$$Q_L = \frac{R_T}{\omega_0 L_1} = \omega_0 C_1 R_T \tag{21}$$

負荷時の Q_L は無負荷時の Q_0 に比べて小さくなる。巻数比 n_1，n_2 を変えることにより，抵抗 $R_o{}'$，$R_i{}'$ を変えることができ，Q や帯域幅を調整することができる。

トランジスタの出力から，負荷 R_i に最大の電力が供給されるためには，図 8(a)の 1-1′ より右をみたインピーダンスが R_o に等しくなればよい。これを**インピーダンス整合**という。1-1′ より右をみたインピーダンスは，変成器の巻数比 $\left(\dfrac{N_1}{N_2}\right)$ を用いて，$\left(\dfrac{N_1}{N_2}\right)^2 R_i$ と表されるから，次の式がなりたつように，N_1，N_2 を決めればよい。

$$R_o = \left(\frac{N_1}{N_2}\right)^2 R_i \tag{22}$$

問 4　$R_T = 50\ \text{k}\Omega$，$f_0 = 455\ \text{kHz}$，$C_1 = 200\ \text{pF}$ のとき，Q_L を求めよ。

3 同調回路とフィルタ

同調回路は，図 7(c)に示した特性をもち，ラジオ放送の選局に利用され，目的の周波数の
▶ p. 165
信号だけを選択し通過させ，それ以外の周波数の信号は通過させないよう阻止する。このように，目的の周波数に応じて信号を通過または阻止する回路を**フィルタ**とよぶ。

図9に，基本的なフィルタの特性を示す。図9(a)は**低域フィルタ**の特性例である。**遮断周波数** f_{lp} より低い周波数の信号は通過させ，f_{lp} より高い周波数の信号の通過を阻止する。

図9(b)は**高域フィルタ**の特性例である。f_{hp} より高い周波数の信号は通過させ，f_{hp} より低い周波数の信号の通過を阻止する。

図9(c)は**帯域フィルタ**の特性例である。低域遮断周波数 f_{bpl} から高域遮断周波数 f_{bph} までの周波数の信号を通過させ，それ以外の周波数の信号の通過を阻止する。

なお，それぞれの遮断周波数は任意に設計することができる。

❶ low-pass filter : LPF 低域通過フィルタともいう。
❷ cut-off frequency
❸ high-pass filter : HPF 高域通過フィルタともいう。
❹ band-pass filter : BPF 帯域通過フィルタともいう。

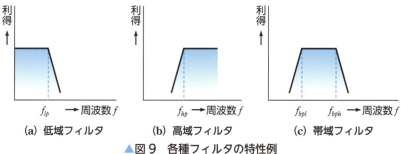
▲図9 各種フィルタの特性例

4 高周波増幅回路例

ここでは，同調回路を使用した，いくつかの回路例について学ぶ。

a 中間周波増幅回路 図10は，AMラジオ受信機の構成例である。受信電波の周波数 f_r を，中間周波数と呼ばれる別の周波数 f_i の信号に変換し中間周波増幅回路で増幅する構成になっている。中間周波数に変換する方式を**スーパヘテロダイン**方式と呼ぶ。

❺ ここでの中間周波とは，周波数の高低を指す意味ではなく，受信機内部の周波数変換回路から出力される周波数を意味する。
❻ superheterodyne

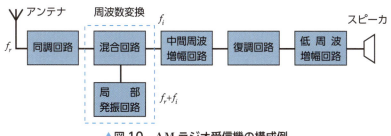
▲図10 AMラジオ受信機の構成例

図11は，AMラジオ受信機における**中間周波増幅回路**の例で，455 kHz付近の周波数を増幅する回路である。変成器 IFT₁，IFT₂，IFT₃（これらを**中間周波変成器**という）の同調周波数は，いずれも455 kHzになっている。

❼ 標準AMラジオ受信機の中間周波数。
❽ intermediate frequency transformer : IFT

4 高周波増幅回路 **173**

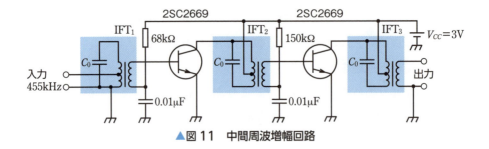

▲図11 中間周波増幅回路

中間周波増幅回路の特性を向上させ，図3に示した理想的特性に近づけるために，セラミックフィルタ❶を利用する方法がある。図12に，セラミックフィルタの構造と，特性例を示す。

❶ ceramic filter

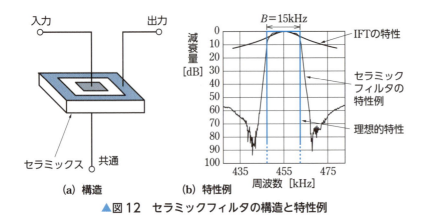

(a) 構造　　(b) 特性例

▲図12 セラミックフィルタの構造と特性例

> **Let's Try**　JIS(日本産業規格)において，中間周波変成器に関してどのような内容が規定されているか調べてみよう。

図13は，IFT を用いた回路と，IFT をセラミックフィルタに置き換えた回路の例である。

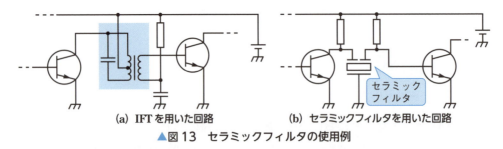

(a) IFT を用いた回路　　(b) セラミックフィルタを用いた回路

▲図13 セラミックフィルタの使用例

b ベース接地高周波増幅回路　図14は，300 MHz 用受信機の高周波増幅部の回路例である。いままで学んできた範囲の周波数においては，エミッタ接地増幅回路でじゅうぶん安定した増幅をすること

174　第3章　いろいろな増幅回路

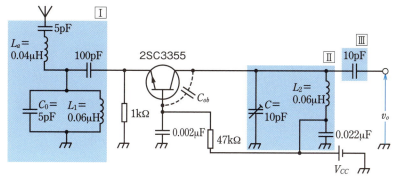

▲図14　300 MHz 用受信機の高周波増幅回路例

ができた。しかし，数百 MHz 以上の高い周波数になると，ベース接地増幅回路を使用する場合が多い。

ベース接地増幅回路では C_{ob} が接地されるため，出力側から入力側への帰還容量が，エミッタ接地のときに比べて小さくなる。したがって，f_T 近くの周波数まで，安定して増幅できる。図中の色網かけ部分 Ⅰ は，アンテナとトランジスタとの整合回路であり，アンテナから効率よく高周波信号を取り入れるために設けられている。トランジスタの出力側には，図中の色網かけ部分 Ⅱ で示したコイルとコンデンサによる同調回路を設けてある。いままでは，同調回路の出力は変成器の二次側から取り出していたが，この回路では二次側の巻線を省略し，Ⅲ のコンデンサ 10 pF を通して取り出している。

問 5　高い周波数の増幅回路で，ベース接地増幅回路が使用されるのはなぜか。

c　ソース接地高周波増幅回路　図 15 は，MOS FET による FM 放送受信用高周波増幅回路である。デプレション形の MOS FET を使用し，ゲートバイアス電圧は 0 V としている。C_1, C_2 を調整し，信号が最も明瞭に受信できるよう調整する。C_1, C_2 で調整しきれなければ，L_1, L_2 も調整する。

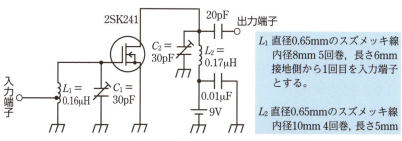

▲図 15　FM 放送受信用高周波増幅回路例

4　高周波増幅回路　175

この章の まとめ

1節

❶ 増幅回路の出力信号の一部を，入力側に戻すことを**帰還**という。▶ p.126

帰還する信号が入力信号と同相で加算される場合を**正帰還**といい，逆相で加算される場合を**負帰還**という。増幅回路では負帰還が用いられることが多い。▶ p.126

❷ 負帰還増幅回路の電圧増幅度 $A_{vf} = \dfrac{A_v}{1 + A_v \beta}$ $\left(\begin{array}{l} A_v：帰還をかけないときの増幅度 \\ \beta：帰還率 \end{array} \right)$ ▶ p.127

この式で，$A_v \beta$ を**ループゲイン**，$1 + A_v \beta$ を**帰還量**という。

❸ 増幅回路に負帰還をかけた場合は，次のような特徴がある。▶ p.127〜128

① 全体の増幅度は低下するが，**帯域幅**は広くなる。

② 増幅回路の内部で発生する**雑音**の影響を小さくできる。

③ **入出力インピーダンス**を変えることができる。

2節

❹ 理想演算増幅器には，次のような特徴がある。▶ p.139

① **入力インピーダンス**が無限大。

② **出力インピーダンス**が $0\,\Omega$。

③ 増幅度と周波数特性の帯域幅が無限大。

❺ 演算増幅器の基本的な使い方には，**正相増幅回路**，**逆相増幅回路**，**加算回路**，**比較回路**などがある。▶ p.140〜145

❻ 理想演算増幅器による正相増幅回路や逆相増幅回路では，反転入力と非反転入力の端子間には電位差はなく，あたかも短絡しているように動作する。この現象を**仮想短絡**という。▶ p.141

3節

❼ 電力増幅回路では，そのバイアスにより **A級**，**B級**および **C級**に分類される。C級は一般に，高周波増幅回路に使用されることが多い。▶ p.149

❽ A級シングル電力増幅回路の最大電源効率は $50\,\%$，B級電力増幅回路では約 $78.5\,\%$ であるが，B級電力増幅回路には**クロスオーバひずみ**が生じる。▶ p.154, 157, 159

❾ 大きな電流増幅率が必要な場合，トランジスタを**ダーリントン接続**する方法がある。▶ p.162

4節

❿ 高周波増幅回路は，**同調回路**により目的とする周波数を選択しながら増幅している。▶ p.165

⓫ トランジスタの電流増幅率 h_{fe} は，周波数が高くなるに従い小さくなる。$h_{fe} = 1$ となる周波数を**トランジション周波数** (f_T) という。▶ p.166〜167

⓬ 高周波増幅回路で用いるトランジスタの条件は，**トランジション周波数**がじゅうぶん大きいことと，**コレクタ出力容量**の値が小さいことである。▶ p.167

⓭ 同調回路の Q には，**無負荷 Q** と**負荷 Q** がある。負荷 Q の低下を防ぐために，タップつきの変成器が使用されることがある。▶ p.170〜172

⓮ 周波数に応じて信号を通過または阻止する回路を**フィルタ**と呼び，低域フィルタ (LPF)，高域フィルタ (HPF)，帯域フィルタ (BPF) などがある。▶ p.172〜173

第3章　いろいろな増幅回路

章末問題

1. 図1のコレクタ接地増幅回路において，入力インピーダンス Z_i と，出力インピーダンス Z_o を求めよ。ただし，$h_{ie} = 3\,\text{k}\Omega$，$h_{fe} = 120$ とする。

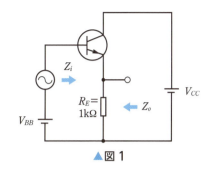

▲図1

2. 図2の差動増幅回路において，Tr_1 と Tr_2 の特性は等しく，$h_{fe} = 150$，$h_{ie} = 20\,\text{k}\Omega$ である。この回路の電圧増幅度を求めよ。

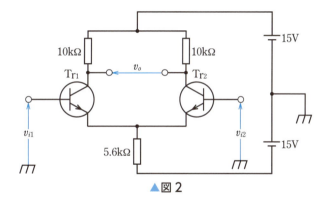

▲図2

3. 図3の演算増幅器の基本回路において，$R_S = 50\,\text{k}\Omega$，$R_F = 250\,\text{k}\Omega$，入力電圧として正弦波交流の 2.0 kHz，100 mV を加えた。出力電圧の値を求めよ。また，入力電圧と出力電圧との位相差は何度か。

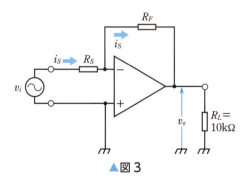

▲図3

4 図4の演算増幅回路の出力電圧 v_o を求めよ。

5 図5の正相増幅回路において，$R_S = 150\,\mathrm{k\Omega}$，$R_F = 1.05\,\mathrm{M\Omega}$，入力電圧として正弦波交流の 3 kHz，15 mV を加えた。出力電圧の値を求めよ。また，入力電圧と出力電圧との位相差は何度か。

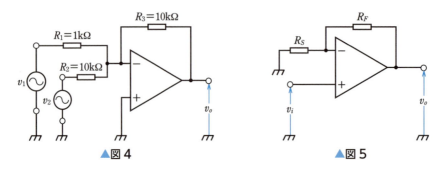

▲図4　　　▲図5

6 図6に示すように，変成器の二次側に 8 Ω の抵抗を接続した回路がある。一次側の端子からみたインピーダンスを 1 kΩ とするには，巻数比 n をいくらにすればよいか。

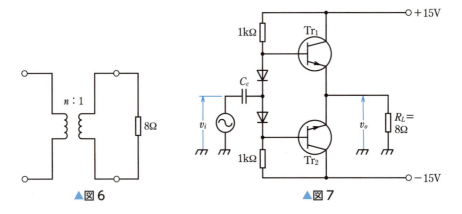

▲図6　　　▲図7

7 図7の SEPP 電力増幅回路について，次の問いに答えよ。
　(1) この回路には1か所誤りがある。図中で訂正せよ。
　(2) 電池の記号を使用して，±15 V の電源をかき加えよ。
　(3) R_L に消費される電力の最大値 P_{om} を求めよ。

8 図8の同調回路について，同調周波数 $f_0 = 455\,\mathrm{kHz}$，$C = 200\,\mathrm{pF}$，$r = 25\,\Omega$ のとき，次の値を求めよ。
　(1) インダクタンス L　　(2) 回路の Q　　(3) 帯域幅 B　　(4) 並列抵抗 R_p

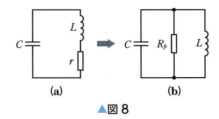

▲図8

第4章 発振回路

電子機器は，低周波増幅回路や高周波増幅回路，電源回路，ディジタル回路などを用いてつくられるが，発振回路もひじょうに多く使われている。発振回路は増幅回路に正帰還をかけて，正弦波交流や非正弦波交流を発生させる。

この章では，発振するための条件や，各種発振方式の原理を学ぶ。また，発振周波数を安定させるために水晶振動子を用いた回路や，PLLと呼ばれる発振周波数を制御する回路も学ぶ。

LC発振回路の発振周波数

高周波の発振には，コイルとコンデンサの共振現象を利用したLC発振回路を用いることができる。

LC発振回路には，ハートレー発振回路とコルピッツ発振回路がある。両者は，コイルとコンデンサの接続位置が異なるだけで，発振原理は同じであるが，発振できる周波数の上限が異なる。

1915年，アメリカの工学者ラルフ・ハートレーは，コンデンサと並列に接続したコイルの途中から信号を取り出すことで正帰還を得る発振回路を考案した。しかし，発振周波数は当時の増幅用の素子である真空管自体がもつ電極間の静電容量が大きく影響し，数MHzまでが上限であった。

その後，1918年，カナダの電気技師エドウィン・ヘンリー・コルピッツは，二つのコンデンサで正帰還を得る発振回路を考案し，当時の発振周波数の上限を100MHz程度にすることが可能になった。

ハートレー

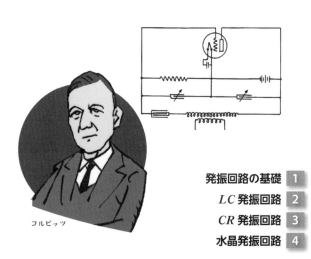
コルピッツ

1 発振回路の基礎
2 LC発振回路
3 CR発振回路
4 水晶発振回路

1節 発振回路の基礎

この節で学ぶこと　発振回路の原理と，回路が発振するための条件などについて学ぶ。

1 発振回路のなりたち

　正弦波交流や非正弦波交流をつくり出す電子回路を，**発振回路**という。正弦波交流の発振回路が，どのような原理によってつくられているかを調べてみよう。

❶ oscillation circuit

1 ハウリング現象

　図1のようにして，マイクロホンをスピーカに近づけると，スピーカからキーンという大きな音が出ることがある。この現象は発振回路の動作原理に似ているので，そのしくみを考えてみよう。

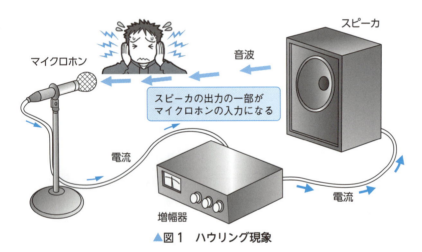

▲図1　ハウリング現象

① まず，人の話し声がマイクロホンにはいり，増幅器で増幅されてスピーカから出てくる。
② マイクロホンがスピーカの近くにあると，スピーカからの出力が，人の話し声とともにふたたびマイクロホンの音声入力となる。
③ スピーカからマイクロホンにはいってきた音の大きさが，最初にマイクロホンに入力された音声よりも大きいと，これが増幅器でさらに増幅される。するとマイクロホンの入力がますます大きくなり，スピーカからの出力は増幅器の限界まで増大される。

④ このとき，マイクロホンへの人の話し声がとだえても，ほんのわずかな時間，遅れて出てくるスピーカの出力が，マイクロホンの入力となるので，この循環作用はとだえることはない。

この結果，マイクロホンに人の話し声を入れなくても，スピーカからは，その増幅器の出力が連続して出てくることになる。このような現象を**ハウリング❶現象**といい，これは発振現象の一種である。

❶ howling

2 発振現象の循環経路

このような発振現象の循環経路について，図2によって考えてみる。

マイクロホンは音波を電気振動に，スピーカは電気振動を音波に変えているので，スピーカとマイクロホンの間は，音波によって結ばれている。また，マイクロホンから増幅器を通り，スピーカまでは電気振動によって結ばれる。

ここで，音波によって結ばれている部分を取り除き，増幅器の出力の電気振動を，図2の破線のように，直接増幅器の入力へ帰すことによって，電気振動だけによる循環経路をつくることができる。

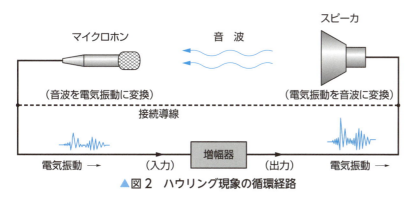

▲図2 ハウリング現象の循環経路

図3は，増幅器の出力の一部を入力に戻すように接続して，電気振動だけによる循環経路をつくったものである。増幅器の電源スイッチを入れると，最初に雑音などにより増幅器の内部に発生した

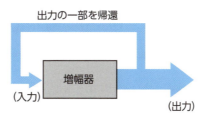

▲図3 帰還をかけた増幅回路

電気振動が，循環を繰り返すことにより持続し，発振回路となる。これが発振回路のなりたちである。以上のことから発振回路は，第3章で学んだ帰還増幅回路の応用であることがわかる。

1 発振回路の基礎 **181**

2 発振回路の原理

1 発振のはじまり

図4は，発振回路のブロック図である。前項で学んだように，発振回路は，循環を繰り返すことで持続するが，実際の回路では帰還回路を設けて出力信号の一部を入力に戻して循環させている。このとき帰還回路は，特定の周波数成分が通過するようにしておく❶。

図5は，発振のはじまりから発振が安定するまでのようすを表した波形である。

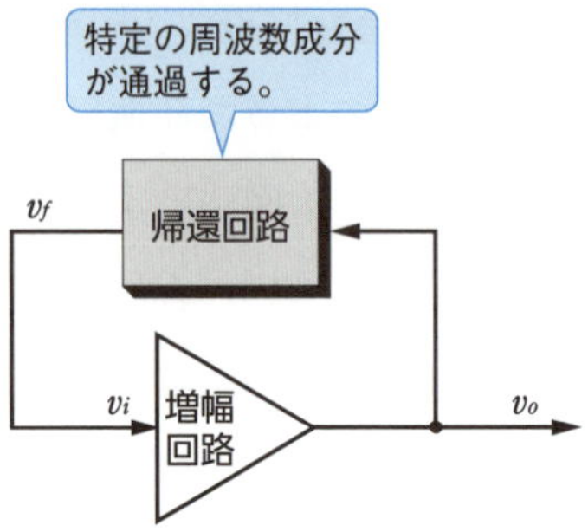

増幅回路の内部で発生した電気振動が帰還回路を通り，増幅回路の入力→増幅回路の出力→帰還回路→増幅回路の入力というように循環して，しだいに大きな信号になっていく。しかし，増幅回路の出力がある値以上になると，飽和して振幅（最大値）は増加しなくなるので，一定の大きさの出力になる。

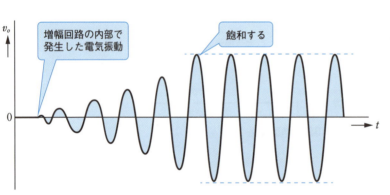

▲図4　発振回路のブロック図

❶ 周波数選択回路で実現する（p. 183 参照）。

✏ 発振回路のエネルギー源は直流電源です。直流回路で発生したノイズなどの電気信号がもとになって正弦波交流や非正弦波交流をつくり出しています。

▲図5　発振のはじまりから安定するまで

2 発振の条件

発振回路を図6のような帰還増幅回路で表し，発振の条件を求めてみよう。増幅回路の電圧増幅度を A_v，帰還回路の帰還率を β と定義すると❷，図6から，増幅回路の入力電圧 v_i と帰還電圧 v_f の関係は，次のようになる。

❷ $\beta = \dfrac{v_f}{v_o}$
p. 126 参照。

◆帰還電圧　　　$v_f = \beta v_o = A_v v_i \beta$　[V]　　　(1)

発振するためには，次の条件がなりたつようにする。

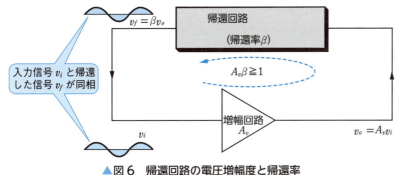

▲図6 帰還回路の電圧増幅度と帰還率

a 位相条件 帰還電圧 v_f が入力電圧 v_i となるので，v_f と v_i が同相でなければならない。これを位相条件という。

b 振幅条件 発振するためには，出力電圧 v_o が時間とともに減衰しないように，帰還電圧 v_f がもとの入力電圧 v_i より大きいか等しくなければならない。

つまり，「増幅回路の入力→増幅回路の出力→帰還回路→増幅回路の入力」というように信号が一巡し，$A_v\beta>1$ のときには増幅器の出力電圧 v_o がしだいに大きくなる。このままの動作を繰り返すと出力電圧は無限に大きくなりそうであるが，実際の増幅回路では出力がある値になると飽和する。飽和した時点で振幅がこれ以上増加しないため，その結果増幅回路の増幅度が下がったことになる。そして発振の振幅は一定値になり，このときは，$A_v\beta=1$ である。以上の動作から振幅条件を次のように表すことができる。

◆ 振幅条件　　　　$A_v\beta \geq 1$　　　　(2)

📝 発振回路は正帰還増幅回路といえます。

3　単一周波数の発振

発振回路の中で発生した循環電圧や循環電流は，無数の周波数成分を含んでいる。そのため，特定の周波数の発振回路をつくるには，図7のように，特定の周波数成分だけが効率よく出力される**周波数選択回路**を入れて，単一周波数のみが循環するようにする。ふつう，周波数選択回路には，コイル，コンデンサ，抵抗などの素子を組み合わせて，特定の周波数が発振するようにする。

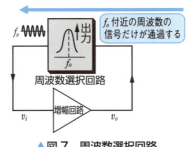

▲図7 周波数選択回路

問 1 帰還増幅回路が発振回路になるための条件を二つあげよ。

問 2 発振回路の中で単一の周波数を発生するためには，どのような回路が用いられるか。

> **Let's Try**
> マイク，増幅器，スピーカを p. 180 図 1 のように接続して，マイクをスピーカに向けてハウリング現象を確認してみよう。そのとき，ハウリングを防止する方法を考えてみよう。

3 発振回路の分類

発振回路は，周波数選択回路を構成する素子によって，表 1 のように分類することができる。

LC 発振回路は，おもに高周波発振回路に，CR 発振回路は，おもに低周波発振回路に用いられる。また，水晶発振回路は，周波数安定度がすぐれているので，無線機器において周波数の基準をつくる回路などに用いられている。

▼表 1　発振回路の分類

分　類	発振回路の種類と名称	特　徴	温度に対する周波数安定度〔倍/℃〕
LC発振回路 コイル L　コンデンサ C	┌反結合発振回路 ├ハートレー発振回路 ├コルピッツ発振回路 └クラップ発振回路	コイルLとコンデンサCを使う発振回路	$10^{-2} \sim 10^{-4}$ 程度
CR発振回路 コンデンサ C　抵抗 R	┌ウィーンブリッジ形発振回路 └CR移相形発振回路	コンデンサCと抵抗Rを使う発振回路	
水晶発振回路 水晶振動子	┌ピアスBE発振回路 └ピアスCB発振回路	LC発振回路のコイルのかわりに水晶振動子を使う発振回路	$10^{-6} \sim 10^{-7}$ 程度

184　第 4 章　発振回路

2節　LC発振回路

この節で学ぶこと　LC発振回路には，コイルとコンデンサの使い方によって，反結合形，ハートレー形，コルピッツ形，クラップ形などの種類がある。ここでは，これらの回路の動作原理や，実際の回路などについて学ぶ。

1　反結合発振回路

1　動作原理

図1のように，二つのコイルL_1，L_2が，相互インダクタンスMで結合して帰還回路を構成している発振回路を，**反結合発振回路**という。

この回路のトランジスタの負荷は，コレクタに接続されているL_1とCの共振回路である。このため，共振周波数に近い振動電流に対しては共振回路のインピーダンスが大きな値を示す。それ以外の周波数の振動電流に対しては，インピーダンスが小さくなるため，コレクタが交流的に接地されることになる。

そのため，コイルL_2に誘導され，ベースに帰還される電圧は，L_1とCの共振周波数に近いものだけとなる。したがって，この発振回路の発振周波数fは，次の式で表される。

◆ 発振周波数
$$f = \frac{1}{2\pi\sqrt{L_1 C}} \;[\text{Hz}] \tag{1}$$

❶ 図1のコイルL_1，L_2に反対の位置についている●印は，L_1とL_2で誘導起電力の向きが逆，つまり位相が反転することを意味している。
ここでは下図のように，巻き方向を反対にして位相を反転させている。

❷ 高周波増幅回路では，同調回路という。共振周波数（同調周波数）は，p.169参照。

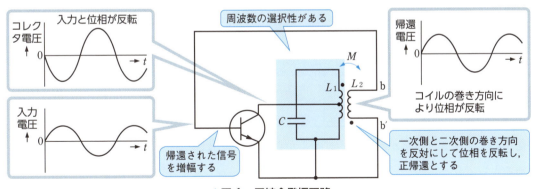

▲図1　反結合発振回路

2　反結合発振回路の実際例

図2は，コレクタ同調反結合発振回路の実際例である。

発振周波数は，コイルL_1とコンデンサCで決定され，負荷抵抗R_L

2　LC発振回路　185

に出力される。L_1の接続点 TP はタップといわれ，コイルの途中から接続線を引き出している。TP の位置が a 側に近づくと，L_1 と C の共振回路が負荷 R_L やトランジスタの出力インピーダンスの影響を受け，発振波形にひずみが生じたり，発振周波数が計算値と異なったりする。

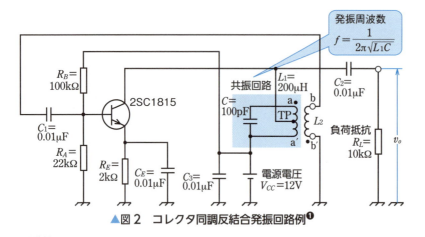

▲図2　コレクタ同調反結合発振回路例❶

❶ C_1，C_2 は結合コンデンサ (p. 92) で，直流分を阻止し，交流分だけを通す。

例題 1　図2の反結合発振回路の発振周波数 f を求めよ。

解答　式(1)から，次のように求められる。

$$f = \frac{1}{2\pi\sqrt{L_1 C}} = \frac{1}{2\pi\sqrt{200 \times 10^{-6} \times 100 \times 10^{-12}}}$$
$$\fallingdotseq 1.13 \times 10^6 \text{ Hz} = \mathbf{1.13 \text{ MHz}}$$

問 1　図2の回路において，コイル L_2 の端子 b，b′ の接続を反対にすると，発振はどうなるか。

2　ハートレー発振回路

1　ハートレー発振回路の原理

反結合発振回路では，相互誘導作用で結合した二つのコイルを用いて帰還を行ったが，一つのコイルからタップを出して帰還させることもできる。

図3において，タップの点 c を基準にすると，コイルの点 a と点 b の電圧の位相差は，図3(c)のベクトル図のように 180° になる。したがって，図1でコイル L_1 と L_2 の巻き方向を逆にしたのと同じことになる。M はコイル L_1 と L_2 の相互インダクタンスである。

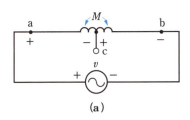 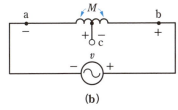 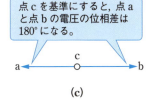

▲図3 コイルのタップ

　図3のタップのついたコイルを使って,発振回路を構成すると,図4のようになる。この発振回路を**ハートレー発振回路**❶と呼び,発振周波数 f [Hz] は,次の式で表される。

◆ 発振周波数
$$f = \frac{1}{2\pi\sqrt{(L_1+L_2+2M)C}} \text{ [Hz]} \quad (2)$$

　発振周波数を高くするためには,コイルの自己インダクタンス L_1, L_2 やコンデンサの静電容量 C を小さくすればよい。❷ しかし,小さくしすぎると,トランジスタの電極間容量の影響が生じることがある。

　図5のように,ハートレー発振回路では,トランジスタの電極間容量 C_{ie} (エミッタ接地のときの入力容量), C_{oe} (エミッタ接地のときのコレクタ出力容量)が, L_1 と L_2 に並列に加わる。そのため,周波数を高くしようとすると,コイルに流れる電流が減少し,コイルが機能しなくなり,発振しなくなる。❸ 発振周波数の上限は 30 MHz 程度であり,ラジオ受信機の局部発振回路などに用いられている。

❶ Ralph Vinton Lyon Hartley(1888-1970) の名に由来する。

❷ ラジオ放送やテレビジョン放送では,高い周波数の搬送波 (p. 208) が求められる。

❸ 周波数が高くなると,コイルのインピーダンス $(Z_1 = 2\pi f L_1, Z_2 = 2\pi f L_2)$ よりも電極間容量のインピーダンス $\left(Z_{ie} = \frac{1}{2\pi f C_{ie}}, Z_{oe} = \frac{1}{2\pi f C_{oe}}\right)$ のほうが小さくなるので,電流はコイルよりも電極間に流れやすくなる。

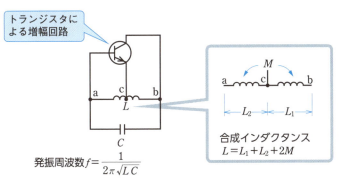

▲図4 ハートレー発振回路

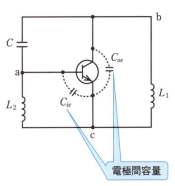

▲図5 ハートレー発振回路の電極間容量

📝 図5の回路は,トランジスタの電極間容量を理解しやすくするために,図4を変形したものです。

2 ハートレー発振回路の実際例

　図6はハートレー発振回路の実際例である。ベースへの帰還量は,コイル L_1, L_2 の巻数比によって決まる。

2 LC発振回路　187

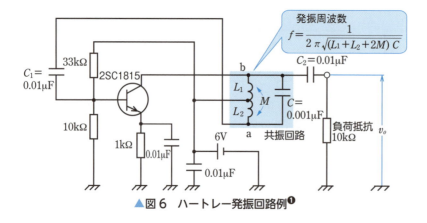

▲図6　ハートレー発振回路例[1]

[1] エミッタ接地増幅回路で，トランジスタの入力側と出力側の位相差は180°になり，帰還回路のコイル L_1, L_2 で位相差が180°になるので，全体として正帰還増幅回路を構成している。
　C_1, C_2 は結合コンデンサである。

例題 2　図6において，$L_1 = 200\,\mu\text{H}$, $L_2 = 50\,\mu\text{H}$, 結合係数 k を1とするとき，発振周波数 f を求めよ。

解答　コイルの相互インダクタンス M は，
$$M = k\sqrt{L_1 L_2} = \sqrt{200 \times 10^{-6} \times 50 \times 10^{-6}}$$
$$= 100 \times 10^{-6}\,\text{H} = 100\,\mu\text{H}$$

となり，求める発振周波数 f は，式(2)から，
$$f = \frac{1}{2\pi\sqrt{(L_1 + L_2 + 2M)C}}$$
$$= \frac{1}{2\pi\sqrt{(200 \times 10^{-6} + 50 \times 10^{-6} + 2 \times 100 \times 10^{-6}) \times 0.001 \times 10^{-6}}}$$
$$\fallingdotseq 0.237 \times 10^6\,\text{Hz} = \mathbf{237\,kHz}$$

問 2　例題2において，結合係数を $k = 0$, $k = 0.5$ とした場合の発振周波数 f をそれぞれ求めよ。

3　コルピッツ発振回路

1　コルピッツ発振回路の原理

ハートレー発振回路では，一つのコイルにタップを設けて，コレクタ電圧と帰還電圧の位相差を180°にしたが，コルピッツ発振回路は，二つのコンデンサで位相差を180°にする。

図7のように，コンデンサ C_1, C_2 の中間点cからみると，点aと点bの電圧は180°の位相差になり，図1でコイル L_1 と L_2 の巻き方向を逆にしたのと同じことになる。

これを利用した発振回路を**コルピッツ発振回路**[2]と呼び，図8に原理図を示す。発振周波数 f[Hz] は次の式で表される。

[2] Edwin Henry Colpitts (1872-1949) の名に由来する。

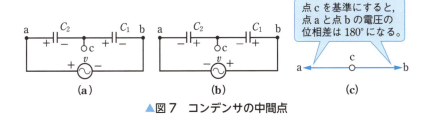

▲図7 コンデンサの中間点

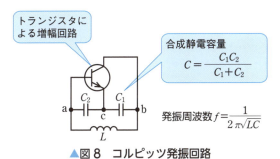

▲図8 コルピッツ発振回路

▲図9 コルピッツ発振回路の電極間容量

◆ 発振周波数 $\quad f = \dfrac{1}{2\pi\sqrt{L\left(\dfrac{C_1 C_2}{C_1 + C_2}\right)}}$ [Hz]　　　(3)

図9のように，コルピッツ発振回路では，トランジスタの電極間容量 C_{oe}，C_{ie} が，それぞれ C_1 と C_2 に並列に加わるので，$C_1 \gg C_{oe}$，$C_2 \gg C_{ie}$ となるようにする。❶

一般に，コルピッツ発振回路は，ハートレー発振回路よりも高い周波数で発振でき，200 MHz 程度までの発振周波数が得られる。そのため，搬送波のような高周波を発生する回路などに用いられる。

2 コルピッツ発振回路の実際例

図10は，コルピッツ発振回路の実際例である。❷トランジスタのコレクタへは，R_C を通して電流を流す。

❶ $C_1 \gg C_{oe}$，$C_2 \gg C_{ie}$ を満たさない場合，合成静電容量が $C_1 + C_{oe}$，$C_2 + C_{ie}$ なので，C_{oe}，C_{ie} も周波数選択回路を構成するコンデンサになり，発振周波数が下がってしまう。

❷ エミッタ接地増幅回路で，トランジスタ入力側と出力側の位相差は180°になり，帰還回路のコンデンサ C_1，C_2 で位相差が180°になるので，全体として正帰還増幅回路を構成している。

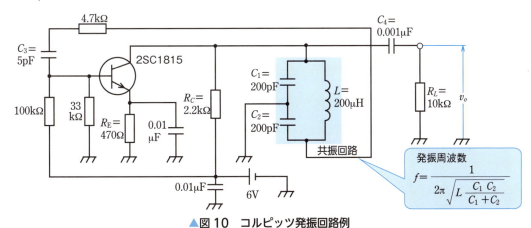

▲図10 コルピッツ発振回路例

> **例題 3** 図10の発振回路の発振周波数 f を求めよ。
>
> **解答** 求める発振周波数 f は，式(3)から，次のように求められる。
>
> $$f = \frac{1}{2\pi\sqrt{L\left(\frac{C_1 C_2}{C_1 + C_2}\right)}} = \frac{1}{2\pi\sqrt{200 \times 10^{-6} \times \left(\frac{200 \times 200}{200 + 200}\right) \times 10^{-12}}}$$
>
> $$\fallingdotseq 1.13 \times 10^6 \text{ Hz} = \mathbf{1.13 \text{ MHz}}$$

問 3 図10の発振回路で4.5 MHzの発振周波数を得たいとき，L の値を求めよ。ただし，$C_1 = C_2 = 100$ pF とする。

4 クラップ発振回路

1 クラップ発振回路の原理

クラップ発振回路は，コルピッツ発振回路を変形した回路である。コルピッツ発振回路における帰還回路のコンデンサ C_1 と C_2 は，コンデンサに対して入力側と出力側の電圧の位相差を180°にする機能と，LC 共振回路を構成するコンデンサの機能を兼ねていた。

一方，クラップ発振回路では，図11のように，コイルに直列にコンデンサを入れて，帰還回路のコンデンサ C_1, C_2 で電圧の位相差を180°にし，C_1, C_2, C_3 で LC 共振回路のコンデンサの機能としている。発振周波数 f [Hz] は，次の式で表される。

◆ 発振周波数 $$f = \frac{1}{2\pi\sqrt{L\left(\dfrac{1}{\frac{1}{C_1} + \frac{1}{C_2} + \frac{1}{C_3}}\right)}} \text{ [Hz]} \quad (4)$$

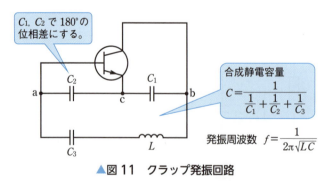

▲図11 クラップ発振回路

2 クラップ発振回路の実際例

図12(a)は，FETを使ったクラップ発振回路に可変容量ダイオード❶D_vを追加した回路例である。この回路は**電圧制御発振器**❷と呼ばれ，電圧によって発振周波数を制御できる発振回路である。❸

発振周波数f[Hz]は，C_1，C_2，C_3の合成静電容量をC❹，可変容量ダイオードの静電容量をC_vとすると，次の式で表される。

◆ 発振周波数
$$f = \frac{1}{2\pi\sqrt{L(C+C_v)}} \text{[Hz]} \qquad (5)$$

この回路では，制御電圧V_{CONT}の端子の直流電圧を変化させると，図12(b)の特性のように，可変容量ダイオードD_vの静電容量C_vが変わり，発振周波数fが変化する。

❶ p. 27 参照。
❷ 結合コンデンサC_4の静電容量は，可変容量ダイオードの静電容量C_vに比べて大きな値となる。したがって，C_4とC_vの直列合成静電容量は，C_vとみなせる。
❸ voltage controlled oscillator：VCO
❹ $C = \dfrac{1}{\dfrac{1}{C_1}+\dfrac{1}{C_2}+\dfrac{1}{C_3}}$

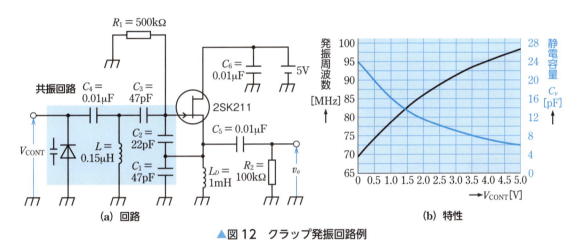

▲図12 クラップ発振回路例

問 4 図12の回路において，制御電圧を2.5Vとしたときの可変容量ダイオードの静電容量C_v[pF]と発振周波数f[MHz]を求めよ。

参考　FETを用いた発振回路

トランジスタとFETのそれぞれで，増幅回路を構成したときのバイアス抵抗を含んだ入力抵抗は大きく異なる。トランジスタの場合は数十kΩ程度なのに対して，FETの場合は数百kΩ以上になる。

発振回路としてはQが大きいと，目的とする周波数成分以外の信号を含まないようにできることと，目的とする信号の最大値を大きくできるので，ひずみが少ない安定した出力が得られる。発振回路のQは，構成するコンデンサやコイルなどと並列になる抵抗が大きいほど，大きくできる。

したがって，Qを大きくできるという点では，トランジスタよりも入力抵抗が大きいFETを使った発振回路のほうが，有利となる。

コルピッツ発振回路の製作

図10のコルピッツ発振回路を製作し，その波形を観察しながら動作を調べてみよう。

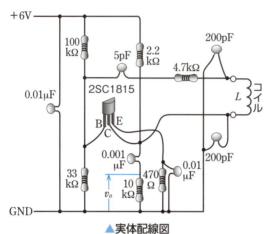

▲実体配線図

▲製作したコルピッツ発振回路

使用部品 トランジスタ (2SC1815)，抵抗器 (470 Ω，2.2 kΩ，4.7 kΩ，10 kΩ，33 kΩ，100 kΩ)，コンデンサ (5 pF，200 pF×2 個，0.001 μF，0.01 μF×2 個)，コイル (ホルマル線：直径 0.3 mm×長さ10 m，樹脂製パイプ：直径 3 cm×長さ10 cm 程度)，ユニバーサル基板，被覆電線 (長さ 10 cm 程度 5 本)

使用工具 ニッパ，ラジオペンチ，はんだごて

実験方法
(1) 樹脂製パイプにホルマル線を密に 100 回程度巻くことで，コイルを製作する。
(2) 実体配線図と外観写真を参考にして，ユニバーサル基板に部品を配置し，配線を施す。
(3) ユニバーサル基板の回路と製作したコイルを取りつける。
(4) 電源電圧を 6 V に設定し，回路の電源端子 (＋6 V，GND 間) に電圧を加える。
(5) 出力端子の波形 v_o をオシロスコープを使って測定する。周期 T [s] を読み取り，発振周波数 $f=\dfrac{1}{T}$ [Hz] を求める。
(6) 求めた発振周波数と式(3)から，製作したコイルのインダクタンス L [H] を求める。
(7) 樹脂製パイプ内に磁性体 (鉄棒など) を挿入したり，コイルの巻数を変えたりして，発振周波数の変化が生じることを確認し，それぞれインダクタンスを計算する。
(8) 共振回路のコンデンサ (200 pF×2) の値を変えて，発振周波数の変化を調べる。

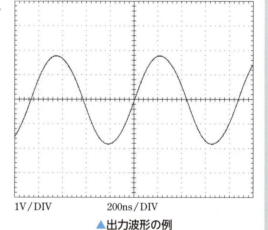

▲出力波形の例

3節 CR 発振回路

この節で学ぶこと　CR 発振回路には，ウィーンブリッジ形と CR 移相形がある。ここでは，それぞれの発振回路の動作原理と実際例について学ぶ。

1 ウィーンブリッジ形発振回路の原理

図1は，**ウィーンブリッジ形発振回路**❶の原理図である。帰還回路は $\dot{Z}_1$ と $\dot{Z}_2$ で構成される。インピーダンス $\dot{Z}_1$，$\dot{Z}_2$ は次のようになる。

$$\dot{Z}_1 = R_1 + \frac{1}{j\omega C_1} = \frac{j\omega C_1 R_1 + 1}{j\omega C_1}$$

$$\dot{Z}_2 = \frac{R_2 \times \dfrac{1}{j\omega C_2}}{R_2 + \dfrac{1}{j\omega C_2}} = \frac{R_2}{j\omega C_2 R_2 + 1}$$

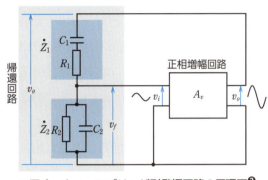

▲図1　ウィーンブリッジ形発振回路の原理図❷

増幅回路の入力電圧を v_i，出力電圧を v_o とし，$C = C_1 = C_2$，$R = R_1 = R_2$ とすれば，帰還率 β は，次の式で表される。

$$\beta = \frac{v_f}{v_o} = \frac{v_i}{v_o} = \frac{\dot{Z}_2}{\dot{Z}_1 + \dot{Z}_2} = \frac{1}{3 + j\left(\omega CR - \dfrac{1}{\omega CR}\right)}$$

上式 β の分母の虚部を 0 にすれば，v_o と v_f は同相になる。v_o は v_i と同相なので，v_f は v_i と同相となり，位相条件がなりたつ。上式分母の虚部が 0 であることから，次式が得られる。

$$\omega CR = \frac{1}{\omega CR}$$

上式から $\omega CR = 1$ となり，$\omega = 2\pi f$ を代入すると，発振周波数 f は，次のようになる。

◆ 発振周波数　　$f = \dfrac{1}{2\pi CR}$ [Hz] 　　　　　(1)

このときの β は $\dfrac{1}{3}$ となるから，正相増幅回路の電圧増幅度 A_v は，発振の振幅条件の $A_v \beta \geqq 1$ から，次の式を満たす。
▶ p.183 式(2)

$$A_v \geqq 3$$

この発振回路は，二つの抵抗 R，またはコンデンサ C を連動させて変化させることにより，発振周波数を容易に変えることができるため，可変周波数の低周波発振回路としてよく利用される。

❶ Wien bridge
Max Karl Werner Wien (1866-1938) の名に由来する。

❷ 増幅回路は同相，帰還回路も同相なので正帰還回路を構成しており，発振する。

2 ウィーンブリッジ形発振回路の実際例

図2(a)は，ウィーンブリッジ形発振回路の例で，C_1 と R_1，C_2 と R_2 および R_E と R_F によって，図2(b)のようなブリッジ回路を構成している。また，C_1 と R_1，C_2 と R_2 で正帰還回路を構成し，発振周波数 f が決まる。

正相増幅回路の電圧増幅度 A_v は R_E と R_F によって決まり，$A_v = 1 + \dfrac{R_F}{R_E}$ で表される。

ここで R_F には，負の温度係数をもったサーミスタを利用している。サーミスタの抵抗は大きいので，発振を開始するときには $A_v > 3$ になり，発振出力は大きくなっていく。発振出力が大きくなるとサーミスタの抵抗は小さくなり，$A_v = 3$ となる。

このように，正相増幅回路の電圧増幅度は発振開始時には $A_v > 3$ になり，発振が安定したら，$A_v = 3$ となるので，発振出力電圧が安定化し，ひずみの少ない正弦波が得られる。

❶ ガラス管形サーミスタ (p. 50 参照)。
ここでは，発振出力が大きくなるときに，R_F に流れる電流も大きくなることで，サーミスタ自身の抵抗損失で熱が発生し，R_F の値が変わる現象を利用している。

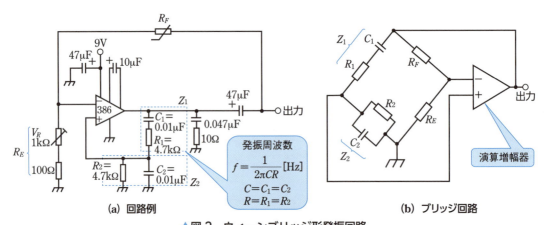

▲図2 ウィーンブリッジ形発振回路

問 1 図2の回路における発振周波数 f を求めよ。

3 CR移相形発振回路

1 CR移相形発振回路の原理

図3は，CR移相形発振回路の原理図である。この回路は逆相増幅回路とコンデンサ C と抵抗 R を3段に組み合わせた帰還回路で構成される。逆相増幅回路で入力電圧 v_i と出力電圧 v_o の位相差を180°にし，さらに帰還回路で v_o と v_f の位相差を180°にすることで，v_i と v_f は

同相になり，位相条件がなりたつ。

発振周波数は，帰還回路の C と R の一段の位相差を $60°$ にし，3段で v_o と v_f の位相差が $180°$ になる場合の周波数 f を理論的に求めると，式(2)のようになる。

❶ CR 直列回路の位相差は $90°$ より小さくなるので，3段以上にして位相差を $180°$ にする。

◆ 発振周波数
$$f = \frac{1}{2\pi\sqrt{6}\,CR}\ [\mathrm{Hz}] \qquad (2)$$

図4は帰還回路の v_o と v_f の位相差と帰還率 $\left|\dfrac{v_f}{v_o}\right|$ の周波数に対する特性である。位相差が $180°$ のときの周波数における帰還率 $\left|\dfrac{v_f}{v_o}\right|$ は $\dfrac{1}{29}$ になる。したがって，発振の振幅条件は逆相増幅回路の電圧増幅度 $A_v = \left|\dfrac{v_o}{v_i}\right|$ が29倍以上になることでなりたつ。

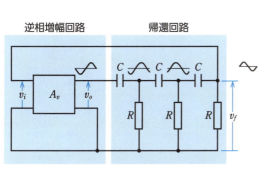

▲図3　CR 移相形発振回路の原理図

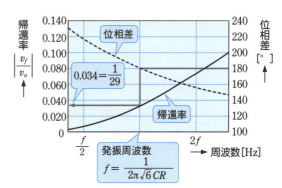

▲図4　帰還回路部分の周波数特性

2　CR 移相形発振回路の実際例

図5は演算増幅器の反転入力端子に帰還回路の信号を加えた CR 移相形発振回路の実際例である。

この回路は，点Pが演算増幅器の反転入力端子に接続されており，仮想短絡を考慮すると，抵抗 R_i は R と同じように片方の端子の電位は0Vとなる。したがって，R_i は帰還回路の抵抗 R と逆相増幅回路の電圧増幅度 A_v を決める役割もしている。

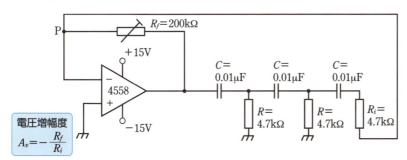

▲図5　演算増幅器を用いた CR 移相形発振回路

例題 1 図5の CR 移相形発振回路の，発振周波数 f を求めよ。

解答 式(2)から，次のように求められる。
$$f = \frac{1}{2\pi\sqrt{6}\,CR} = \frac{1}{2\pi\sqrt{6} \times 0.01 \times 10^{-6} \times 4.7 \times 10^3} \fallingdotseq 1.38\,\text{kHz}$$

問 2 図5の回路で，$C = 0.47\,\mu\text{F}$，$R = R_i = 10\,\text{k}\Omega$ とした発振回路を構成した場合，発振周波数 f を求めよ。また，発振の振幅条件がなりたつためには，半固定抵抗器 R_f は何 kΩ 以上必要か。

CR 移相形発振回路の製作

図5の CR 移相形発振回路を製作し，その波形を観察してみよう。

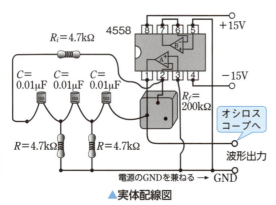
▲実体配線図

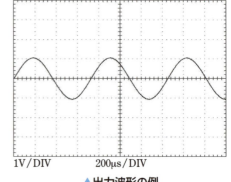
▲製作した CR 移相形発振回路

使用部品 演算増幅器(4558)，半固定抵抗器(200 kΩ)，抵抗器(4.7 kΩ×3個)，コンデンサ(0.01 μF×3個)，ユニバーサル基板

使用工具 ニッパ，ラジオペンチ，ドライバ，はんだごて

実験方法
(1) 上の図のような CR 移相形発振回路を製作する。
(2) オシロスコープで信号出力波形を観測しながら，半固定抵抗器 R_f 200 kΩ を調整する。R_f を小さくすると発振が停止し，R_f を大きくすると発振波形がひずむことを確認する。
(3) オシロスコープの波形を記録し，周期 T [s] から次の式で発振周波数 f [Hz] を求める。
$$f = \frac{1}{T}\,[\text{Hz}]$$
(4) (3)で求めた発振周波数と例題1で求めた発振周波数を比較してみよ。

▲出力波形の例

4節　水晶発振回路

この節で学ぶこと　電子機器には，発振周波数の安定性が要求されることが多い。LC発振回路やCR発振回路では，温度や電圧変動などの影響を受けて，発振周波数が変化しやすく，安定性が悪い。水晶発振回路は，水晶片を用いて発振周波数の安定化をはかった回路である。ここでは，水晶発振回路の動作原理や実際例などについて学ぶ。

1　水晶振動子

1　水晶振動子の圧電効果

水晶片を，図1(a)のように組み立てた部品を**水晶振動子❶**といい，図1(b)の図記号で表す。

❶ crystal vibrator

水晶片に，図2(a)のように，外部から圧縮力や引張力を加えると，その表面に電荷が発生する。また，図2(b)のように，外部から電圧を加えると，水晶片自体に縮んだり伸びたりする機械的なひずみが生じる。これを**圧電効果❷**といい，このような現象を**圧電現象**と呼ぶ。

❷ piezoelectric effect

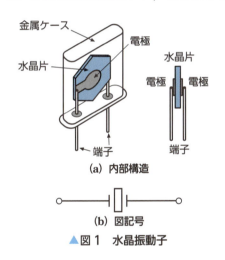
(a) 内部構造
(b) 図記号
▲図1　水晶振動子

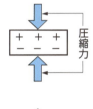
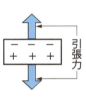
(a) 力を加える
▲図2　圧電効果

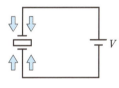
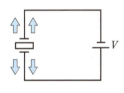
(b) 電圧を加える

2　水晶振動子の弾性振動

はじめに，圧電現象の動作を図3(a)のような回路で考えてみる。スイッチSをa側に接続して，水晶振動子に電圧を加え，内部の水晶片に機械的なひずみを起こす。

次にスイッチSをb側に接続すると，水晶片がもとの形に戻る力によって弾性振動が起き，水晶片に発生する電荷から誘引されて，回路に図3(b)のような振動電流が流れる。この電流の周波数は，その水晶振動子の固有振動数であり，ひじょうに高い周波数である。

4　水晶発振回路　197

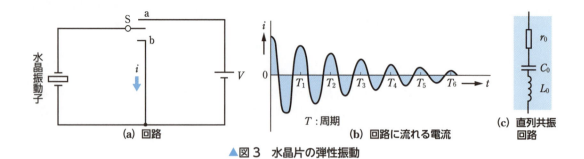

▲図3 水晶片の弾性振動

この微弱な電流の変化は、直列共振回路の共振電流と似ている。したがって、水晶振動子の電気的な等価回路は、図3(c)のように、直列共振回路と同じように表すことができる。

水晶振動子の共振周波数付近での Q は、$Q = \dfrac{\omega L_0}{r_0} = 10\,000 \sim 100\,000$ となり、Q のひじょうに大きな、直列共振回路とみなすことができる。

3　水晶振動子の等価回路とリアクタンス特性

図4は、水晶振動子の等価回路で、r_0, C_0, L_0 の直列共振回路に、電極間の静電容量 C が並列に加わる。

図5は、水晶振動子のリアクタンス特性である。f_0 は、C_0, L_0 の直列回路の共振周波数（直列共振周波数）である。また、f_∞ は、電極間の静電容量 C と、C_0, L_0 による並列回路の共振周波数（並列共振周波数）である。水晶振動子は、f_0 と f_∞ の間で誘導性リアクタンスの性質を表す。f_0 と f_∞ の大きさは、それぞれ、次のようになる。

❶ ただし、r_0 はひじょうに小さいので、無視してある。

◆ 直列共振周波数　　$f_0 = \dfrac{1}{2\pi\sqrt{L_0 C_0}}$ [Hz]　　　(1)

◆ 並列共振周波数　　$f_\infty = \dfrac{1}{2\pi\sqrt{L_0 \left(\dfrac{C_0 C}{C_0 + C}\right)}}$ [Hz]　　　(2)

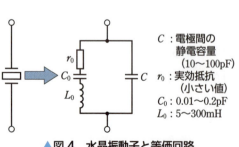

▲図4 水晶振動子と等価回路

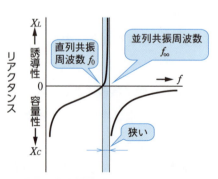

▲図5 水晶振動子のリアクタンス特性

水晶振動子は，$C_0 \ll C$ であるため，$f_0 \fallingdotseq f_\infty$ となり，f_0 と f_∞ の差はひじょうに小さい。水晶振動子は，発振回路の L のかわりに使用されるので，f_0 と f_∞ の間の狭い周波数帯域で生じる誘導性の部分を用いる（図5）。

問 1 水晶発振回路における水晶振動子は，誘導性・容量性どちらのリアクタンスで使用するか。

2 水晶発振回路の種類と特徴

1 水晶振動子の役割

水晶発振回路は，水晶振動子の誘導性リアクタンスを LC 発振回路のコイル L として使用することにより構成される。

図6(a)は，ハートレー発振回路の L_2 を水晶振動子に置き換えたもので，**ピアス BE 発振回路**と呼ぶ。図6(b)は，コルピッツ発振回路の L を水晶振動子に置き換えたもので，**ピアス CB 発振回路**と呼ぶ。

❶ George Washington Pierce(1872-1956) の名に由来する。

BE は，水晶振動子がトランジスタのベースとエミッタに接続されていることを表している。
ピアス CB 発振回路においても同様である。

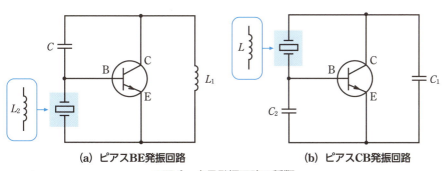

(a) ピアスBE発振回路　　(b) ピアスCB発振回路
▲図6　水晶発振回路の種類

いずれの回路においても，水晶振動子は誘導性リアクタンスとして働く。これは周波数のうえでは f_0 と f_∞ の間で，その間隔はひじょうに狭い。そのため，ひとたび発振した水晶発振回路は，$f_0 \sim f_\infty$ の周波数を保つことになり，周波数変動の小さい発振回路ができる。

周波数安定度がよい発振回路ということです。

2 水晶発振回路の周波数の安定性

温度変化によるトランジスタの定数の変化，水晶振動子以外の C, L に変化があっても水晶発振回路の周波数の変動の割合は，$10^{-6} \sim 10^{-7}$ で，LC 発振回路の $10^{-2} \sim 10^{-4}$ に比べてひじょうに小さい。

水晶振動子の温度が変わると発振周波数が変わるので,より安定な周波数を得るには,水晶振動子を恒温槽に入れるなどして,温度を一定に保つ必要がある。

3 水晶発振回路の実際例

1 ピアスBE発振回路の実際例

図7は,ピアスBE発振回路の実際例である。コレクタの共振回路が,図6(a)のL_1に相当する。

L_1を共振回路にするのは,インピーダンスを高くできることと,出力が取り出しやすいためである。しかし,この共振回路のリアクタンスは,誘導性でなければならない。

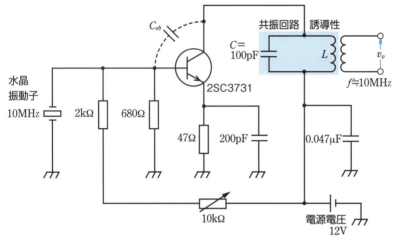

▲図7 ピアスBE発振回路例

図8(a)のLC並列共振回路のインピーダンス$\dot{Z}$は,周波数の変化に対して図8(b)のような特性となる。並列共振周波数f_∞より低い周波

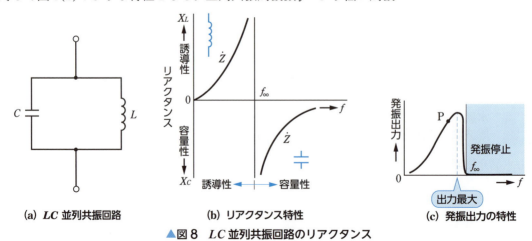

(a) LC並列共振回路　　(b) リアクタンス特性　　(c) 発振出力の特性
▲図8 LC並列共振回路のリアクタンス

数では誘導性リアクタンスとなり，f_∞ より高い周波数では容量性リアクタンスとなる。このことから，並列共振回路の共振周波数が，水晶発振回路の周波数より高い共振周波数となるように，L，C の値を決めると，発振周波数に対して並列共振回路は誘導性リアクタンスになる。

　発振回路の出力は，図 8(c) のように並列共振回路の誘導性リアクタンスの成分が大きくなるにつれて大きくなる。しかし発振周波数が f_∞ より高くなると，並列共振回路は容量性リアクタンスとなるので，発振が停止してしまう。そのため出力最大の位置では発振が不安定となるので，最大の位置よりやや下がった点 P で動作するように調整する。

　図 6(a) の静電容量 C は，図 7 ではトランジスタ内部のコレクタ出力容量 C_{ob} がこれにかわる。ピアス BE 発振回路では，水晶振動子に対してトランジスタの入力インピーダンスが並列にはいるため，高い周波数では発振しにくい欠点があり，15 MHz 程度までの発振周波数を得るために利用される。

　この発振回路は，各種通信機器の搬送波を発生させる場合の基準信号に用いられる。

問 2 ピアス BE 発振回路が高い周波数の発振に適さない理由を調べよ。

2 ピアス CB 発振回路の実際例

図 9 はピアス CB 発振回路の例である。

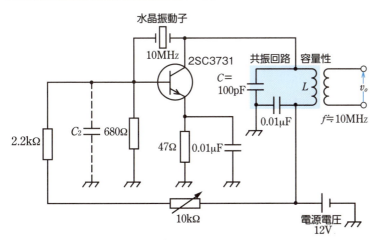

▲図 9　ピアス CB 発振回路例

コレクタの共振回路は図6(b)のC_1のかわりであるから，そのリアクタンスは容量性でなければならない。図6(b)のC_2は，トランジスタ内部のベース・エミッタ間の容量が利用される。この発振回路は，水晶振動子の周波数の奇数倍で発振させる回路（オーバトーン発振回路）などに用いられ，100 MHz程度までの発振周波数が得られる。

問 3 図9のピアスCB発振回路で，コレクタの共振回路を調整するとき，共振周波数より低い周波数と，高い周波数のうち，どちらに設定すればよいか。

4 PLL

1 PLLの構成と各部の動作

PLLは，図10(a)のように，位相比較器❶と低域フィルタおよびVCO❸と呼ばれる電圧制御発振器で構成されている。
▶ p. 191

位相比較器は，入力信号v_iとVCOからの出力信号v_oの周波数や位相を比較する。比較した結果は，図10(b)に示す平均値が変化する❹誤差信号V_dとして出力される。

低域フィルタは，入力されたV_dに応じた制御電圧V_{CONT}を出力する。V_{CONT}の大きさは，V_dの平均値が高い状態になったとき上昇し，逆に，平均値が低い状態になったとき下降する。

VCOは，V_{CONT}を制御電圧として入力し，その大きさに対応した周波数f_oの信号を出力する。

❶ phase locked loop
位相同期ループともいう。
❷ phase comparator
❸ 電圧により発振周波数を制御する発振回路のこと。
❹ ある時間範囲において，V_dの値を平均化したもの。0 V以外の値を取る時間が長いほど，平均値は高くなる。

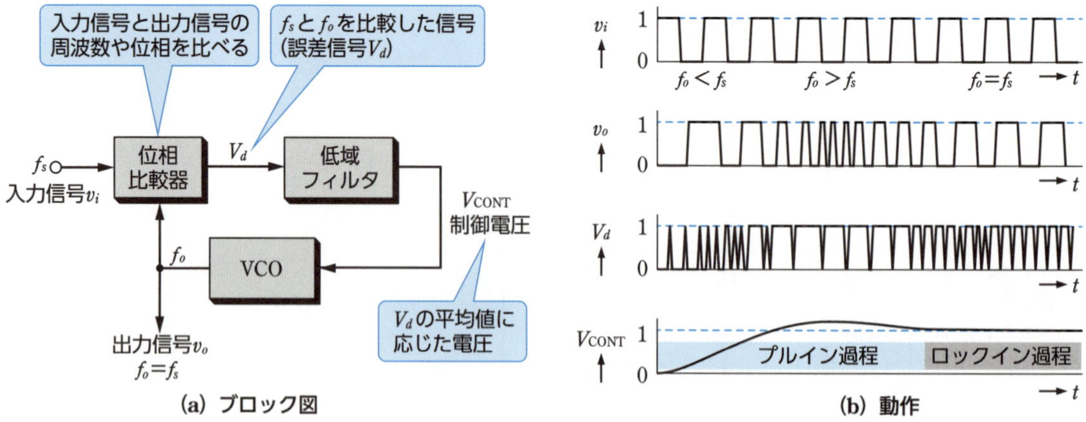

(a) ブロック図

(b) 動作

▲図10 PLLの構成と動作

202　第4章　発振回路

2　PLL の動作

PLL は，入力信号と出力信号の周波数を等しくし，位相差がつねに一定となるように動作する。VCO の出力信号 v_o の周波数 f_o と入力信号 v_i の周波数 f_s が異なる場合，図 10(b)のように，**プルイン過程**❶のあと，**ロックイン過程**❷を経て，周波数を等しくし，位相差を一定に保つように動作する。

a　プルイン過程　VCO の出力信号 v_o の周波数 f_o を，入力信号 v_i の周波数 f_s に近づける過程である。

出力信号の周波数が入力信号の周波数よりも小さい（$f_o < f_s$）とき，位相比較器は，平均値の高い誤差信号電圧 V_d を出力する。平均値の高い V_d が低域フィルタを通過すると，出力される制御電圧 V_{CONT} が上昇する。この上昇に対応して，VCO から周波数が高くなった出力信号が出力されることで，入力信号の周波数に近づいていく。

以上の動作を繰り返すと，出力信号の周波数が入力信号の周波数よりも大きくなる（$f_o > f_s$）。このときは，各部が逆の動作をし，V_{CONT} を下降させ，周波数が低くなった出力信号が VCO から出力され，入力信号の周波数に近づいていく。

b　ロックイン過程　VCO の出力信号 v_o の周波数 f_o を制御し，入力信号 v_i の周波数 f_s と一致させ，また，出力信号と入力信号の位相を同期❸させる過程である。

出力信号と入力信号の周波数に差が発生すると，VCO は，差の量に対応した V_{CONT} を低域フィルタから得て，出力信号と入力信号を同期させるように動作する。

3　PLL の応用分野

入力信号に同期した出力信号を得られる PLL には，表 1 に示す応用分野がある。

❶ pull-in
❷ lock-in

❸ 連続して発生している二つの波形において，周波数が同じ，かつ位相差が同じ状態が続くことをいう（位相自体は異なっていてもよい）。
　PLL では，位相比較器の入力と出力で信号に時間差が生じる。この時間差によって位相差が発生する。

❹ 救急車のサイレンは，救急車が近づいて来るときに高く聞こえ（周波数が高い），遠ざかるときに低く聞こえる（周波数が低い）。これはドップラー効果と呼ばれ，通信に使われる電磁波においても同様の現象が生じる。

▼表 1　PLL の応用分野と適用例

応用分野	適　　用　　例
周波数の合成や変換	周波数シンセサイザ（次のページ参照）
回転数の制御	電動機や発電機の回転数制御
周波数変動の追従	衛星通信などで生じる移動速度による通信周波数の変動❹の追従，通信モデムなど情報を周波数や位相の変化に変えて通信する方式の送受信
信号の同期	レーダやパルス通信などの信号の同期

4　水晶発振回路　**203**

4 PLLの応用例

図11は，PLLを利用して一つの水晶発振回路を用い，多くの安定な周波数を得る回路で，**周波数シンセサイザ**[1]という。

[1] frequency synthesizer

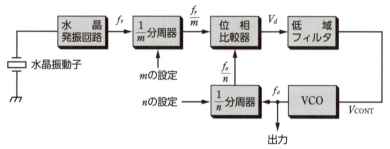

▲図11　周波数シンセサイザ

分周器[2]は，入力される信号の周波数を $\frac{1}{m}$（または $\frac{1}{n}$）倍にして出力する回路で，分周比 m, n は外部から任意に設定できる。

[2] frequency divider

周波数シンセサイザの動作は次のようになる。水晶発振回路を用いて周波数 f_r の基準信号を発生させ，分周器で周波数を $\frac{1}{m}$ 倍の信号にする。位相比較器では，この信号と，VCOから出力される周波数 f_o の信号を分周器で $\frac{1}{n}$ 倍にされた信号を比較し，PLLの動作に従って，周波数 $\frac{f_r}{m}$ と $\frac{f_o}{n}$ を等しくし，両者の信号の位相を同期させる。その結果，式(3)がなりたつ。

$$\frac{f_r}{m} = \frac{f_o}{n} \tag{3}$$

式(3)から，VCOの出力周波数 f_o は，次のようになる。

◆ 出力周波数
$$f_o = \frac{n}{m} f_r \ [\text{Hz}] \tag{4}$$

つまり，f_r を安定な水晶発振回路で発振させておけば，分周器の分周比 m, n を適切に設定することにより，周波数 f_r の一つの基準信号から多くの安定な周波数の信号を得ることができる。周波数シンセサイザは，ラジオ受信機やテレビジョン受信機などの局部発振回路や無線送信機の周波数源として利用されている。

📝 周波数の多様性は，分周器によるものです。信号の安定性は，基準信号に用いている水晶発振回路によるものです。

問 4 図11の周波数シンセサイザで，$f_r = 1.28\,\text{MHz}$，$m = 128$ とするとき，出力周波数 $f_o = 1\,\text{MHz}$ を得たい場合の分周比 n を求めよ。

この章の まとめ

1節

❶ 発振回路は，**正帰還**による増幅回路を用いた回路である。▶ p.183

❷ **発振の条件**は，次のようである。▶ p.183

(1) **位相条件** 帰還電圧と入力電圧が同相でなければならない。

(2) **振幅条件** 帰還電圧の大きさが入力電圧の大きさより，大きいか等しくなければならない。

2節

❸ **ハートレー発振回路**の発振周波数 f [Hz] は，次の式で求められ，発振周波数の上限は 30 MHz 程度である。▶ p.187

$$f = \frac{1}{2\pi\sqrt{(L_1 + L_2 + 2M)C}}$$

❹ **コルピッツ発振回路**の発振周波数 f [Hz] は，次の式で求められ，200 MHz 程度までの発振周波数が得られる。▶ p.189

$$f = \frac{1}{2\pi\sqrt{L\left(\dfrac{C_1 C_2}{C_1 + C_2}\right)}}$$

❺ **クラップ発振回路**は，コルピッツ発振回路を変形した回路で，周波数安定度がよい特性をもっている。▶ p.190〜191

❻ **VCO(電圧制御発振器)**は，電圧によって発振周波数を制御できる回路で，可変容量ダイオードを利用してつくることができる。▶ p.191

3節

❼ **ウィーンブリッジ形発振回路**の発振周波数 f [Hz] は，次の式で求められる。▶ p.193

$$f = \frac{1}{2\pi CR}$$

❽ **CR 移相形発振回路**の発振周波数 f [Hz] は，次の式で求められる。▶ p.195

$$f = \frac{1}{2\pi\sqrt{6}\,CR}$$

4節

❾ 発振周波数が安定な発振回路として，**水晶振動子**を用いた**水晶発振回路**があり，水晶振動子は誘導性リアクタンスで使用する。▶ p.197〜198

❿ 水晶発振回路には，**ピアス BE 発振回路**と**ピアス CB 発振回路**がある。▶ p.199

⓫ **PLL(位相同期ループ)**は，入力信号と出力信号の周波数を比較して，両者の信号の周波数を等しくし，位相を同期させる。▶ p.202〜203

⓬ **周波数シンセサイザ**は，PLL を応用し，安定した基準信号が得られる水晶発振回路と分周器などを組み合わせて構成する。分周器の分周比を任意に設定すれば安定した多くの周波数の信号を出力することができる。▶ p.204

第4章

章末問題

1 次の文の（　）内に当てはまる語句を語群から選び記入せよ。

(1) 発振回路は，増幅器の出力の一部を入力へ（　　）①して，循環経路をつくったものである。発振回路として動作するためには（　　）②と（　　）③がなりたつようにする。

(2) 発振回路は，周波数選択回路を構成する素子によって，（　　）④，（　　）⑤，（　　）⑥に分類できる。

(3) コイルとコンデンサで発振周波数が決まる LC 発振回路には，（　　）⑦発振回路，コルピッツ発振回路，（　　）⑧発振回路，（　　）⑨発振回路があり，コルピッツ発振回路は（　　）⑩回路の原型である。

> **語群** **ア**. 帰還　**イ**. 増幅　**ウ**. 振幅条件　**エ**. LC 発振回路　**オ**. 水晶発振回路
> **カ**. VCO　**キ**. ハートレー　**ク**. 位相条件　**ケ**. 反結合　**コ**. CR 発振回路
> **サ**. ピアス BE　**シ**. ピアス CB　**ス**. ウィーンブリッジ形発振回路
> **セ**. クラップ

2 反結合発振回路で，$L_1 = 200\,\mu H$ としたとき，次の問いに答えよ。

(1) 発振周波数を $1\,MHz$ とするには，共振回路のコンデンサ C の値をいくらにすればよいか。

(2) 発振周波数を $1\,MHz$ から $2\,MHz$ まで変化させるためには，可変コンデンサ C の値をどれだけの範囲で変化させればよいか。

3 反結合発振回路でインダクタンスが $1\,\%$ 増加すると，発振周波数は何％変化するか。

4 ウィーンブリッジ形発振回路で，$R = 100\,\Omega \sim 100\,k\Omega$ と可変にし，$C = 0.01\,\mu F$ のときの発振周波数の範囲を求めよ。

5 p. 187 の図 4 のようなハートレー発振回路で，$L_1 = 50\,\mu H$，$L_2 = 6\,\mu H$，$M = 4\,\mu H$ のとき，$1\,MHz$ の周波数を発振させるには，C の値はどれくらいにすればよいか。

6 ピアス CB 発振回路で，共振回路の C を最小値からしだいに大きくして発振状態に近づけると，コレクタに流れる電流はどのように変化するか。

7 LC 発振回路と水晶発振回路の利点・欠点をあげ，用途について調べよ。

8 水晶振動子と同じような圧電効果を発生するものに，セラミック振動子がある。セラミック振動子の材質や構造などを調べてみよ。

9 p. 204 図 11 のような周波数シンセサイザで，水晶振動子が $10.24\,MHz$ で，$m = 512$，$n = 2030$ のときの VCO の出力周波数 f_o はいくらになるか。

206　第 4 章　発振回路

第5章 変調回路・復調回路

情報を伝達する方法の一つに，音声などの伝えたい情報を電気信号にし，それを電波として遠方に送る無線通信がある。電波の送受信に用いるアンテナは，音声信号のような低い周波数（20 Hz～20 kHz）の信号を効率よく送ることができないので，アンテナから効率よく放射できる100 kHz程度以上の高い周波数の信号に音声信号を含ませて送っている。このような信号の合成を変調という。

この章では，変調の種類と原理および変調の逆の操作になる復調について学び，変調と復調を実現する回路などについて学ぶ。

振幅変調と周波数変調

1906年，カナダの発明家レジナルド・オーブリー・フェッセンデンは，アメリカのマサチューセッツにおいて，電波を使った音声放送の実験に成功した。このとき使用されたのは，搬送波と呼ばれる交流信号の振幅を，音声信号にあわせて変化させる振幅変調（AM）であった。振幅変調は，簡単な回路で扱える長所がある。

その後，1933年，アメリカの電気工学者エドウィン・ハワード・アームストロングは，音声信号などの情報を搬送波の周波数の変化として表す周波数変調（FM）についての特許を取得した。周波数変調は，雑音に強い長所がある。

1936年，アームストロングによって行われた放送実験では，アメリカのニューヨークにあるエンパイア・ステート・ビルディングから，音楽を振幅変調と周波数変調の両方の方式で送信し，周波数変調が雑音に強いことを示したといわれている。

アームストロングは，第3章で学んだスーパヘテロダイン方式についての特許を1918年に取得した人物である。

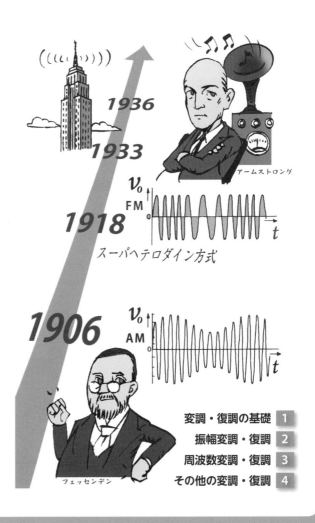

1. 変調・復調の基礎
2. 振幅変調・復調
3. 周波数変調・復調
4. その他の変調・復調

1 節 変調・復調の基礎

この節で学ぶこと ▶ 通信の手段として電波を用いるとき，情報を送るための変調が行われる。また，変調されて送られてくる電波から，わたしたちが認識できる情報を得るには，復調しなければならない。ここでは，変調と復調の原理や種類などについて学ぶ。

1 変調・復調の意味

1 変調　送りたい情報を電気信号に変えた**信号波**の多くは，周波数が低いためアンテナから効率よく放射することができない。そこで，電波による通信では，アンテナから効率よく放射できる 100 kHz 以上の高い周波数の電気振動に信号波を組み合わせて送っている。信号波を送るために利用する高い周波数の電気振動を**搬送波**[1]という。

振幅や周波数が一定である搬送波に，情報をもつ信号波を含ませる操作[2]を**変調**[3]という。搬送波を変調して得られた電気振動を**変調波**[4]という。

2 復調　変調波には，信号波の成分のほかに，搬送波の成分も含まれるため，受信側で必要とする信号波成分だけを取り出す必要がある。変調波から信号波を取り出すことを**復調**[5]または**検波**[6]と呼ぶ。

図 1 は，信号波と搬送波の変調・復調の関係を，荷物とトラックの運搬にたとえて表したものである。

[1] carrier wave
[2] 変調・復調に関する内容は，通信分野と深いかかわりがある。この分野では交流信号の最大値のことを振幅と呼んでいることから，本章では振幅と呼ぶことにする。
[3] modulation
[4] modulated wave
[5] demodulation
[6] detection

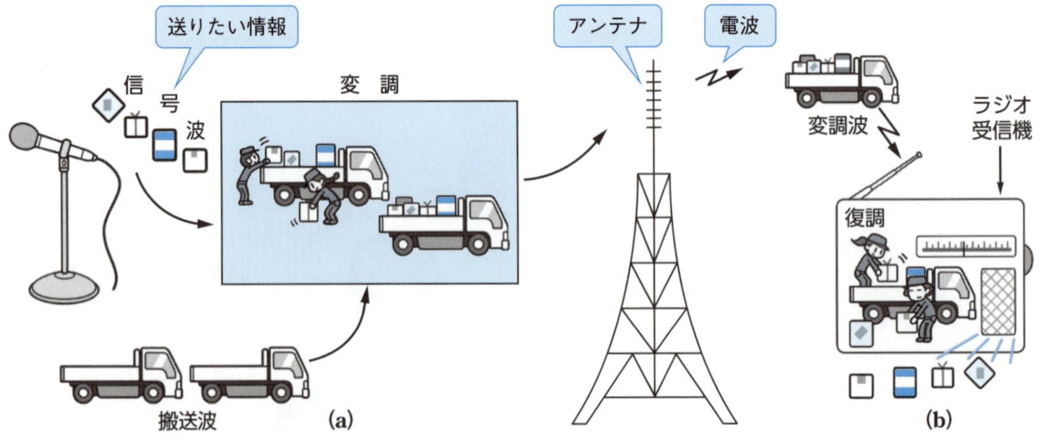

▲図 1　変調と復調の原理

208　第 5 章　変調回路・復調回路

2 変調・復調の種類

1 変調の種類

変調には，表1に示すように，信号波として，アナログ信号の正弦波を，正弦波の搬送波に含ませる**アナログ変調**と，ディジタル信号のパルス波を，正弦波の搬送波に含ませる**ディジタル変調**がある。また，アナログ信号の正弦波を，パルス波の搬送波に含ませる**パルス変調**もある。

❶ 一般に，音声などのアナログ信号は，非正弦波であるが，ここでは正弦波を考える。

▼表1 変調の種類と変調波の例

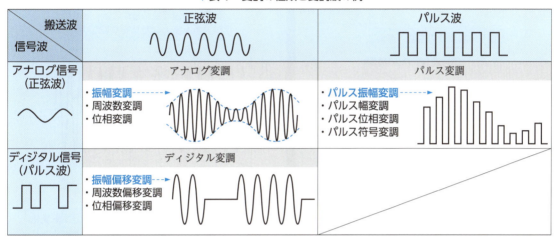

2 アナログ変調の種類

搬送波 v_c が図2のような正弦波であれば，式(1)のように表すことができる。

◆ 搬送波
$$v_c = V_{cm} \sin(2\pi f_c t + \theta) \ [\text{V}] \qquad (1)$$

❷ Δt と θ には，$\Delta t = \dfrac{\theta}{2\pi f_c}$ の関係がある。

アナログ変調は，信号波によって搬送波の振幅 V_{cm}，周波数 f_c，位相 $2\pi f_c t + \theta$ のいずれを変えるかで，三つの方式が考えられる。

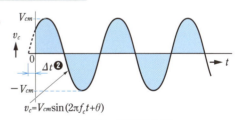

▲図2 正弦波交流

a 振幅変調❸　式(1)の搬送波の振幅 V_{cm} を信号波 v_s の値❹に応じて変化させる方式を**振幅変調**といい，図3(c)に示すように変調された搬送波を **AM 波**という。この方式は AM ラジオ放送に使われている。

b 周波数変調❺　式(1)の搬送波の周波数 f_c を信号波 v_s の値に応じて変化させる方式を**周波数変調**といい，図3(d)に示すように変調された搬送波を **FM 波**という。この方式は FM ラジオ放送に使われている。

❸ amplitude modulation ; AM
❹ 瞬時値のこと。
❺ frequency modulation ; FM

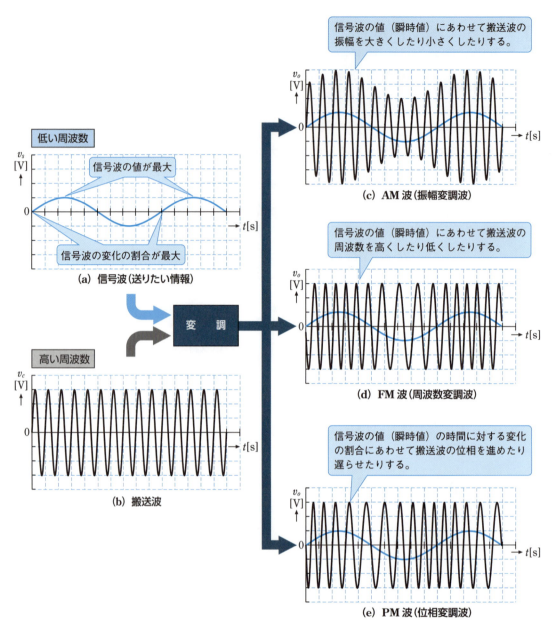

▲図3 変調波の種類

c 位相変調 式(1)の搬送波の位相 $2\pi f_c t + \theta$ を信号波 v_s の値の変化量に応じて変化させる方式を**位相変調**といい，図3(e)に示すように変調された搬送波を **PM 波**という。この方式はおもに無線通信に使われている。

❶ phase modulation；PM
❷ 初位相 θ を変化させることで位相を変える。

3 復調の種類 変調波から信号波を取り出すには，変調の種類に応じて，変調された部分の変化分を取り出す必要があり，それぞれ復調回路の構成が異なる。詳しくは，2節以降で学ぶ。

📝 PM 波は FM 波に似ていますが，周波数が最大（または最小）になる位置が，FM 波と $\frac{\pi}{2}$ rad ずれています。

210 第5章 変調回路・復調回路

2節 振幅変調・復調

> **この節で学ぶこと** 搬送波の振幅を変化させて信号を送る振幅変調の基礎と，振幅変調された変調波から信号波を取り出す復調の基礎を学ぶ。

1 振幅変調（AM）の基礎

1 振幅変調波

図1(a)の搬送波 v_c と図1(b)の信号波 v_s は，振幅をそれぞれ V_{cm}，V_{sm} とし，周波数をそれぞれ f_c，f_s とすると，次の式で表される。

$$v_c = V_{cm} \sin 2\pi f_c t \tag{1}$$

$$v_s = V_{sm} \sin 2\pi f_s t \tag{2}$$

振幅変調波 v_o は，搬送波 v_c の振幅 V_{cm} を，信号波 v_s によって変化させるので，次の式で表される。

◆ 変調波　$v_o = (V_{cm} + V_{sm} \sin 2\pi f_s t) \sin 2\pi f_c t \ [\mathrm{V}] \tag{3}$

式(3)の（　）内の式，$V_{cm} + V_{sm} \sin 2\pi f_s t$ は，変調波の振幅の変化を表し，図1(c)の破線で示すような曲線になる。この曲線を変調波の**包絡線**といい，信号波の波形と同じ形をしている。

式(3)を変形すると，式(4)のようになる。

❶ envelope
信号波として音声を考えれば，音声は多くの周波数成分を含む非正弦波なので，包絡線の形も非正弦波になる。

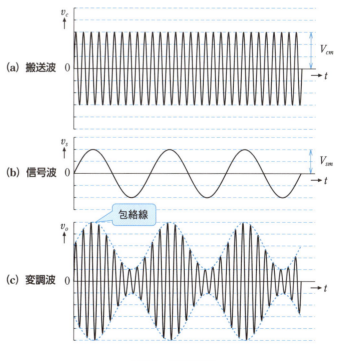

▲図1　振幅変調

$$v_o = V_{cm}\sin 2\pi f_c t + \frac{V_{sm}}{2}\cos 2\pi(f_c - f_s)t - \frac{V_{sm}}{2}\cos 2\pi(f_c + f_s)t \;[\mathrm{V}] \quad (4)$$

式(4)から変調波は，搬送波の周波数 f_c のほか，$(f_c - f_s)$ と，$(f_c + f_s)$ の周波数を含むことがわかる。$(f_c - f_s)$ を下側波，$(f_c + f_s)$ を上側波と呼び，その振幅は $\dfrac{V_{sm}}{2}$ である。

振幅変調における変調波の周波数成分とそれに対応する振幅の関係を図2(a)のように表したものを**周波数スペクトル**❶という。このとき，変調波の最も低い周波数と最も高い周波数までの周波数幅を，**占有周波数帯域幅**❷ $B\,[\mathrm{Hz}]$ といい，次の式で表される。

◆ 占有周波数帯域幅　$B = (f_c + f_s) - (f_c - f_s) = 2f_s\;[\mathrm{Hz}] \quad (5)$

> 加法定理の2式
> $\begin{cases}\cos(\alpha+\beta)\\=\cos\alpha\cos\beta - \sin\alpha\sin\beta\\\cos(\alpha-\beta)\\=\cos\alpha\cos\beta + \sin\alpha\sin\beta\end{cases}$
> から得られる次の式を利用します。
> $\sin\alpha\sin\beta$
> $=\dfrac{1}{2}\{\cos(\alpha-\beta)-\cos(\alpha+\beta)\}$
> ただし，
> $\cos(-\theta) = \cos\theta$
> の性質に注意します。
>
> ❶ frequency spectrum
> ❷ occupied bandwidth

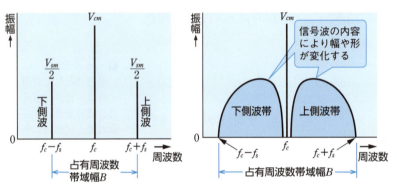

(a) 信号波が単一周波数のとき　　(b) 信号波が多くの周波数成分を含むとき
▲図2　振幅変調波の周波数スペクトル

式(4)では，信号波の周波数は単一周波数 f_s であるが，実際の信号波は非正弦波なので，多くの周波数成分を含んでいる。変調波の振幅は周波数成分に応じて異なる❸ので，周波数スペクトルは図2(b)のようになり，下側波・上側波は帯域幅をもつことになる。このとき，信号波に含まれる周波数のうち最も高い周波数を f_s とすると，占有周波数帯域幅 $B\,[\mathrm{Hz}]$ は，式(5)と同様に表すことができる。

問 1　AMラジオ放送では，信号波に含まれる最も高い周波数を 7.5 kHz としている。このとき，変調波の占有周波数帯域幅 B を求めよ。❹

2　変調度・変調率

振幅変調された変調波の振幅について調べてみよう。

信号波の振幅 V_{sm} と搬送波の振幅 V_{cm} の比を**変調度**❺ m といい，次の式で表される。

❸ ただし，f_c を中心に左右で同じ振幅になる。

❹ ある放送局のことを具体的な周波数で表すことがある (p.165)。これは，その放送局で用いられている搬送波の周波数を意味している。

❺ modulation factor

◆ 変調度　　　　$m = \dfrac{V_{sm}}{V_{cm}}$ 　　　　　　(6)

また，これを百分率で表したものを**変調率**と呼ぶ。

◆ 変調率　　　　$\dfrac{V_{sm}}{V_{cm}} \times 100\ [\%]$ 　　　(7)

式(3)を変調度 m を用いて表すと，次のようになる。

◆ 変調波　　$v_o = V_{cm}(1 + m \sin 2\pi f_s t) \sin 2\pi f_c t\ [\text{V}]$ 　(8)

図3に示すように，v_o の最大振幅を a，最小振幅を b とすれば，式(8)から，次のようになる。

$$a = (1+m)V_{cm}$$
$$b = (1-m)V_{cm}$$

この式から V_{cm} を消去して m を求めると，次のようになる。

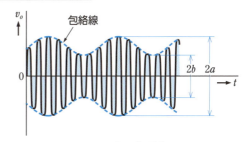

▲図3　変調波

◆ 変調度　　　　$m = \dfrac{a-b}{a+b}$ 　　　　　(9)

変調度は，搬送波に対する信号波の大きさの割合を表し，その値が変わると，図4のような変調波となる。

とくに $m > 1$ の状態を**過変調**❶と呼び，ふつうは使用しない。

❶ overmodulation

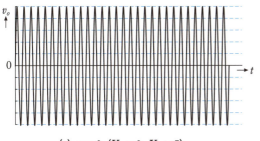

(a) $m=0$ ($V_{sm}=0,\ V_{cm}=5$)

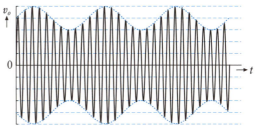

(b) $m=0.25$ ($V_{sm}=1,\ V_{cm}=4$)

(c) $m=1$ ($V_{sm}=2.5,\ V_{cm}=2.5$)

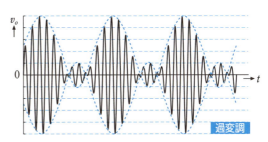

(d) $m=1.5$ ($V_{sm}=3,\ V_{cm}=2$)

▲図4　変調度と変調波

例題 1

図3において，a が 12 V，b が 4 V であった。変調度 m と変調率を求めよ。

解答 変調度 m は，式(9)から，
$$m = \frac{a-b}{a+b} = \frac{12-4}{12+4} = 0.5$$

変調率は，式(6)，(7)から，$m \times 100 = 0.5 \times 100 = 50\ \%$

問 2

図4において，$m=0.2$，$2b=8$ V のときの a の値を求めよ。

Let's Try

搬送波 $v_c = V_{cm} \sin 2\pi f_c t$ と信号波 $v_s = V_{sm} \sin 2\pi f_s t$ について，$V_{cm} = V_{sm} = 1$，$f_c = \dfrac{10}{\pi}$，$f_s = \dfrac{1}{\pi}$ として，$v_c + v_s$ の波形と p. 211 式(3)または p. 212 式(4)の波形を表計算ソフトなどを用いてかき，比較せよ。

2 振幅変調波の電力

式(4)で表される変調波を，図5のように抵抗 R に加えたとすると，変調波の総電力 P_T は，搬送波電力 P_c と上側波電力 P_U および下側波電力 P_L の和になる。P_c，P_U，P_L の各電力は，搬送波，上側波，下側波の振幅から，式(10)，(11)で表される。

$$P_c = \frac{\left(\dfrac{V_{cm}}{\sqrt{2}}\right)^2}{R} = \frac{V_{cm}^2}{2R} \tag{10}$$

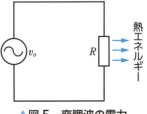

▲図5　変調波の電力

$$P_U = P_L = \frac{\left(\dfrac{V_{sm}}{2\sqrt{2}}\right)^2}{R} = \frac{V_{sm}^2}{8R} = \frac{m^2 V_{cm}^2}{8R} = \frac{m^2}{4} P_c \tag{11}$$

したがって，変調波の総電力 P_T は，式(12)のようになる。

◆ 総電力　　$P_T = P_c + P_U + P_L = P_c\left(1 + \dfrac{m^2}{2}\right)$ [W] 　　(12)

式(12)から，変調波の総電力は，変調度 m により変化し，情報を含んでいない搬送波が大部分を占めていることがわかる。

例題 2

振幅変調において，搬送波の電力が 10 W であった。変調率が 50 % および 100 % のときの変調波の総電力，および各側波電力を求めよ。

解答 変調率 50 % の変調波の総電力は，
$$P_T = P_c\left(1 + \frac{m^2}{2}\right) = 10\left(1 + \frac{0.5^2}{2}\right) = 11.25\ \text{W}$$

変調率 100 % の変調波の総電力は，

$$P_T = P_c\left(1 + \frac{m^2}{2}\right) = 10\left(1 + \frac{1^2}{2}\right) = \mathbf{15\ W}$$

変調率 50 % の各側波電力は，

$$P_U = P_L = \frac{m^2}{4} P_c = \frac{0.5^2}{4} \times 10 \fallingdotseq \mathbf{0.63\ W}$$

変調率 100 % の各側波電力は，

$$P_U = P_L = \frac{m^2}{4} P_c = \frac{1^2}{4} \times 10 = \mathbf{2.5\ W}$$

問 3 変調率 100 % と 50 % および無信号時の変調波の上側波電力 P_U は，総電力 P_T の何 % を占めているかそれぞれ求めよ。

3 振幅変調回路

1 振幅変調回路の種類

搬送波の振幅を信号波の値によって変化させるための回路を，**振幅変調回路**という。トランジスタを使った振幅変調回路には，**コレクタ変調回路**と**ベース変調回路**がある。

コレクタ変調回路は，図 6(a) のように，搬送波を増幅するトランジスタのコレクタに信号波の電圧を加えて，変調する回路である。ベース変調回路は，図 6(b) のように，搬送波と信号波を合わせた電圧をトランジスタのベースに加えて，増幅する回路である。

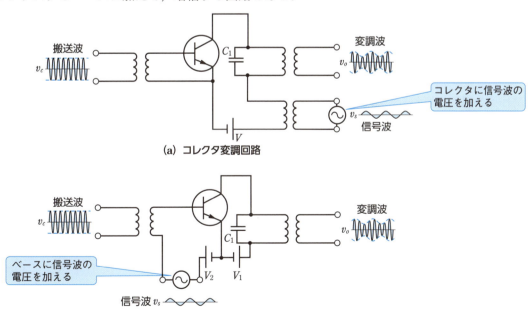

▲図 6 コレクタ変調回路とベース変調回路

2　コレクタ変調回路の動作

図7に，コレクタ変調回路の例を示す。トランジスタのベース電圧 V_{BE} としては，バイアス電圧 V_B に，変成器 T_1 を通って入力された搬送波 v_c を合わせた電圧が加わる。

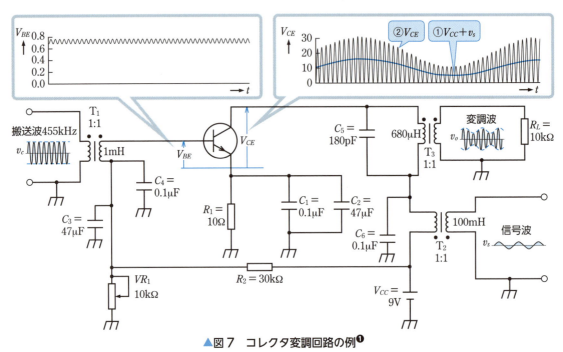

▲図7　コレクタ変調回路の例[1]

トランジスタのコレクタには，電源電圧 V_{CC} と変成器 T_2 から出力される信号波電圧 v_s を合わせた①のような電圧が加わる。この電圧がコレクタの動作点の電圧になる。

このとき，コレクタ電圧 V_{CE} は，トランジスタで増幅された搬送波が動作点の電圧に加わることで，①を中心に信号波に応じた②のような振幅の変化を生じる。この振幅の変化をもった搬送波は，最大値が電源電圧 V_{CC} の数倍となるコレクタ電圧 V_{CE} [2] となり，変成器 T_3 とコンデンサ C_5 で構成される共振回路に加わる。共振回路の共振周波数は，搬送波の周波数と等しくなるようにしており，コレクタ電圧 V_{CE} は T_3 を通るときに直流分を含む動作点の電圧が除去され，信号波に応じた振幅変化のある変調波だけが負荷抵抗 R_L に出力される。

このようにコレクタ変調は，トランジスタのコレクタに増幅された搬送波の振幅を信号波の振幅に応じて変化させることで，振幅変調を行う。信号波 v_s は，電源電圧 V_{CC} と合わせてコレクタに加えるので，大きな電力であることが必要となる。しかし，信号波で搬送波を直接

[1] 変成器 T_3 とコンデンサ C_5 で搬送波と同じ周波数 455 kHz の共振回路を構成している。

C_1, C_4, C_6 は，高周波である搬送波用のバイパスコンデンサである。

C_2, C_3 は，低周波である信号波用のバイパスコンデンサである。

R_2, VR_1 は，ベースのバイアス電圧 V_B をつくるためのブリーダ抵抗である。

R_1 は安定抵抗である（p. 90 参照）。

[2] V_{CE} は，電源電圧 V_{CC} の数倍となる場合がある。

トランジスタを選定する場合は，V_{CE} の最大定格電圧に注意する。

変化させるので，ひずみの少ない振幅変調波が得られる。

3 ベース変調回路の動作

図8に，ベース変調回路の例を示す。トランジスタのベース電圧 V_{BE} としては，バイアス電圧 V_B に，変成器 T_1 を通った搬送波 v_c と変成器 T_2 を通った信号波 v_s を合わせた電圧がベースに加わる。

コレクタ電圧 V_{CE} は，直流分を含んだ変調波電圧になり，変成器 T_3 とコンデンサ C_5 で構成される共振回路に加わる。

共振回路の共振周波数は搬送波の周波数と等しくなるようにしており，T_3 で直流分が除去され，信号波に応じた振幅変化のある変調波だけが負荷抵抗 R_L に出力される。

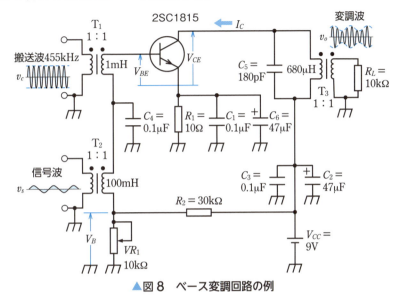

▲図8 ベース変調回路の例

参考　調整が難しくひずみが出やすいベース変調

ベース変調の原理をトランジスタの V_{BE}-I_C 特性でみると，図9のようになる。V_{BE}-I_C 特性のわん曲部から直線部に変化するP点付近にベース電圧の波形の中心がくるように，図8の VR_1 や R_2 の値を調整すると，コレクタ電流 I_C は振幅変調された波形になる。

ベース変調は，信号波の振幅を数十mV程度と小さくできる利点があるが，ベースに加える電圧の細かい調整が必要になる。つまり，ベース電圧の中心がP点付近からずれると，変調波が大きくひずんだり，変調波を得られなくなったりする。また，V_{BE}-I_C 特性は完全な直線でないため，入力信号と変調波の包絡線は完全な相似波形とはならず，ひずみを生じやすいのが欠点である。

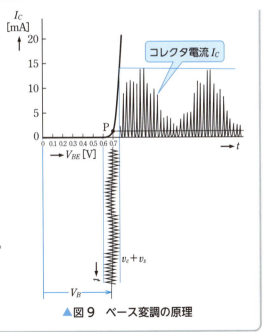

▲図9 ベース変調の原理

2 振幅変調・復調　217

4 振幅変調波の復調

1 検波用ダイオード

振幅変調されている変調波を復調するには，ダイオードの順方向特性を利用して包絡線の部分を取り出す方法がある。

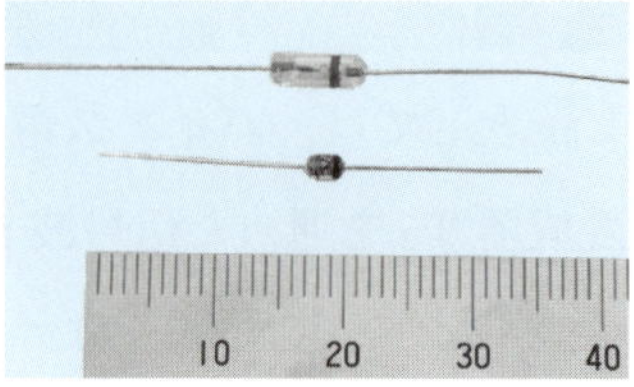

ダイオードは用途によって多くの種類があるが，復調（検波）用には，図10のような検波用ダイオードが用いられる。

▲図10 検波用ダイオード

検波用として用いられるダイオードには，次の性質をもったダイオードが適している。

① 高い周波数にも使えるように，接合容量が小さい。 ▶ p. 27
② 小さな振幅の変調波を検波できるように，数 mV の順方向電圧でも順方向電流が流れる。

これらを満たすダイオードとして，ゲルマニウム点接触ダイオード ▶ p. 27
やショットキー接合ダイオードが検波用ダイオードに適している。 ▶ p. 22

2 直線検波の原理

直線検波は，ダイオード特性の直線的な部分を利用して変調波の包絡線の部分を取り出す検波方法である。

図11のように，変調波電圧の振幅をダイオード特性のわん曲部よりも大きくすると，包絡線部分は直線部で検波することができる。

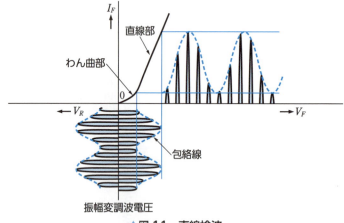

▲図11 直線検波

3 復調回路の動作原理

図12に，振幅変調波検波回路の動作原理を示す。

① 変調波に共振するように，変成器 T の一次側で構成された共振回路を通して，図12(a)のような変調波がダイオード D に加わる。

❶ 変成器 T は，変調波の周波数に共振するように変成器の一次側のコイルと並列にコンデンサを取りつけて，共振回路を構成している。共振回路は，変調波以外の雑音や混信の原因となる周波数を除去する。その結果，変成器の一次側から入力された変調波だけが二次側に通過することになる。

② ダイオードDは，信号の順方向の成分は通すが，逆方向の成分は通さないため，ダイオードを流れる電流は，図12(b)のように順方向に沿った片側だけとなる。

③ このダイオードの出力から搬送波の周波数成分を取り去るため，コンデンサCを並列に接続する。このCは，搬送波の周波数に対しては小さなインピーダンスとなり，包絡線の信号波の周波数に対しては，大きなインピーダンスとなるような値が選ばれる。

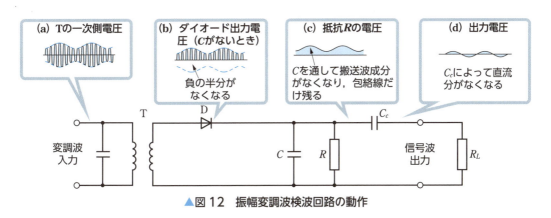

▲図12 振幅変調波検波回路の動作

④ コンデンサCに並列に抵抗Rを接続すると，図13のように，コンデンサはダイオード出力の搬送波の半周期で充電され，とぎれた半周期の期間中に充電電荷がRを通して放電される。このため，Rの両端の電圧は，図のように変調波の包絡線の形に近い電圧波形となり，図12(c)のようになる。

⑤ さらに，コンデンサC_cを接続して交流成分だけを取り出すと，負荷抵抗R_Lに図12(d)のような信号波出力が得られる。

これが振幅変調波の復調の原理である。

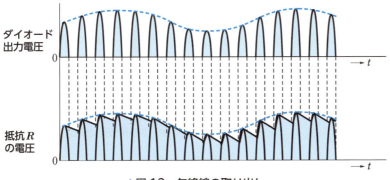

▲図13 包絡線の取り出し

2 振幅変調・復調 **219**

3節 周波数変調・復調

この節で学ぶこと 搬送波の周波数を信号波の大きさで変える周波数変調の基礎と，周波数変調された変調波から信号波を取り出す復調の基礎などについて学ぶ。

1 周波数変調（FM）の基礎

1 周波数変調波

周波数変調は，搬送波の振幅を一定に保ったまま，信号波の値によって搬送波の周波数を変化させる方式である。信号波の値が正のとき搬送波の周波数が高く，信号波の値が負のとき搬送波の周波数が低くなるように対応させると，搬送波・信号波・変調波は，それぞれ図1(a), (b), (d)のようになる。

第2節と同様に，搬送波 v_c と，信号波 v_s を以下のように表す。

$$v_c = V_{cm} \sin 2\pi f_c t$$
$$v_s = V_{sm} \sin 2\pi f_s t$$

周波数変調では，変調波 v_o の周波数は，信号波 v_s によって変化を受ける。信号波 v_s によって，周波数がずれることを**周波数偏移**❶（図1(c)）と呼ぶ。変調波の周波数 f は，次の式で表される。

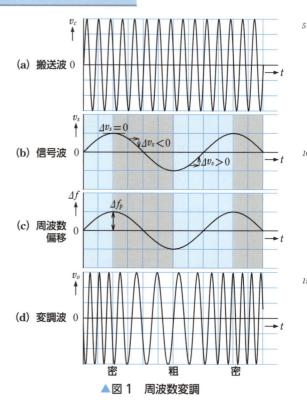

▲図1　周波数変調

❶ frequency deviation

◆ 周波数　　$f = f_c + k_f v_s = f_c + k_f V_{sm} \sin 2\pi f_s t \; [\text{Hz}] \qquad (1)$

k_f は周波数の偏移の大きさを表す定数である。

v_s が0のときは，変調波の周波数は f_c となり，これを**中心周波数**という。v_s が最大のとき，周波数偏移は最も大きくなる。この周波数偏移の最大値を**最大周波数偏移**という（図2）。

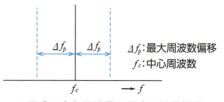

▲図2　中心周波数と最大周波数偏移

2 変調指数

最大周波数偏移を Δf_p とすれば，変調波の周波数 f は，式(2)で表される。

$$f = f_c + \Delta f_p \sin 2\pi f_s t \qquad (2)$$

式(1)と式(2)を比べると，$\Delta f_p = k_f V_{sm}$ であることがわかる。また，変調波 v_o は，次のようになる。

◆ 変調波　　$v_o = V_{cm} \sin(2\pi f_c t - m_f \cos 2\pi f_s t)$ [V]　　(3) ❶

ここで，式(4)で表される**変調指数** m_f ❷ を用いて変形した。変調指数は，周波数変調における変調のかかりぐあいのめやすになる値である。

◆ 変調指数　　$m_f = \dfrac{\Delta f_p}{f_s}$ 　　(4)

❶ 式(3)を導くには複雑な計算が必要になるので，結果のみを示した。

❷ modulation index

3 周波数スペクトル

変調波 v_o に含まれる周波数成分には，図3のように，f_c，$f_c \pm f_s$，$f_c \pm 2f_s$，$f_c \pm 3f_s$，……で表される側波が無限に存在する。高次の側波の振幅は，しだいに小さくなるので，実際にはすべての側波が必要ではないが，周波数変調波の占有周波数帯域幅は，振幅変調波に比べて広くなる。実用的には，占有周波数帯域幅は最大周波数偏移と信号波の最高周波数の和の2倍とし，占有周波数帯域幅 B は，次の式で表される。

◆ 占有周波数帯域幅　　$B = 2(\Delta f_p + f_s)$ [Hz]　　(5)

周波数変調は，振幅変調の振幅の変化に相当するものが変調波の周波数の偏移となり，信号波の周波数の高低に相当するものが変調波の周波数偏移の速さとなっている。

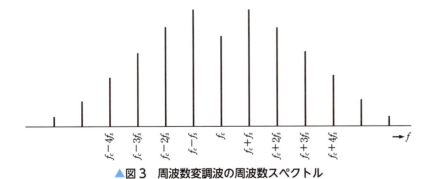

▲図3　周波数変調波の周波数スペクトル

例題 1 信号波の最高周波数が，$f_s = 15\,\text{kHz}$，搬送波の周波数が，$f_c = 80\,\text{MHz}$，最大周波数偏移が $\Delta f_p = 75\,\text{kHz}$ の FM 放送電波における，変調指数および占有周波数帯域幅 B を求めよ。

解答 変調指数 m_f は，式(4)から，
$$m_f = \frac{\Delta f_p}{f_s} = \frac{75}{15} = 5$$

占有周波数帯域幅 B は，式(5)から，
$$B = 2(\Delta f_p + f_s) = 2(75 + 15) = 180\,\text{kHz}$$

問 1 信号波の最高周波数 15 kHz，搬送波の周波数 95.75 MHz，最大周波数偏移 25 kHz の FM 放送電波における，変調指数および占有周波数帯域幅 B を求めよ。また，同じ信号波を振幅変調した場合の占有周波数帯域幅 B' と比較してみよ。

2 周波数変調回路

1 動作原理

周波数変調を行う場合，信号波の値によって搬送波の周波数が変わるようにする必要がある。そのため，発振回路の発振周波数を，信号波の値によって変えるようにすればよい。

たとえば，図 4 のように，共振回路の静電容量として，可変容量ダイオードを使って，信号波電圧の変化を共振回路の静電容量の変化に置き換えると，それにともなって発振周波数が変わり，周波数変調が行われる。

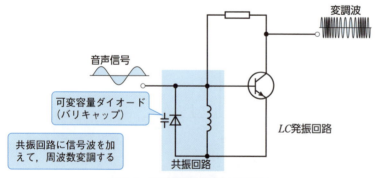

▲図 4　周波数変調回路の原理図

2 周波数変調回路の例とその動作

図5は，クラップ発振回路を用いた周波数変調回路例である。発振周波数は L_1，C_1，C_2，C_3，C_4 と可変容量ダイオード D_v の静電容量 C_v で決まる。

信号波の電圧の変化により，可変容量ダイオード D_v に加わる逆電圧が変化し，静電容量 C_v が変化することで発振周波数が変化する動作を利用している。

つまり，「信号波電圧の変化→静電容量の変化→発振周波数の変化」というように，信号波電圧を音声信号と考えれば音声信号によって搬送波の周波数が偏移することになる。

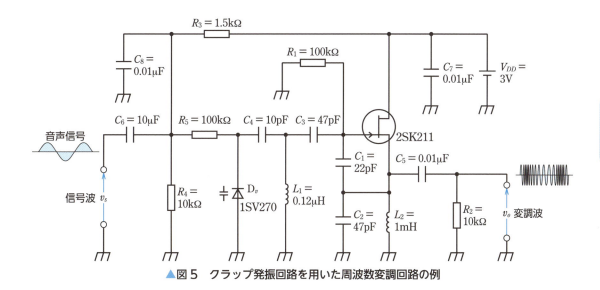

▲図5 クラップ発振回路を用いた周波数変調回路の例

3 周波数変調波の復調

周波数変調波の復調は，変調波の周波数の偏移を振幅の変化に変換しなければならない。これには LC 共振回路を利用する方法と，位相を比較する回路を利用する方法がある。

1 LC 共振回路を利用した周波数変調波の復調

図6(a)は，LC 並列共振回路を用いた周波数変調波の復調回路である。図6(b)のように，LC 並列共振回路の共振曲線の ac 間を利用して，次のように周波数の偏移を振幅の変化に変換する。

① 周波数変調波の中心周波数を f_c とすると，f_c が共振曲線 ac 間の中央部 b になるようにする。

❶ 共振曲線の傾斜部分にあたる ac 間を利用するので，スロープ検波と呼ばれる。

この検波方式は，共振曲線の傾斜部分が直線ではないので，検波出力がひずむ。また，周波数変調波の振幅が雑音などで変化した場合も検波してしまうので，雑音に弱い。

② 変調波の周波数偏移 $\pm \Delta f$ によって共振回路の両端の電圧は $\pm \Delta V$ だけ変化する。つまり，周波数の偏移が電圧の変化となるため，周波数変調波が振幅変調波に変わる。

③ これを，ダイオード D によって振幅検波すれば，検波出力が得られる。C_2, R_L は，それぞれ p. 219 図 12 の C, R の動作と同じ働きである。

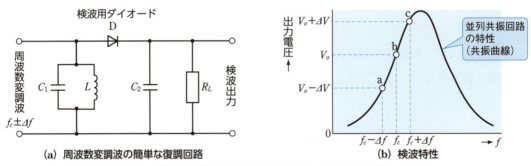

(a) 周波数変調波の簡単な復調回路　(b) 検波特性

▲図 6　周波数偏移を振幅の変化に変換する方法

問 2　図 6 の回路は，振幅変調波の復調に使われたものと同じ回路構成である。この回路において，振幅変調と周波数変調の復調時に得られる信号波の大きさの違いを説明せよ。

2　クワッドラチャ検波回路

図 7 は，クワッドラチャ検波回路による周波数変調波の復調回路である。移相回路は位相を変化させる回路で，周波数変調波 v_{FM} の中心周波数 f_0 では移相回路の出力 v_{FM}' が 90° 進むようにする。

❶ quadrature

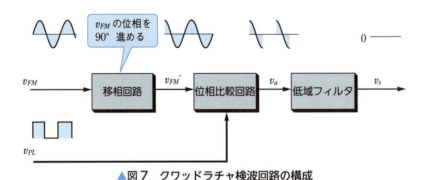

▲図 7　クワッドラチャ検波回路の構成

また，周波数が高くなり$f_0+\Delta f$のときには，移相回路の出力は90°より進ませるようにし，逆に周波数が低くなり$f_0-\Delta f$のときには，移相回路の出力は90°より遅れるようにする。このように，中心周波数f_0を基準に周波数が変化すると，v_{FM}'の位相が90°より進んだり遅れたりする。

　位相比較回路には，v_{FM}に同期した方形波v_{PL}と移相回路の出力v_{FM}'が入力され，方形波が正のときだけv_{FM}'の信号を出力するように動作する。

　図8(a)のように，v_{FM}の周波数がf_0のときには，網掛け部分のv_aが取り出されるため，低域フィルタで平均化された出力信号v_sは0になる。

　また図8(b)のように，$f_0+\Delta f$になるとv_sは負に，図8(c)のように$f_0-\Delta f$になるとv_sは正になる。このようにv_{FM}の周波数が変化すると低域フィルタの出力電圧が変化して，復調することができる。

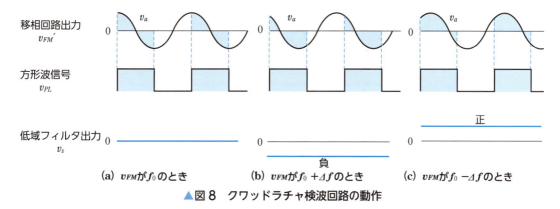

(a) v_{FM}がf_0のとき　　(b) v_{FM}が$f_0+\Delta f$のとき　　(c) v_{FM}が$f_0-\Delta f$のとき

▲図8　クワッドラチャ検波回路の動作

Let's Try　FM変調波を復調する方式には，ここで学んだほかに，どのような方式があるか，その原理などをグループで調べて発表してみよう。

製作コーナー

FM ワイヤレスマイクロホンの製作

FM ワイヤレスマイクロホンを製作して，FM ラジオ受信機で受信してみよう。

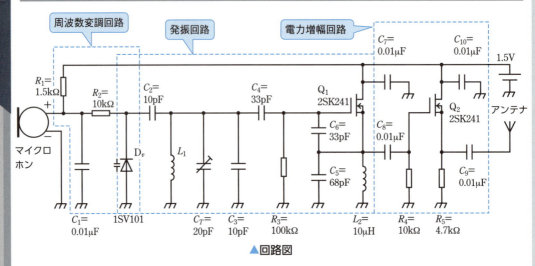

▲ 回路図

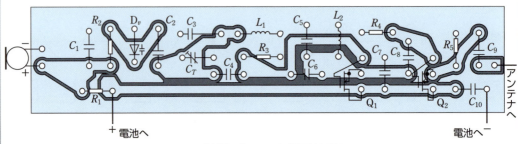

▲ 回路基板パターンと部品配置図

使用部品 マイクロホン（エレクトレットコンデンサマイクロホン），可変容量ダイオード（1SV101），FET（2SK241×2），抵抗（1.5 kΩ，4.7 kΩ，10 kΩ×2，100 kΩ），コンデンサ（10 pF×2，33 pF×2，68 pF，0.01 μF×5），半固定コンデンサ（20 pF），インダクタ（10 μH），ホルマル線（直径 0.5 mm），電池ボックス（単三 1 個使用），アンテナ（1 m 程度の被覆電線），プリント基板

使用工具 ニッパ，ラジオペンチ，ドライバ，はんだごて

動作確認
(1) 製作回路図と部品配置図を参考に，回路を製作する。コイル L_1 は，ホルマル線を直径 6 mm 程度の棒に，密に 4 回ほど巻きつけて製作する。
(2) FM ラジオ受信機のチャネルを，FM ラジオ放送をしていない周波数に合わせる。
(3) 製作した回路に電池を取りつける。
(4) 指でマイクロホンを軽くたたきながら，半固定コンデンサの調整部分を回転して発振周波数を調整する。たたく音が FM ラジオ受信機からはっきり聞こえた位置で回転を止める。なお，回転のさいは，高周波誘導を受けないように，絶縁体でできたドライバを使い，ゆっくり行う。
(5) マイクロホンに向かって音声を出し，ラジオ受信機から音声が出ることを確認する。

4節 その他の変調・復調

この節で学ぶこと 振幅変調や周波数変調のほかに，周波数の安定な水晶発振回路を利用できる位相変調方式やこれらを活用したディジタル変調および復調を学ぶ。また，パルス波を搬送波にしたパルス変調の概要も学ぶ。

1 位相変調（PM）・復調

1 位相変調

位相変調は，搬送波の周波数を直接変化させずに，振幅を一定に保ったまま，信号波の値の変化量によって，搬送波の位相を変位させる変調方式である。

つまり，信号波の変化がなければ搬送波の位相を変化させず，信号波の変化が正ならば搬送波の位相を ＋ 方向に，信号波の変化が負ならば搬送波の位相を － 方向に偏移させる。図1(b)に，信号波の変化（Δv_s）のようすを示し，図1(c)に，信号波の変化に対応する位相偏移量 θ を示す。搬送波の位相を θ 偏移させると，図1(d)のような位相変調波を得る。

位相変調波は，p.220 図1に示す周波数変調波と比較すると，信号波の位相を $\frac{\pi}{2}$ rad 進めた形と同じになる。❶

位相変調は，搬送波の周波数を直接変化させずに周波数偏移が得られるので，変調に関係なく一定周波数の安定な発振回路が使用できる。そのため，発振回路として水晶発振回路が使われ，中心周波数の安定な位相変調波が得られる。

2 位相変調波の復調

位相変調波は，周波数変調波の復調で利用された回路を用いて，同じように復調できる。

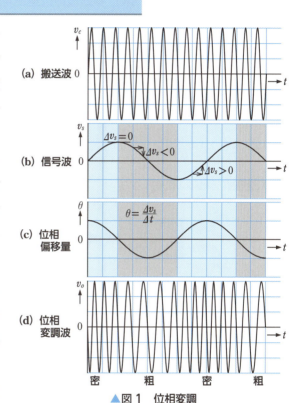

▲図1 位相変調

❶ p.220 と同じ信号波 $v_s = V_{sm} \sin 2\pi f_s t$ で搬送波を位相変調すると，変調波 v_o は，変調指数 m_p を用いて，次の式で表される。
$v_o = V_{cm} \sin (2\pi f_c t + m_p \sin 2\pi f_s t)$
この式は，p.221 式(3)より $\frac{\pi}{2}$ rad 進んでいる。

4 その他の変調・復調 **227**

2 ディジタル変調・復調

1 ディジタル変調の種類

ディジタル変調は，おもにディジタル信号を用いた通信に使われる。変調波には，図2のように，ディジタル情報をもつ信号波の0と1の値に応じて，搬送波の振幅を変化させる**振幅偏移変調（ASK）**❶，搬送波の周波数を変化させる**周波数偏移変調（FSK）**❷，搬送波の位相を変化させる**位相偏移変調（PSK）**❸がある。

❶ amplitude shift keying
❷ frequency shift keying
❸ phase shift keying

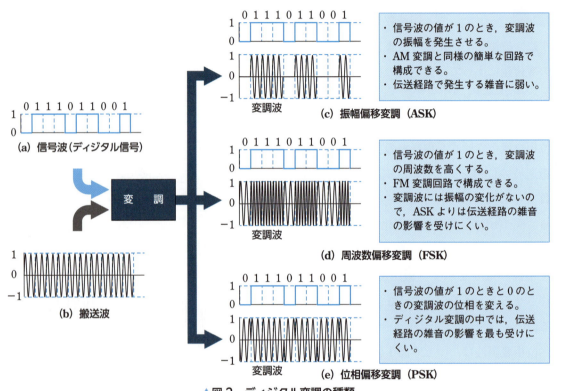

▲図2 ディジタル変調の種類

2 ディジタル変調波の復調

ディジタル変調波をもとのディジタル信号に復調するときには，変調波の振幅や周波数および位相の変化を正確に捉えて処理しなければならない。復調には，図3に示すように，**直交復調**の原理を用いた直交復調器が用いられる。

入力された変調波から，I信号と呼ばれる信号波ベクトルの水平軸成分 $I = V_s \cos\phi$ と，Q信号と呼ばれる信号波ベクトルの垂直軸成分 $Q = V_s \sin\phi$ を得る。得られたI信号とQ信号は，**DSP**❹と呼ばれる演算処理装置で処理されて復調される。

❹ digital signal processor

ディジタル信号を高速で処理できるように専用に設計された演算用ICである。

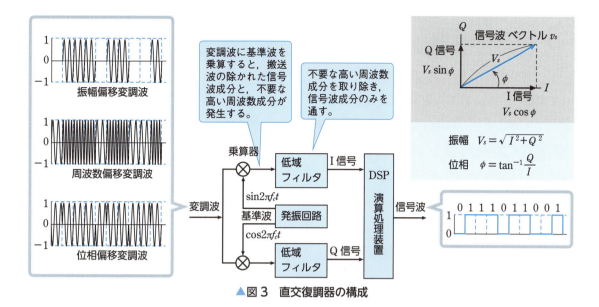

▲図3　直交復調器の構成

　DSPで復調する処理は，振幅偏移変調波に対しては，一定時間ごとに $V_s = \sqrt{I^2 + Q^2}$ を計算することによって，振幅の変化として捉えることができる。また，周波数偏移変調波に対しては，位相 ϕ の変化量を計算することによって，周波数の変化として捉えることができる。位相偏移変調波に対しては，位相 $\phi = \tan^{-1}\dfrac{Q}{I}$ を計算することによって，位相 ϕ の変化として捉えることができる。

　さらに，DSPでその振幅や周波数および位相に応じて，それらをディジタル信号の0, 1として取り出すように処理をすることで，もとのディジタル信号を復調している。

　直交復調器は，ディジタル変調波の復調のみならず，DSPの演算処理によって，振幅変調波や周波数変調波など，あらゆる変調波を復調することもできる。

参考　復調に必要なI信号とQ信号

　変調波から信号波を復調するためには，搬送波と同じ周波数をもつ基準波をつくり，この基準波と変調波を乗算し，低域フィルタを通す。しかし，基準波が一つだけだと，搬送波と基準波の位相がずれた場合，信号波が小さくなったり得られなくなったりする。

　そこで直交復調器では，90°の位相差をもたせた（直交関係をもつ）二つの基準波 $\sin 2\pi f_c t$ と $\cos 2\pi f_c t$ をつくる。これらの基準波をそれぞれ変調波と乗算したあと，低域フィルタを通してI信号とQ信号にする。I信号とQ信号の値を，信号波のベクトル成分として演算することで，変調波と基準波の位相がずれても信号波の振幅や周波数および位相などの情報を捉えることができる。

3 パルス変調

p. 209 で学んだように，搬送波としてパルス波を用いる変調を，**パルス変調**❶という。パルス変調には，図4に示すように，信号波の値に応じて，パルス波の振幅・幅・位置などを変化させる方式がある。

a パルス振幅変調❷　図4(a)に示すように，パルス波の振幅を信号波の値に応じて変化させる変調方式である。

b パルス幅変調❸　図4(b)に示すように，パルス波の幅 w を信号波の値に応じて変化させる変調方式である。

c パルス位置変調❹　図4(c)に示すように，パルスの時間的位置を信号波の値に応じて変化させる変調方式であり，**パルス位相変調**❺ともいう。

d パルス符号変調❻　図4(d)に示すように，信号波の値に応じたパルス符号信号に変換する変調方式である。

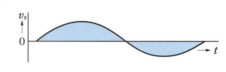
信号波

(a) パルス振幅変調　PAM

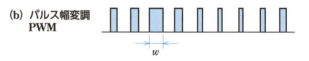
(b) パルス幅変調　PWM

(c) パルス位置変調　PPM

(d) パルス符号変調　PCM

▲図4　パルス変調

図4(a)，(b)，(c)の変調方式は，搬送波がパルス波であり，時間的には不連続な信号であるが，パルスの振幅・幅・位置が，信号波の値に応じて変化し，アナログ変調と考え方は同じである。一方，図4(d)のパルス符号変調は，アナログ信号をA-D変換❼したのち，パルス符号信号を時間的に順次送り出す変調方式で，パルスの有無だけで，もとの信号の情報を送ることができる。したがって，パルスの有無だけを検出できれば，パルスの形や幅などが変化しても正確にもとの情報を取り出すことができる。

パルス符号変調の応用例として，探査衛星を用いて写した遠い惑星の表面の写真を，地上で鮮明に再生することが可能になったことがあげられる。

❶ pulse modulation
❷ pulse-amplitude modulation：PAM
❸ pulse width modulation：PWM
❹ pulse-position modulation：PPM
❺ pulse-phase modulation
❻ pulse-code modulation：PCM
❼ 音声信号のようなアナログ量をパルスのようなディジタル量に変換すること。

この章の **ま と め**

1節

❶ 搬送波を信号波で変化させることを**変調**と呼び，得られた電気振動を**変調波**という。▶ p. 208

❷ 変調には，アナログ信号の信号波を正弦波の搬送波に含ませる**アナログ変調**，ディジタル信号のパルス波を正弦波の搬送波に含ませる**ディジタル変調**がある。また，アナログ信号の信号波をパルス波に含ませる**パルス変調**がある。▶ p. 209

❸ アナログ変調には，**振幅変調**（AM），**周波数変調**（FM），**位相変調**（PM）などがある。▶ p. 209

❹ **振幅変調**は，搬送波の振幅を信号波の値に応じて変化させる変調方式である。▶ p. 209

❺ **周波数変調**は，搬送波の周波数を信号波の値に応じて変化させる変調方式である。▶ p. 209

❻ **位相変調**は，搬送波の位相を信号波の値の変化量に応じて変化させる変調方式である。
▶ p. 210

2節

❼ 振幅変調波の**周波数スペクトル**には，搬送波の周波数のほかに上側波と下側波の周波数成分を含んでいる。▶ p. 212

❽ 振幅変調波の搬送波の大きさ V_{cm} と信号波の大きさ V_{sm} の大きさから，**変調度 m** を求めることができる。▶ p. 213

$$m = \frac{V_{sm}}{V_{cm}}$$

❾ 振幅変調回路には，**コレクタ変調回路**と**ベース変調回路**がある。▶ p. 215

❿ 振幅変調波の復調回路には，ダイオードを利用した**振幅変調波検波回路**が用いられる。
▶ p. 218〜219

3節

⓫ 周波数変調の変調波の周波数がずれることを**周波数偏移**といい，周波数偏移の最大値を**最大周波数偏移**という。▶ p. 220

⓬ 最大周波数偏移 $\varDelta f_p$，信号波の周波数 f_s から，**変調指数 m_f** を求めることができる。▶ p. 221

$$m_f = \frac{\varDelta f_p}{f_s}$$

⓭ 周波数変調波の**占有周波数帯域幅 B** は，次の式になる。▶ p. 221

$$B = 2(\varDelta f_p + f_s) \,[\mathrm{Hz}]$$

⓮ 周波数変調波の復調回路には**クワッドラチャ検波回路**が利用される。▶ p. 224〜225

4節

⓯ ある信号波（正弦波）からつくった位相変調波は，その信号波を $\frac{\pi}{2}$ rad 進めた信号波からつくられる周波数変調波と同じ形になる。▶ p. 227

⓰ 正弦波の搬送波をパルス波で変調するディジタル変調には，搬送波の振幅を変化させる**振幅偏移変調**（ASK），周波数を変化させる**周波数偏移変調**（FSK），位相を変化させる**位相偏移変調**（PSK）がある。▶ p. 228

⓱ 直交復調は DSP の演算処理のしかたで，あらゆる変調波の復調ができる。▶ p. 228〜229

⓲ 搬送波としてパルス波を用いたパルス変調には，**パルス振幅変調**（PAM），**パルス幅変調**（PWM），**パルス位置変調**（PPM），**パルス符号変調**（PCM）がある。▶ p. 230

この章のまとめ **231**

章末問題

1. 振幅変調において，信号波が 100〜8 000 Hz の周波数帯域をもつとき，1 MHz の搬送波を変調すると，どのような周波数スペクトルになるかかけ。また，占有周波数帯域幅はいくらになるか。

2. 振幅変調において，変調波の電力が 500 W であった。変調率 40 % および 60 % のとき，搬送波・上側波・下側波の電力を求めよ。

3. 振幅変調で，信号波の電力をできるだけ大きくするためには，変調度をどのようにすればよいか。また，過変調にした場合の欠点を述べよ。

4. 振幅 1 V の搬送波を変調率 40 % で振幅変調した場合，次の問いに答えよ。
   (1) 変調波の最大振幅・最小振幅を求めよ。
   (2) 側波帯の電力は全体の何パーセントとなるか。

5. 周波数変調において，最大周波数偏移 $\Delta f_p = 50$ kHz，信号波の最高周波数 $f_s = 15$ kHz であるとすると，占有周波数帯域幅はいくらか。

6. 振幅変調において，ベース変調回路とコレクタ変調回路の特徴をあげよ。

7. 単一周波数の信号波を用いて搬送波を振幅変調したところ，変調波には 993 kHz（下側波），1 000 kHz，1 007 kHz（上側波）の周波数成分を含んでいた。このとき，信号波と搬送波の周波数および振幅変調波の占有周波数帯域幅を求めよ。

8. 図1は，搬送波と信号波および変調波の関係を示している。次の問いに答えよ。
   (1) 変調をかけたら，図(c)のような波形になった。変調の方式を答えよ。
   (2) 変調をかけたら，図(d)のような波形になった。変調の方式を答えよ。
   (3) 搬送波 1 000 kHz，信号波 3 000 Hz のときの図(c)の周波数スペクトルを図2に図示し，占有周波数帯域幅を求めよ。
   (4) 図(d)の波形で搬送波が 80 MHz で周波数偏移が 50 kHz，信号波の周波数が 10 000 Hz のときの占有周波数帯域幅を求めよ。

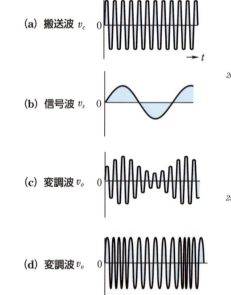

▲図1

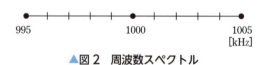

▲図2　周波数スペクトル

第6章 パルス回路

　いままで学んだ増幅回路や発振回路では，入力や出力の信号は，時間とともに連続して変化する信号であった。この章で学ぶパルス回路では，入力や出力の信号は，「ある」または「ない」という二つの状態しか取らないパルスとして表される。パルス回路の発明は，コンピュータが発明されるきっかけとなった。
　この章では，パルスとは何か，電子回路によってどのようにつくられるか，また，パルスが回路を通過したときの変化と，変化したパルスをもとの波形に戻す波形整形などについて学ぶ。

フリップフロップの発明

　フリップフロップは，「ある」または「ない」の二つの状態のどちらかを表して，その状態を保持できる回路である。

　1918年，イギリスの物理学者ウィリアム・ヘンリー・エクルズと，同じくイギリスの物理学者フランク・ウィルフレッド・ジョーダンが，二つの真空管を用いた信号の記憶装置を発明した。この記憶機能はフリップフロップと呼ばれ，コンピュータの原理の基盤となった。

　フリップフロップの語源は，ビーチサンダルをはいて歩いたときに，ペッタンパッタンと聞こえる擬音だといわれている。また，遊具のシーソーは，乗りあわせた二人の子供たちが交互に「上」と「下」を行き来して遊ぶが，フリップフロップでも信号が「ある」か「ない」に変化する。シーソーは，遊び終わると次の子どもが遊ぶまで同じ状態に維持されるように，フリップフロップも次の信号がはいるまで同じ出力状態を維持できる。

　フリップフロップは，「1」または「0」の2進数の情報を記憶する回路として利用されている。

パルス波形とCR回路の応答　　1
マルチバイブレータ　　2
波形整形回路　　3

1節 パルス波形とCR回路の応答

この節で学ぶこと パルス回路では，これまで学んできた正弦波交流とは違って，パルスが利用される。ここでは，パルスに関する基本的な事項とCR回路の応答について学ぶ。

1 パルス波形

パルス[1]とは，変化に要する時間がひじょうに短い電圧や電流であり，一般には図1のような時間的に変化する波形をいう。図1(a)の**方形パルス**[2]は，ディジタル回路などで用いられる。一般にパルスといえば，方形パルスを指す場合が多い。方形パルスは，理想的には方形であるが，実際には図2のような波形になる。図2に方形パルスの各部の名称[3]を示す。

[1] pulse
[2] rectangular pulse
[3] 図2は，パルスの最大値（振幅）を100%として表したものである。
[4] triangular pulse
[5] exponential pulse
[6] 電圧または電流が最大値に対し10%から90%に達するまでの時間[s]をいう。
[7] 電圧または電流が最大値に対し90%から10%に達するまでの時間[s]をいう。
[8] パルスが継続する時間をいう。

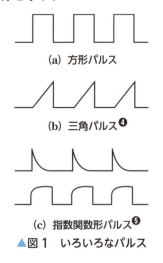

▲図1 いろいろなパルス

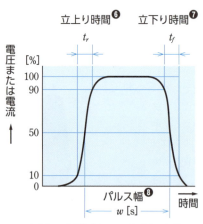

▲図2 方形パルスの各部の名称

図3(a)において，スイッチSをオンにして一定時間後にオフにし，ふたたびオンにする。このように，スイッチの操作を一定周期Tで繰り返すと，抵抗Rの出力電圧の波形としては，図3(b)のような方形パルスが得られる。

[9] duty factor

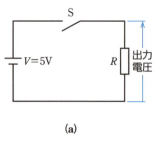
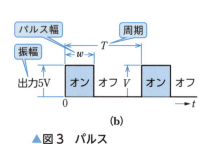

▲図3 パルス

周波数 $f = \dfrac{1}{T}$ [Hz]

衝撃係数[9] $D = \dfrac{w}{T}$

このような理想的な方形パルスは，実際の回路でつくることはできないが，理論的に考えるときの基本波形である。方形パルスは，図 3(b)に示すように，パルス幅 w，振幅 V，周期 T，周波数 f，衝撃係数 D などで表される。衝撃係数 D は，パルス幅 w を周期 T で割った値であり，デューティ比ともいう。

◆ 衝撃係数 　　　$D = \dfrac{w}{T}$ 　　　　　　　　(1)

また，周波数 f [Hz] と周期 T [s] の関係は次のようになる。

◆ 周波数と周期 　$f = \dfrac{1}{T}$ [Hz] 　　$T = \dfrac{1}{f}$ [s] 　　(2)

問 1 パルス幅が $4\,\mu\text{s}$，周期 $0.4\,\text{ms}$ のパルスがある。この波形の周波数 f と衝撃係数 D はいくらか。

2 CR 回路の応答

抵抗とコンデンサによって構成される CR 回路に方形パルスを入力したときの応答は，微分出力と積分出力などに分けられる。

1 微分回路

微分回路は，入力信号の時間に対する変化分（傾き）を近似的に出力する回路である。図 4(a)のような CR 回路において，スイッチを Ⓑ，Ⓐ に切り換えて，図 4(b)のような方形パルスを加えると，R の端子電圧 v_R にどのような電圧波形のパルスが得られるか考えてみよう。

図 4(a)において，最初，コンデンサ C の電荷は 0 とする。そして，$t=0$ でスイッチを Ⓐ（$v=0$）から Ⓑ（$v=V$）に急に切り換えると，C を充電するために充電電流 i が流れる。この充電電流 i は，指数関数的に変化し，次の式で表される。

◆ 充電電流 　$i = \dfrac{V}{R}\varepsilon^{-\frac{t}{CR}} = \dfrac{V}{R}\varepsilon^{-\frac{t}{\tau}}$ [A] 　(3)

ただし，$\tau = CR$ [s] とする。τ は**時定数**といい，充電や放電に必要な時間のめやすになる定数である。τ が小さいほど，充電や放電に要する時間が短い。

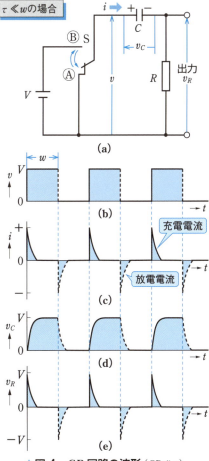

▲図 4　CR 回路の波形（$CR \ll w$）

❶ time constant
時定数が大きいほど，安定になるまで長い時間を必要とすることを意味する。

時定数 τ が，入力方形パルスの幅 w よりじゅうぶん小さい場合，すなわち $\tau \ll w$ の場合について考える。このとき，充電電流 i の波形は，C の充電が短時間で終了するので，図4(c)の実線部分のようになる。

出力電圧 v_R は i に比例するので，次の式で表される。

◆ 出力電圧　　$v_R = Ri = R\dfrac{V}{R}\varepsilon^{-\frac{t}{\tau}} = V\varepsilon^{-\frac{t}{\tau}}$ [V] 　　(4)

したがって，出力電圧 v_R の波形は，i と同じように変化するので，図4(e)の実線部分となる。

次に，$t = w$ でスイッチを⑧($v = V$)から④($v = 0$)に切り換えると，C と R の閉回路が構成される。このとき C には，電荷が充電されているので，時定数が小さいほど，電荷はすみやかに放電する。放電電流 i の方向は，充電のときの逆になるので，図4(c)の破線部分のような波形になる。v_R は i に比例するので，i と同じような波形(図4(e))となる。出力電圧 v_R の波形は，入力方形パルスの電圧 v を時間で微分した波形に似ているので，図4(a)の回路を**微分回路**❶と呼ぶ。図4(d)は，コンデンサ C の端子電圧の波形である。

❶ differentiating circuit

図5は，$\tau = 5\,\mu\mathrm{s}$ のときの充電電流の波形を示している。

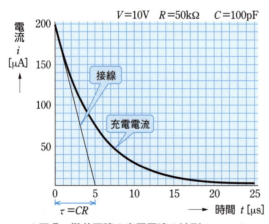

▲図5　微分回路の充電電流の波形 ($\tau = 5\,\mu\mathrm{s}$)

問 2　図4の微分回路において，$V = 10\,\mathrm{V}$，$R = 30\,\mathrm{k\Omega}$，$C = 200\,\mathrm{pF}$ のとき，$t = 2\,\mu\mathrm{s}$ における出力電圧 v_R を求めよ。

2　積分回路

積分回路は，入力信号の振幅と時間とを積算した値を近似的に出力する回路である。図6(a)のような CR 回路で，時定数 τ を方形パルスの幅 w よりひじょうに大

きくしたとき，すなわち，$\tau \gg w$ の場合，出力端子 v_C がどのような波形になるか考えてみよう。

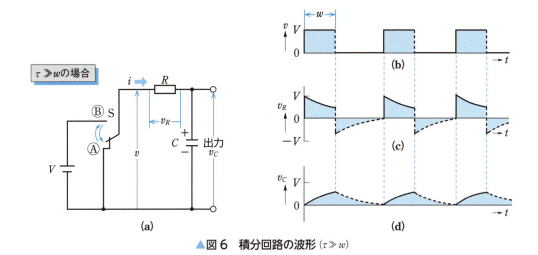

▲図6 積分回路の波形（$\tau \gg w$）

図 6(a) のような CR 回路において，$t=0$ でスイッチを Ⓐ($v=0$) から Ⓑ($v=V$) に切り換えると，v の電圧は図 6(b) の実線部分のように 0 から V に変化する。また，C の充電は，時定数がパルス幅よりじゅうぶん大きいので，ゆっくり行われる。このため電流 i はゆっくりと変化し，C の端子電圧 v_C は，図 6(d) の実線部分のように，ゆっくりと上昇する。

v_C は，式(4)より，次のようになる。

◆ C の端子電圧　　$v_C = V - v_R = V - V\varepsilon^{-\frac{t}{\tau}} = V(1-\varepsilon^{-\frac{t}{\tau}})$　[V]　　(5)

また，v_R の波形は，図 6(c) の実線部分のようになる。

次に，$t=w$ でスイッチを Ⓑ から Ⓐ に切り換え，電圧 v を V から 0 にすると，C と R の閉回路が構成される。このため，C に充電されている電荷が放電し，逆方向に電流が流れる。時定数が大きいので，この放電もゆっくりと行われる。そのため，v_R，v_C の波形は，図 6(c)，(d) の破線部分のような波形になる。出力電圧 v_C の波形は，図 6(d) からわかるように，入力方形パルスの電圧 v を時間で積分した波形に似ているので，図 6(a) の回路を**積分回路**と呼ぶ。

❶ integrating circuit

問 3　図 6 の積分回路において，$V=10$ V，$R=50$ kΩ，$C=100$ pF のとき，$t=3$ μs における出力電圧 v_C を求めよ。

2節 マルチバイブレータ

この節で学ぶこと　方形パルスを出力する代表的な回路として，非安定，単安定，双安定マルチバイブレータの3種類がある。ここでは，各種マルチバイブレータの回路と動作について学ぶ。

1　非安定マルチバイブレータ

非安定マルチバイブレータ❶は，オンまたはオフの状態を維持し続ける安定した状態がなく，一定周期の方形パルスを出力する発振回路である。

図1のように，トランジスタ Tr_1 の出力1を結合回路Aで Tr_2 のベースに CR 結合し，Tr_2 の出力2を結合回路Bで Tr_1 のベースに CR 結合することで，発振回路を構成している。

❶　astable multivibrator

✎　出力信号を入力に同相で戻すことにより，正帰還回路を構成しています。

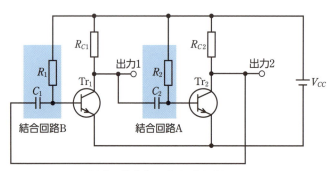

▲図1　非安定マルチバイブレータ

1　結合回路A，Bによる動作原理

図1の Tr_1 をスイッチ S_1 に置き換え，結合回路B（C_1 と R_1）を取り去った回路が，図2である。

① 図2(a)のように，スイッチ S_1 がオフのとき，Tr_2 のベースに

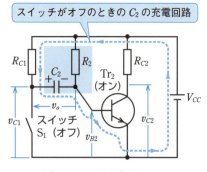

(a) スイッチ S_1 がオフ　　　　　　　　　(b) スイッチ S_1 がオン

▲図2　結合回路Aによるトランジスタの動作

238　第6章　パルス回路

は，V_{CC}とR_2によって順電圧（正の電圧）が加わり，ベース電流が流れるため，Tr_2はオンになる。このとき，C_2には図2(a)の破線の向きに電流が流れ，約V_{CC}の電圧で充電される。

② 次にスイッチS_1をオンにすると，Tr_2のベースには，コンデンサC_2に充電された電圧（v_o）❶が，逆電圧（負の電圧）として加わるので，ベース電流が0になり，Tr_2はオフになる。このとき図2(b)のように，コンデンサC_2の電荷は実線の向きに放電する。

③ 放電によりC_2の電荷が0になると，今度は充電状態になる。C_2の充電電圧が正になり，ベース電流を供給できるようになると，Tr_2はふたたびオンになる。

④ スイッチS_1をオフにすると，①のようにふたたび図2(a)の破線のように電流が流れ，コンデンサC_2が充電される。

これを繰り返すと，図3に示すような波形が得られる。

図3から，Tr_2がオンの状態のとき，スイッチS_1をオンにすると❷，Tr_2はオフになり，コンデンサC_2が放電し，さらに$-V_{BE}$になるまで❸充電すると，Tr_2はオンに戻ることがわかる。逆にTr_2をスイッチに置き換え，結合回路A（C_2とR_2）を取り除いて，Tr_1と結合回路Bでつくった回路でも，Tr_1がオンの状態のとき，スイッチをオンにすると，Tr_1はオフになる。C_1が放電し，さらに$-V_{BE}$になるまで充電すると，Tr_1はオンに戻る。

❶ 時定数がオン，オフ期間よりもじゅうぶん小さければ，C_2に充電される電圧v_oは，電源電圧V_{CC}とほぼ等しくなる。

❷ トランジスタがオンしている期間はV_{BE}は約0.6 Vに保たれる。

❸ $v_o = -V_{BE}$のとき，Tr_2のベースには$+V_{BE}$の電圧が加わっている。

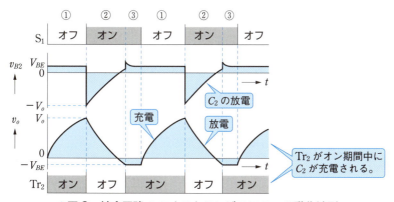

▲図3　結合回路AによるトランジスタTr_2の動作波形

2　結合回路を左右対称にした場合の動作原理

図1の非安定マルチバイブレータは，図2のスイッチのオン・オフをトランジスタと結合回路で自動的に行うようにしたものである。この動作を，図4を用いて考えてみよう。

2　マルチバイブレータ　　**239**

▲図4 図1と同じ回路

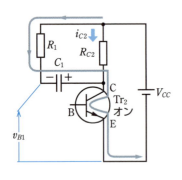
(a) C_1 の放電

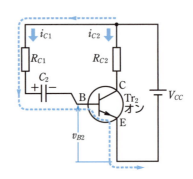
(b) C_2 の充電

▲図5 非安定マルチバイブレータの動作

図4は，図1の回路を，左右対称な形にかき直したものである。

図5(a)は，Tr_1 がオフ，Tr_2 がオンのとき，R_1，C_1 を通して電流が流れるようすを示したものである。さらに図6に，Tr_1 と Tr_2 のベース電圧 v_{B1}，v_{B2}，コレクタ電圧 v_{C1}，v_{C2} の波形を示す。

① 図5(a)で Tr_1 がオフのときは，C_1 の電荷が放電する（Tr_1 がオン状態のときに充電されている）。放電が完了すると，C_1 は図に示した符号と逆向きの電圧に充電され，v_{B1} は正の電圧になる。

② v_{B1} が正の電圧になると，Tr_1 がオンとなる。

③ Tr_1 がオンになると，v_{C1}，すなわち図5(b)の C_2 の左側の電圧

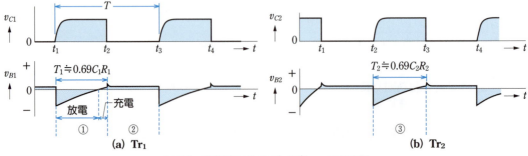

▲図6 非安定マルチバイブレータの波形

はほぼ 0 となるため，Tr_2 のベース電圧 v_{B2}（C_2 の電圧）が負になり，Tr_2 はオフとなる。

④　Tr_1 と Tr_2 が入れ換わって，①〜③の動作が繰り返される。

以上のことから，非安定マルチバイブレータ回路は，Tr_1 と Tr_2 が周期 T で，自動的にオン・オフの動作を繰り返し，出力 1（v_{C1}）と出力 2（v_{C2}）から方形パルスを出力していることがわかる。

図 4 で $R_1 = R_2$，$C_1 = C_2$，$R_{C1} = R_{C2}$ とすると，v_{B1} と v_{B2}，v_{C1} と v_{C2} の波形は，位相が 180° 異なった同じ形となる。

図 6 の T_1，T_2 は，次の式で求められる。

$$\left.\begin{array}{l} T_1 \fallingdotseq 0.69 C_1 R_1 \\ T_2 \fallingdotseq 0.69 C_2 R_2 \end{array}\right\} \quad (1)$$

❶ 定数 0.69 は，図 5(a) のコンデンサの電荷が 0 になるまでの時間を計算することによって求められる数値である。

したがって，周期 T は，次のようになる。

◆ 周期　$T = T_1 + T_2 \fallingdotseq 0.69(C_1 R_1 + C_2 R_2)$　[s]　(2)

例題 1

図 4 の非安定マルチバイブレータで，$C_1 = 0.01\,\mu\mathrm{F}$，$C_2 = 0.02\,\mu\mathrm{F}$，$R_1 = R_2 = 100\,\mathrm{k\Omega}$ としたとき，出力パルス v_{C1} の周期 T，周波数 f および衝撃係数 D を求めよ（T_1 はパルス幅 w と等しい）。

解答　図 7 より周期 T を求める。

$$\begin{aligned} T &= T_1 + T_2 \fallingdotseq 0.69 C_1 R_1 + 0.69 C_2 R_2 \\ &= 0.69 \times (0.01 \times 10^{-6} \times 100 \times 10^3 + 0.02 \times 10^{-6} \times 100 \times 10^3) \\ &= 0.69 \times (1 + 2) \times 10^{-3} = \mathbf{2.07\,ms} \end{aligned}$$

周波数 f と衝撃係数 D を求める（$w = T_1$）。

$$f = \frac{1}{T} = \frac{1}{2.07 \times 10^{-3}} \fallingdotseq \mathbf{483\,Hz}$$

$$D = \frac{w}{T} = \frac{0.69}{2.07} = \frac{1}{3} \fallingdotseq \mathbf{0.333}$$

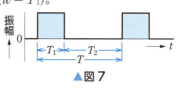

▲図 7

問 1　図 8 で，v_{C1}，v_{C2} の T_1，T_2 と周期 T，周波数 f および衝撃係数 D を求めよ。

問 2　図 4 の非安定マルチバイブレータで，38 kHz の周波数にしたい。$C_1 = C_2 = 0.01\,\mu\mathrm{F}$ としたとき，$R_1 = R_2$ として抵抗の値を求めよ。

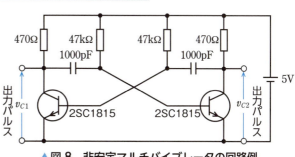

▲図 8　非安定マルチバイブレータの回路例

非安定マルチバイブレータの製作

緑色と赤色の 2 個の LED を交互に点灯させる電子回路を製作しよう。

使用部品 トランジスタ (2SC1815(GR), 2 個), 抵抗 (R_1, R_2：22 kΩ, R_{C1}, R_{C2}：220 Ω), コンデンサ (C_1, C_2：47 μF, 各 1 個), LED$_1$(赤色 1 個), LED$_2$(緑色 1 個), ユニバーサル基板

使用器具 直流電源装置 (5 V), オシロスコープ

使用工具 ニッパ, ラジオペンチ, はんだごて

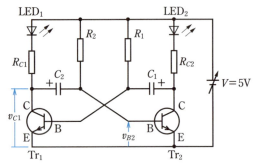

(a) 回路図

LED

トランジスタ

電解コンデンサ

(b) 部品

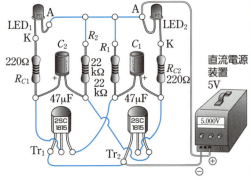

(c) 実体配線図

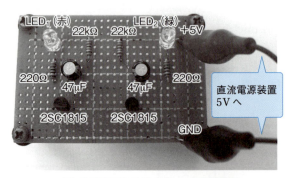

(d) 非安定マルチバイブレータの製作例

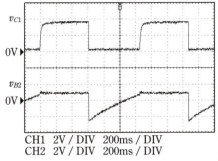

CH1 2V / DIV 200ms / DIV
CH2 2V / DIV 200ms / DIV

(e) 波形

動作確認 (1) 上図を参考に回路を製作し, v_{C1} と v_{B2} をオシロスコープで観測する。

(2) 観測した波形の周期と, $T \fallingdotseq 0.69(C_1 R_1 + C_2 R_2)$ [s] で求められる周期を比較する。

(3) コンデンサ C_1, C_2 を 100 μF, 150 μF と変えて, 周期 T が変わることを確認する。

3 ICを用いた非安定マルチバイブレータ

図9は，NOT回路(IC)を用いた非安定マルチバイブレータの動作説明図である。

❶ NOT回路は入力が「1」のとき，出力は「0」，入力が「0」のとき，出力は「1」になる回路である（p.55参照）。

▲図記号

▼真理値表

入力 A	出力 F
0	1
1	0

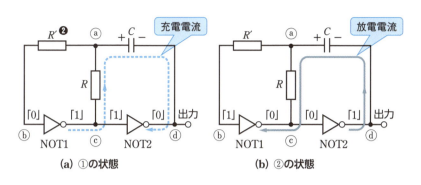

(a) ①の状態　　(b) ②の状態

❷ NOT1に流れる入力電流を制限して，NOT1を保護する抵抗である。

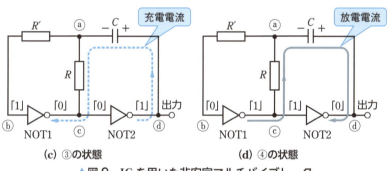

(c) ③の状態　　(d) ④の状態

▲図9 ICを用いた非安定マルチバイブレータ

動作原理は，次のようになる。

① はじめに，コンデンサ C の電荷を0，NOT1の入力「0」出力「1」，NOT2の入力「1」出力「0」とすると，C の充電がはじまる。その充電経路は，図9(a)のように，NOT1の出力「1」❸→ⓒ→抵抗 R →ⓐ→ C →ⓓ→NOT2の出力「0」❸と流れる。また，ⓑの電圧はⓐと同電圧（以下入力電圧ⓑはⓐとして扱う）であるから，0 Vから充電とともに上昇する。

② ⓐの電圧がやがてスレッショルドレベル❹に達すると，NOT1とNOT2が反転する。同時にNOT1の入力は，C に充電された電圧（電源電圧の約半分 2.5 V）とNOT2の出力「1」を合わせた 2.5＋5 Vの電圧すなわち約 7.5 V❺が加わり，入力「1」を確定する。

次に，C にたくわえられた電荷を放電しはじめる。放電経路は，図9(b)のように，C →ⓐ→ R →ⓒ→NOT1の出力「0」→NOT1とNOT2の内部共通電源❻→NOT2の出力「1」→ⓓ→ C と流れ

📝 NOT回路の動作と電流の関係について，p. 55〜56で学んだことを復習しておきましょう。

❸ 本書では，「0」は0 V，「1」は5 Vとして扱う。

❹ threshold level
ディジタル回路の入力電圧において「1」と「0」の境目の電圧のこと。電源電圧の約半分(2.5 V)とする。

❺ 入力電圧が電源電圧より過電圧となるが，保護回路を内蔵している。

❻ NOT素子は一つのICパッケージに複数内蔵しており，各素子の電源は共通になっている。

2 マルチバイブレータ

る。そして，ⓐの電圧は放電とともに降下していく。

　Cの放電が完了するとⓐの電圧は電源電圧とほぼ同じになり，NOT1の入力は約5Vで「1」のままである。

③　次に，Cを充電しはじめる。その充電経路は，図9(c)のように，NOT2の出力「1」→ⓓ→C→ⓐ→R→ⓒ→NOT1の出力「0」と流れる。ⓐの電圧は，充電とともに下降する。

④　やがて，ⓐの電圧がスレッショルドレベルに達すると，NOT1とNOT2が反転する。同時にNOT1の入力は，Cに充電された電圧2.5VとNOT2の出力「0」を合わせた電圧すなわち約−2.5V❶が加わり入力「0」を確定する。

　次に，Cの電荷を放電しはじめる。その放電経路は，図9(d)のように，C→ⓓ→NOT2の出力「0」→電源→NOT1の出力「1」→ⓒ→R→ⓐ→Cと流れる。ⓐの電圧は，放電とともに上昇する。

　放電が完了するとⓐの電圧は0Vになり，NOT1の入力は「0」のままで，①の状態に戻り，①から④を繰り返す（図10）。

以上のことから，ⓓの電圧は，ある一定の周期をもつ方形パルスを出力していることがわかる。

❶ ⓐの電圧は，NOT2の出力が0Vより2.5V低い値，−2.5Vとなる。また，入力電圧が電源電圧より低い電圧となるが，保護回路を内蔵している。

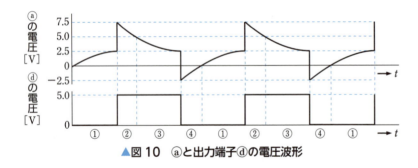

▲図10　ⓐと出力端子ⓓの電圧波形

この回路は，周波数精度はよくないが，簡単な構成でできる発振器として用いられている。

なお，この回路の発振周波数 f は次の式で表される。

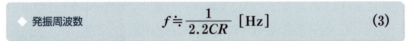

◆発振周波数　　$$f \fallingdotseq \frac{1}{2.2CR} \; [\text{Hz}] \qquad (3)$$

問 3　図9の非安定マルチバイブレータにおいて，$R=2\,\text{k}\Omega$，$C=0.1\,\mu\text{F}$ のときの発振周波数 f を求めよ。

製作コーナー

ICを用いた非安定マルチバイブレータの製作

CMOS IC(74HC04)を用いた非安定マルチバイブレータを製作してみよう。

- **使用部品** CMOS IC(74HC04), 抵抗(R：半固定抵抗 $500\,\mathrm{k\Omega}$, R'：$1\,\mathrm{M\Omega}$, R_o：$330\,\Omega$), コンデンサ(C：$1\,\mu\mathrm{F}$), LED, ユニバーサル基板
- **使用器具** 直流電源装置(5 V), オシロスコープ
- **使用工具** ニッパ, ラジオペンチ, はんだごて

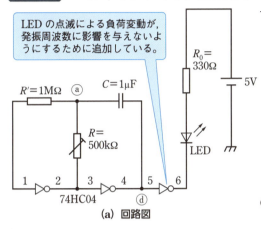

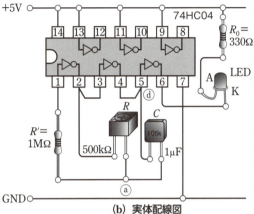

(a) 回路図　　(b) 実体配線図

LEDの点滅による負荷変動が, 発振周波数に影響を与えないようにするために追加している。

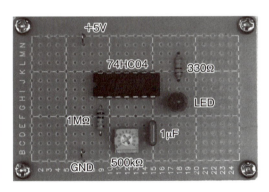

(c) 非安定マルチバイブレータの製作例　　(d) 波形

CH1　5V / DIV　100ms / DIV
CH2　5V / DIV　100ms / DIV

製作上の注意

① 74HC04の未使用入力端子は, 誤動作を防ぐために, +5V（Hレベル）またはGND（Lレベル）に接続する。

② 半固定抵抗器は, 右図のように接続すると, 時計まわりに抵抗値が増加する。

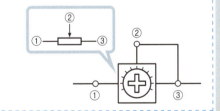

動作確認　(1) 上図を参考に回路を製作し, ⓐとⓓの電圧をオシロスコープで観測する。
(2) 観測データから周期 T [s] を求め, $T \fallingdotseq 2.2RC$ [s] となることを確認する。
(3) 半固定抵抗を調整し, LEDの点滅周期が変わることを確認する。

2　単安定マルチバイブレータ

単安定マルチバイブレータは，入力端子にトリガ信号が加わると，一定の時間幅をもったパルスを一つ出力して，つねに一つの安定した状態に戻る回路である。

図11は，**NAND回路**(IC)を用いた単安定マルチバイブレータの原理図である。回路の動作原理は，次のようになる。

① 図のように，NAND1の入力は二つあり，一方はNAND2の出力側と接続され，他方はトリガ入力端子である。はじめの状態で，この入力端子は「1」である。トリガパルスが加わると瞬間的に「0」になるが，またもとの「1」に戻る。

② いま，入力ⓐに，瞬間的に「0」になるトリガ信号が加えられると，出力ⓓの状態にかかわらず，NAND1の出力ⓑは「1」になる。このため，コンデンサ C は充電され，その充電電流は抵抗 R を通って流れる。充電電流が流れて R の端子電圧が高い間は，ⓒは「1」であり，NAND2(これはNOT回路の機能)の出力ⓓは「0」になる。この「0」の期間が出力のパルス幅 w [s] になる。充電電流が減少して，R の端子電圧がスレッショルドレベルより低くなると，NAND2の出力ⓓが「1」となり，C の電荷は放電され図11のような波形が得られる。パルス幅 w は次の式で表される。

◆ パルス幅
$$w \fallingdotseq 0.69RC \ [\text{s}] \tag{4}$$

単安定マルチバイブレータは，トリガ信号を入力に加えると，一定のパルス幅をもった出力が得られる。一定時間だけ動作するタイマ回路や，基準時間を設定する計数回路などに用いられている。

❶ トリガパルスともいう。トリガ(trigger)には，「引き金」の意味がある。入力端子にトリガ信号を加えると，この信号が引き金になって出力が得られる。

❷ NAND回路は，2入力のうち一つでも「0」であれば，出力が「1」になり，2入力すべてが「1」のとき出力が「0」になる回路である。

▲図記号

▼真理値表

入力		出力
A	B	F
0	0	1
0	1	1
1	0	1
1	1	0

❸ このことから，ワンショットマルチバイブレータとも呼ばれる。

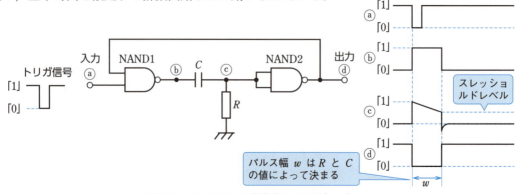
▲図11　ICを用いた単安定マルチバイブレータ

問 4 図11の回路において，$C=1\,\mu\text{F}$ のとき，10 ms のパルスを出力するためには，抵抗 R を何 Ω にすればよいか。

3 双安定マルチバイブレータ

双安定マルチバイブレータは，**フリップフロップ**❶（**FF**）とも呼ばれ，二つの出力端子をもち，入力パルスが与えられると「1」または「0」の状態になり，二つの安定した状態を切り替えることができる回路である。いったん状態が変化すると，入力パルスがなくてもその状態を保持することから，記憶作用の働きをもつ。フリップフロップは，入力端子の機能や使い方により，いくつかの種類に分けられる。

❶ flip-flop

1 RS フリップフロップ

図12は，NAND回路を用いたRSフリップフロップ（RS-FF）である。はじめの状態を $Q=0$, $\overline{Q}=1$ とした場合の動作は，次のようになる。

いま，入力 S が「1」，R が「0」になったとすると，NAND1の出力 Q は，「0」から「1」に変わる。この「1」が NAND2 の入力端子ⓑに加わる。一方，R が「0」でⓓが「1」になるから，NAND2 の出力 $\overline{Q}$ は，「1」から「0」に変わる。この「0」が NAND1 の入力端子ⓐに加わって，安定な状態となる。

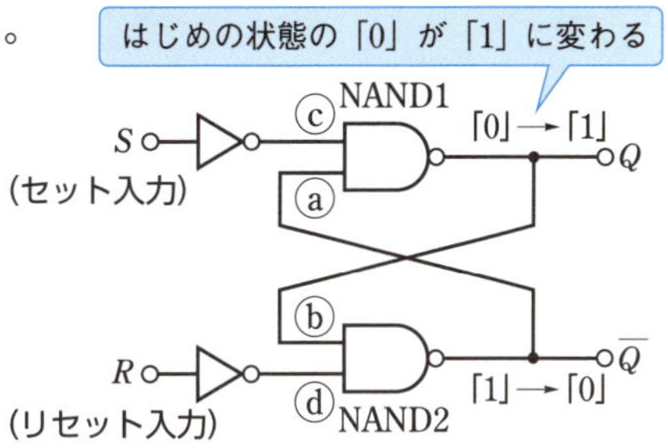

▲図12　RS フリップフロップ回路

図13(b)は真理値表であり，図13(c)はタイムチャート❷である。

❷ time chart
複数の信号の関係を時間軸に表した図をいう。

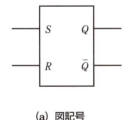

入力端子		出力端子		動作
S	R	Q	$\overline{Q}$	
0	0	Q	$\overline{Q}$	保持
0	1	0	1	リセット
1	0	1	0	セット
1	1	/	/	定義なし

(a) 図記号　　　　(b) 真理値表　　　　(c) タイムチャート

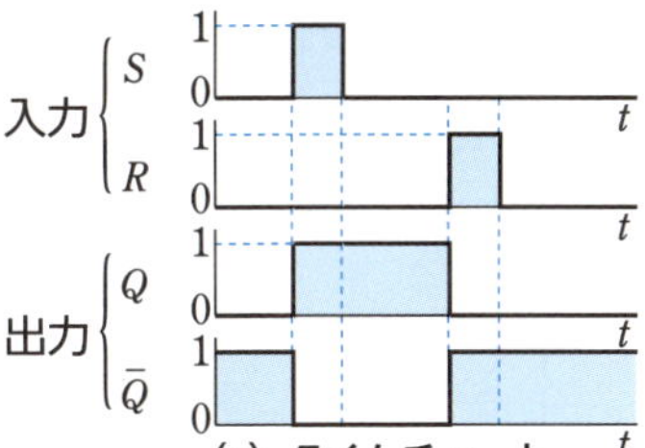

▲図13　RS フリップフロップ回路

① $S=0$, $R=0$ のとき，出力 Q, $\overline{Q}$ は変化せず，まえの状態が保たれる。この状態を**保持状態**という。

② $S=0$, $R=1$ のとき，$Q=0$, $\overline{Q}=1$ となる。この状態を**リセット状態**という。

③ $S=1$, $R=0$ のとき，$Q=1$, $\overline{Q}=0$ となる。この状態を**セット状態**という。

④ $S=1$, $R=1$ の場合は，次に $S=0$, $R=0$ となったときに出力が定まらず不安定な状態である。このため，このような使い方をしてはいけない。

2 その他のフリップフロップ

表1に，クロックパルス CK の立下りに同期して出力 Q と $\overline{Q}$ の値を決める代表的なフリップフロップを示す。

❶ クロックパルス入力端子 CK の◁▷印は，立下がりで動作することを示し，○印がない場合は，立上がりで動作することを示す。

❷ delay flip-flop

❸ toggle flip-flop

▼表1　その他のフリップフロップ

図記号	真理値表	タイムチャート
D フリップフロップ❷ (D-FF)	入力 D の状態が，CK の立下がりに同期して出力される。	

入力端子		出力端子	
D	CK	Q	$\overline{Q}$
0	⬆	0	1
1	⬆	1	0

図記号	真理値表	タイムチャート
T フリップフロップ❸ (T-FF)	$T=1$ のとき，CK の立下がりに同期して，出力 Q と $\overline{Q}$ の状態が反転する。	

入力端子		出力端子		動作
T	CK	Q	$\overline{Q}$	
0	⬆	Q	$\overline{Q}$	保持
1	⬆	$\overline{Q}$	Q	反転

図記号	真理値表	タイムチャート
JK フリップフロップ (JK-FF)	$J=1$, $K=0$ にした場合は，CK の立下がりで $Q=1$, $\overline{Q}=0$ となる。$J=0$, $K=1$ にした場合は CK の立下がりで，$Q=0$, $\overline{Q}=1$ となる。$J=K=1$ とすれば，CK の立下がりごとに Q と $\overline{Q}$ が反転する。	

入力端子			出力端子		動作
J	K	CK	Q	$\overline{Q}$	
0	0	⬆	Q	$\overline{Q}$	保持
0	1	⬆	0	1	リセット
1	0	⬆	1	0	セット
1	1	⬆	$\overline{Q}$	Q	反転

Let's Try

RS フリップフロップが手にはいらないとき，表1のフリップフロップを用いて代用する方法を考えてみよう。

3節 波形整形回路

この節で学ぶこと パルスの波形の変形や雑音の混入があると，いろいろな機器に誤動作が生じることがある。これを防ぐために，データ通信回路などでは，波形をもとのきれいな波形に整えたり，波形の一部を取り出したりする波形整形回路が用いられる。ここでは各種の波形整形回路について学ぶ。

1 クリッパ

入力波形の電圧の上部か下部をあるレベルで切り取る回路を**クリッパ**❶という。クリッパには，ピーククリッパとベースクリッパの2種類がある。これらの回路は，第5章で学んだパルス変調波を復調するときなどに用いられる。

❶ clipper

1 ピーククリッパ

図1の回路において，入力電圧 V_i が正電圧で $V_i > V$ のとき，ダイオードDには順方向の電圧が加わるのでダイオードに順電流が流れる。このとき，出力電圧 $V_o = V + V_F$ となる。ただし，V_F はダイオードの順方向の電圧である❷。また，$V_i < V$ のときは，ダイオードDに逆電圧が加わるのでダイオードには電流が流れない。このとき出力電圧 $V_o = V_i$ となる。

❷ ここでは簡単にするため V_F を0として考える。

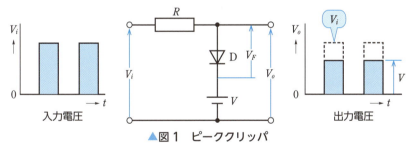

▲図1 ピーククリッパ

2 ベースクリッパ

図2の回路において，入力電圧 V_i が正電圧もしくは V_i が負電圧で $|V_i| < |V|$ のとき，ダイオードDには逆方向の電圧が加わり，電流は流れない。

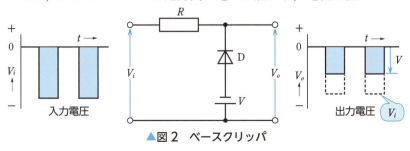

▲図2 ベースクリッパ

このとき，出力電圧 $V_o = V_i$ となる。また，V_i が負電圧で $|V_i| > |V|$ のときは，ダイオード D には順電圧が加わり，順電流が流れる。このとき，出力電圧 $V_o = -V$ となる。

2 リミタ

図3の回路のように，ピーククリッパとベースクリッパを組み合わせた回路を**リミタ**[❶]といい，入力電圧の上部と下部をあるレベルで切り取る回路である。

❶ limiter

ダイオード D_1 と電圧 V_1 で波形の上部を切り取り，ダイオード D_2 と電圧 V_2 で波形の下部が切り取られ，出力波形は上下が切り取られた形となる。

この回路は，正弦波交流電圧から方形波交流電圧に近い波形をつくるときに使われる。また，FMラジオ受信機の音声回路（振幅制限回路）に用いられている。

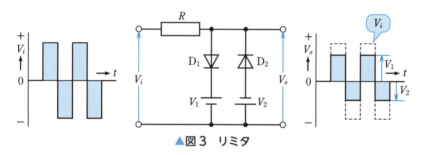

▲図3　リミタ

3 スライサ

図4の回路のように，入力波形の一部を薄く切って取り出す回路を**スライサ**[❷]という。

❷ slicer

入力電圧 V_i が V_1 より大きいとダイオード D_1 が導通状態となり，V_i が V_2 より小さいと D_2 が導通状態となり，出力波形は図のようになる。

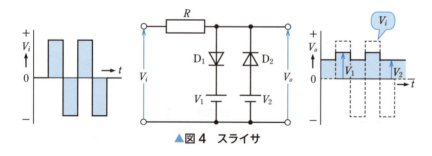

▲図4　スライサ

この回路は，ディジタル通信系のパルス幅変調回路などに用いられている。

4 クランプ

入力波形を全体的に押し上げたり，押し下げたりして出力する回路を**クランプ**❶という。クランプには，正クランプと負クランプがある。これらの回路は，IC やマイコンの過電圧保護回路などに用いられている。

❶ clamp

1 正クランプ

図 5 の回路において，入力電圧 V_i が負電圧のときは，ダイオード D に順方向電流が流れ，コンデンサ C が図に示す極性で充電される。このとき，出力電圧 $V_o=0$ となる。そして，V_i が 0 になると C は放電する。このとき D には電流が流れず，V_o は，C の放電電圧となる。つまり，この正クランプは，入力波形を最小電圧が 0 V となるように押し上げて出力する。

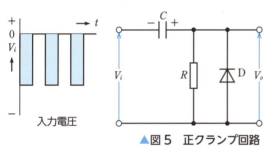
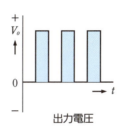

▲図 5　正クランプ回路

2 負クランプ

図 6 の回路において，入力電圧 V_i が正電圧のときは，ダイオード D に順方向電流が流れ，コンデンサ C が図に示す極性で充電される。このとき，出力電圧 $V_o=0$ となる。そして，V_i が 0 になると C は放電する。このとき D には電流が流れず，V_o は，C の放電電圧となる。つまり，この負クランプは，入力波形を最大電圧が 0 V となるように押し下げて出力する。

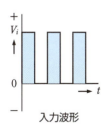
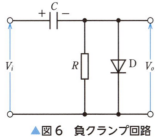
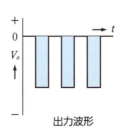

▲図 6　負クランプ回路

5 シュミットトリガ回路

　図7(a)は，一般的な**バッファ回路**[1]の入出力特性である。入力電圧が0から次第に増加していき，スレッショルドレベル V_t を超えると，出力電圧は V_H(5 V) となる。また，入力電圧が次第に減少していき，同じスレッショルドレベル V_t を下まわると，出力電圧が V_L(0 V) になる。

　これに対して，図7(b)の回路では，入力電圧が増加するときに出力電圧 V_H(5 V) を出力するスレッショルドレベル V_{t+} と，入力電圧が減少したときに出力電圧 V_L(0 V) を出力するスレッショルドレベル V_{t-} があり，たがいに異なる値をもつ。このような特性を**ヒステリシス**[2]といい，ヒステリシスをもつ回路を**シュミットトリガ回路**[3]という。

[1] buffer circuit 緩衝回路ともいう。

[2] hysteresis

[3] Schmidt trigger circuit

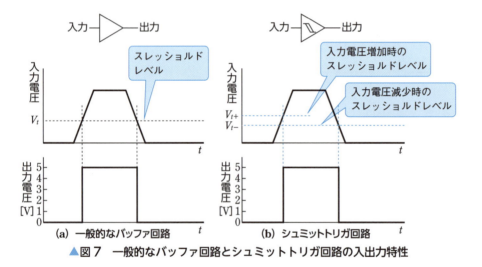

▲図7　一般的なバッファ回路とシュミットトリガ回路の入出力特性

　シュミットトリガ回路は，入力端子に与える信号成分に含まれる雑音電圧を除去し，波形を整形する回路として用いられる。

　図8に，雑音電圧を含む1個のパルスであった入力信号（図8(a)）に対して，一般的なバッファ回路とシュミットトリガ回路の出力電圧波形の違いを示す。

　図8(b)のように，一般的なバッファ回路では，「1」(5 V) と「0」(0 V) を判定するスレッショルドレベル付近の雑音電圧があると，誤った波形（3個のパルス）を出力してしまう。

　一方，図8(c)のように，シュミットトリガ回路では，V_{t+} と V_{t-} の範囲内に雑音電圧があるかぎり，雑音電圧の影響は出力波形に現れる

ことがないため、雑音を除去して波形を整形することができる。このため、もとの入力信号と同じ数の1個のパルスが出力されている。

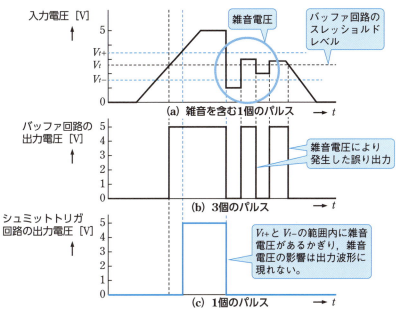

▲図8 バッファ回路とシュミットトリガ回路の波形整形の比較

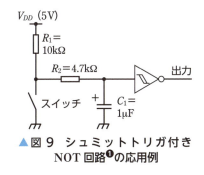

▲図9 シュミットトリガ付きNOT回路❶の応用例

図9は、スイッチ回路にシュミットトリガ付きNOT回路を利用した例である。機械的なスイッチの接点には**チャタリング**❷によって雑音が発生するため、ディジタル回路では誤動作の原因になることが多い。そこで、R_1とR_2、C_1によって決まる時定数を大きくすることにより、C_1への充電と放電が緩やかに行われるようにし、シュミットトリガ回路と組み合わせることで、チャタリングによって発生する雑音を取り除くことができる。

> **Let's Try** チャタリングを除去するいろいろな方法について、グループで調べて発表してみよう。

❶ 実際にシュミットトリガ回路を用いるさいにはNOT回路を活用することが多い。シュミットトリガ付きのNOT回路のICとして74HC14がある。電源電圧5Vにおけるスレッショルド電圧は、V_{t+}が約3V、V_{t-}が約2Vである。

❷ 機械的なスイッチがオン、オフされるとき、その接点が振動し、ごく短時間にオン、オフを繰り返してから、オンまたはオフの状態に落ち着く現象のこと。

3 波形整形回路 253

この章の **まとめ**

1節

❶ パルスの**周波数** f [Hz] とパルスの**衝撃係数** (デューティ比)D は，次の式で表される。▶ p. 235

$$f = \frac{1}{T} \,[\text{Hz}] \quad (T：周期)$$

$$D = \frac{w}{T} \quad (w：パルス幅)$$

❷ **微分回路**は，入力信号の時間に対する変化分を近似的に出力する回路であり，CR の直列回路で構成される。この回路の時定数の値 $\tau = CR$ [s] を入力のパルス幅よりじゅうぶんに小さくすれば，出力波形 (抵抗の端子電圧) は，入力の方形波電圧を微分した波形になる。
▶ p. 235〜236

❸ **積分回路**は，入力信号の振幅と時間とを積算した値を近似的に出力する回路であり，CR の直列回路で構成される。この回路の時定数の値 $\tau = CR$ [s] を入力のパルス幅よりじゅうぶんに大きくすれば，出力波形 (コンデンサの端子電圧) は，入力の方形波電圧を積分した波形になる。▶ p. 237

2節

❹ 方形パルスを出力する代表的な回路として，**非安定**，**単安定**，**双安定マルチバイブレータ**の 3 種類がある。とくに双安定マルチバイブレータは**フリップフロップ**ともいう。▶ p. 238〜248

❺ **非安定マルチバイブレータ**は，一定の周期 T をもった方形パルスを出力する発振回路である。▶ p. 238〜244

❻ **単安定マルチバイブレータ**は，トリガ信号を与えると，一定のパルス幅をもったパルスを一つ出力する回路である。▶ p. 246

❼ **双安定マルチバイブレータ** (フリップフロップ) は，二つの出力端子をもち，入力パルスが与えられると「1」または「0」を出力する回路である。出力の状態が変化すると，入力パルスがなくてもその状態を保持するため，記憶作用の働きをもつ。▶ p. 247

3節

❽ **クリッパ**，**リミタ**，**スライサ**，**クランプ**は，ダイオード・抵抗・直流電源を組み合わせた回路で構成され，入力波形の一部を取り出したり，切り取ったりする回路である。▶ p. 249〜251

❾ **シュミットトリガ回路**は，入力端子に与える信号成分に含まれる雑音電圧を除去する波形整形回路として用いられる。▶ p. 252

章末問題

1 図1のような方形波パルスにおいて，次の量を表す名称を下記の語群から選び，（ ）内に記入せよ。

a : (　　　)① 　　b : (　　　)②

c : (　　　)③ 　　$\dfrac{1}{c}$: (　　　)④ 　　$\dfrac{a}{c}$: (　　　)⑤

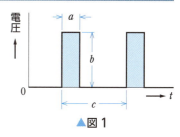

▲図1

語群　ア．衝撃係数　イ．振幅　ウ．周波数　エ．待ち時間　オ．パルス幅　カ．周期

2 周波数 5 kHz，パルス幅 5 μs の方形パルスがある。この波形の周期 T と衝撃係数 D を求めよ。

3 図2に示すパルスの各部の名称を下記の語群から選び，（ ）に記入せよ。ただし，パルスの最大値（振幅）を 100 % として表している。

語群　ア．周波数　イ．パルス幅　ウ．立下り時間　エ．立上り時間　オ．周期

4 図3の回路でスイッチSを入れたときの v_R と v_C の波形の概略をかけ。また，$R = 50\,\Omega$，$C = 20\,\mu\text{F}$ としたときの時定数 τ はいくらか。

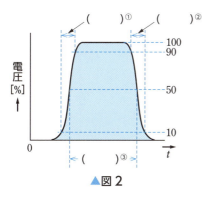

▲図2

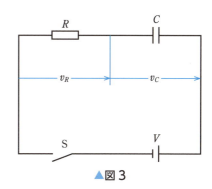

▲図3

5 図4は単安定マルチバイブレータの回路図である。$C = 0.47\,\mu\text{F}$，$R = 15\,\text{k}\Omega$ としたとき，トリガ信号によって出力されるパルス幅 w [s] はいくらか。

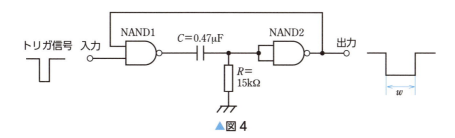

▲図4

6 図5は，フリップフロップの動作を示している。入力パルスに対する出力波形 Q と $\overline{Q}$ をかけ。

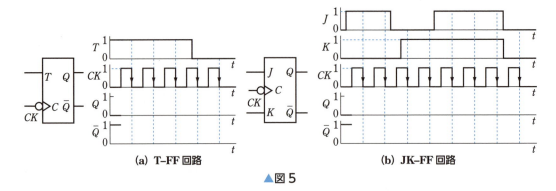

▲図5

7 図6(a)に示す入力信号を図6(b)，(c)の回路の入力端子に加えたときの出力波形をかけ。

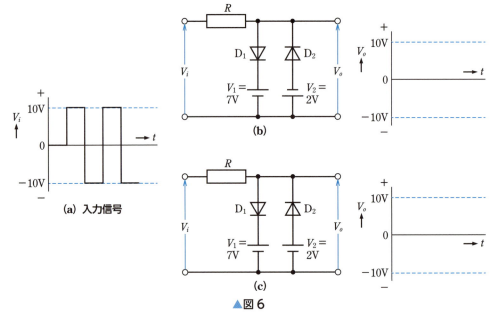

▲図6

8 シュミットトリガ付きNOT回路において，図7のような入力信号を与えたときの出力波形をかけ。ただし，使用するNOT回路の出力電圧は，0Vまたは5Vとする。

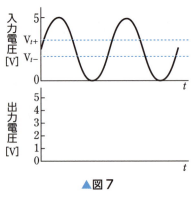

▲図7

第7章 電源回路

わたしたちの家庭には，一般に 100 V の交流電圧（50 または 60 Hz）が送られてきている。しかし，これまでに学んだトランジスタや FET，IC などの電子回路素子は，直接 100 V の交流電圧で動作させることはできない。

この章では，これらの電子回路素子を動作させるのに必要な直流電圧を，家庭に送られてくる 100 V の交流電圧からつくり出す方法について学ぶ。

電源回路の発展

現代の社会活動や生活において，電気は必要不可欠なものになっている。電気は，石油や石炭などの枯渇性の資源や，風力や太陽光など，再生可能ではあるが天候などに左右され，いつでもじゅうぶんに利用できるとはかぎらない資源を用いて発電している。そのため，いろいろな電子機器や電化製品は，可能なかぎり消費電力が少ないほうが望ましい。

電源回路は，消費電力の低減に貢献してきた。たとえば，直列制御電源で用いていた大きくて重い変圧器を，スイッチング制御電源では不要にできた。また，電源回路用のトランジスタや MOS FET などは，小形化や低抵抗化，大電流化などの改良がなされてきた。その結果，小形ながら大きな電流を供給でき，回路自体の消費電力が少ない効率のよい電源回路が開発され，100 V の交流電圧を直流電圧に変換することで，一般の家庭で各種の電化製品を手軽に使えるようになった。

今後，わたしたちの生活は，ますます電気に依存したものになると予想されており，電源回路の知識や技術はさらに重要となる。

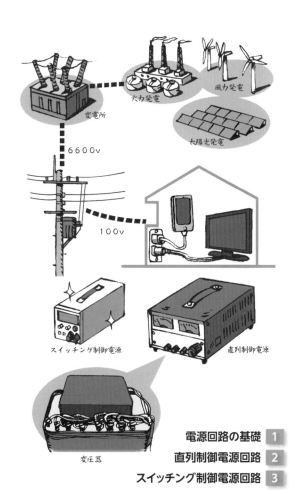

1 電源回路の基礎
2 直列制御電源回路
3 スイッチング制御電源回路

1 節 電源回路の基礎

この節で学ぶこと バイポーラトランジスタや FET，演算増幅器による回路では，－15〜15 V 程度の直流電源を使用することがある。100 V の交流電圧を変換して安定した直流電圧を得るには大きく分けて，直列制御方式とスイッチング制御方式の二つがある。ここでは，これらの方法を学ぶのに先立ち，交流電圧から直流電圧に変換させる電源回路の構成，および電源回路の諸特性について学ぶ。

1 電源回路の構成

　図1は，電源回路の基本的な回路構成を示したものである。図の**変圧回路**は，100 V の交流電圧を，必要とする大きさの交流電圧（数 V〜20 V 程度）に下げる回路である。**整流回路**❶は，正負の電圧である交流電圧から正の電圧のみを取り出す回路である。**平滑回路**❷は，滑らかな電圧にする回路である。**安定化回路**は，負荷や電源電圧が変化しても負荷に加わる電圧が一定となるよう制御する回路である。

❶ rectification circuit

❷ smoothing circuit

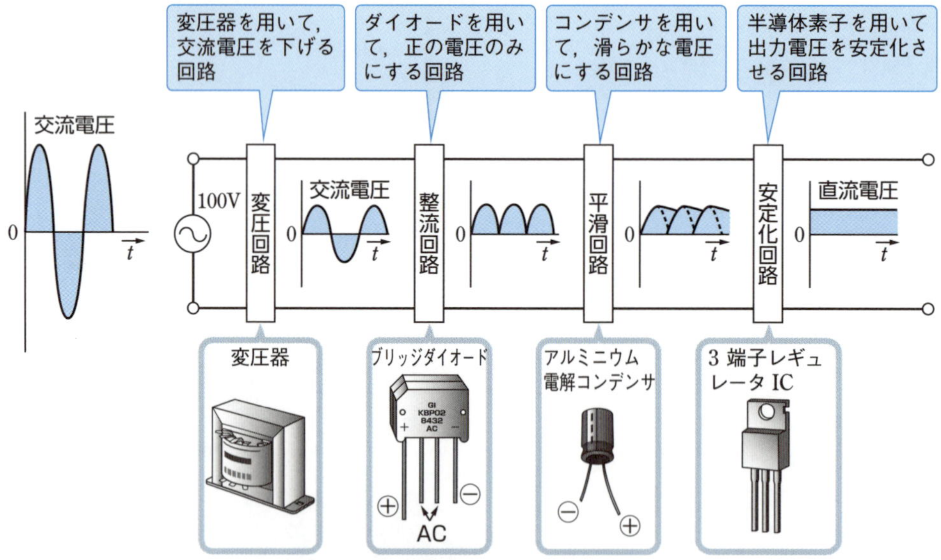

　ここでは，電源回路の回路構成のうち，変圧回路，整流回路，平滑回路の基本について学ぶ。また，電源回路の性能を表すさまざまな特性についても学ぶ。安定化回路については，第2節で直列制御方式を，第3節でスイッチング制御方式を学ぶ。

▲図1　電源回路の構成例

258　第7章　電源回路

2 変圧回路

変圧回路に用いられる変圧器では，巻数比(n)❶および一次側❷と二次側❸の電圧・電流について，次のような関係がある。

◆ 巻数比
$$n = \frac{V_1}{V_2} = \frac{I_2}{I_1} = \frac{N_1}{N_2} \quad (1)$$

N_1, N_2：変圧器の一次側，二次側の巻数
V_1, V_2, I_1, I_2：一次側，二次側の電圧，電流の実効値

したがって，たとえば100 Vの入力電圧から20 Vの出力電圧を得たいときには，巻数比を5とすればよい。

変圧器の一次側と二次側の電力は，次のように表される❹。

◆ 電力
$$P = V_1 I_1 = V_2 I_2 \; [\text{W}] \quad (2)$$

一般に，変圧器は二次側の出力電圧が必要とする直流出力電圧より数V高く，かつ二次側の出力電流が必要とする直流出力電流の1.5〜2.0倍程度の容量をもつものとする。電力容量が小さいと，出力電圧の変動が大きくなったり，変圧器が高温になったりするなど，好ましくない現象が生じる。

❶ 一方の巻線から受けた交流電圧を，巻数比に応じた交流電圧に変換し，もう一方の巻線から出力する変成器のこと。
❷ 電源側。
❸ 負荷側。

❹ 変圧器の損失や漏れ磁束を無視した理想変圧器を考えている。

> **参考** 回路の部品
>
> 図2のように，ヒューズは，何らかの原因で回路部品が破損したときに，短絡するなどの事故を防止するためのものであり，必ず変圧器の一次側につける。ヒューズの電流容量は，めやすとして変圧器の一次側の電流の2〜4倍程度のものとする。

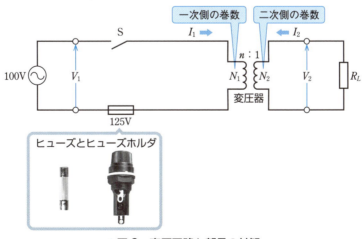

▲図2 変圧回路と部品の外観

例題 1 図3の回路において，次の値を求めよ。
(1) 電圧 V_2　(2) 電流 I_1　(3) 抵抗 R_L

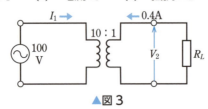
▲図3

解答
(1) 式(1)から，　$V_2 = \dfrac{V_1}{n} = \dfrac{100}{10} = \mathbf{10\ V}$

(2) 式(1)から，　$I_1 = \dfrac{I_2}{n} = \dfrac{0.4}{10} = \mathbf{0.04\ A}$

(3) オームの法則から，$R_L = \dfrac{V_2}{I_2} = \dfrac{10}{0.4} = \mathbf{25\ \Omega}$

問 1 図4の回路において，次の値を求めよ。
(1) 巻数比 n　(2) 電流 I_1　(3) 抵抗 R_L

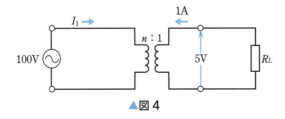
▲図4

問 2 図5の回路において，次の値を求めよ。
(1) 巻数比 n　(2) 電圧 V_2　(3) 電流 I_2
(4) 抵抗 R_L で消費される電力 P　(5) 抵抗 R_L

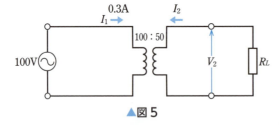
▲図5

3 整流回路

1 半波整流回路

図6(a)のように，ダイオード1個による整流回路を**半波整流回路**❶という。この回路のa–b間に，図6(b)のような交流電圧 v_{ab} が加わると，ダイオードの整

❶ half-wave rectification circuit

流作用のため，抵抗 R_L に流れる電流 i_{cd} の波形は図 6(c)のように正弦波 1 周期の半分になる。

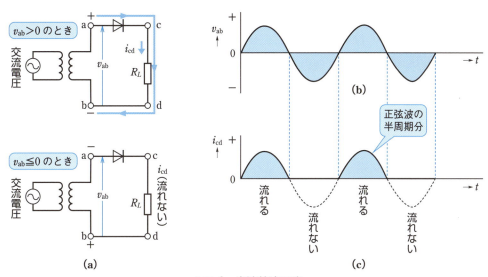

▲図 6　半波整流回路

2　ブリッジ全波整流回路

図 7(a)のようにダイオードをブリッジ形に組んだ整流回路を**ブリッジ全波整流回路**❶という。この回路の a-b 間に，図 7(b)のような交流電圧 v_{ab} が加わると，$v_{ab} > 0$ のときには D_2 と D_4 が導通し，$v_{ab} < 0$ のときは D_3 と D_1 が導通して，抵抗 R_L に流れる電流 i_{cd} はつねに端子 c から端子 d へ向かう。したがって，i_{cd} の波形は図 7(c)のようになる。

❶ bridge-type full-wave rectifier

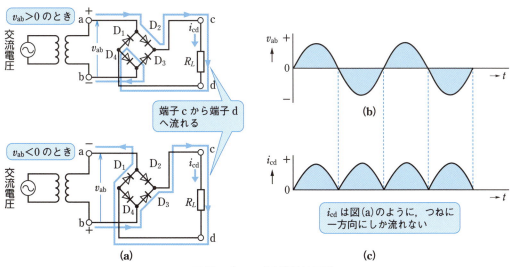

▲図 7　ブリッジ全波整流回路

1　電源回路の基礎　**261**

このブリッジ全波整流回路は，半波整流回路とは異なり，入力電圧の正負の両方が使われるので効率がよい。そのため電源回路では，ブリッジ全波整流回路が広く用いられている。

3 センタタップ全波整流回路

　図8(a)のように，センタタップつきの変圧器と2個のダイオードを接続した整流回路を，**センタタップ全波整流回路**という。この回路のa-b間に図8(b)のような交流電圧 v_{ab} を加えると，変圧器の二次巻線のどちら側の端子が+になるかによって，二つのダイオードが交互に導通し，抵抗 R_L に流れる電流 i_{cd} はつねに端子 c から端子 d へ向かう。したがって，i_{cd} の波形は図8(c)のようになる。この回路は，図7の整流回路に比べて二次巻線の半分が入力交流の半周期ごとに休み，二次側の巻数が2倍必要であるなど，変圧器巻線の利用上の効率がよくないという欠点がある。

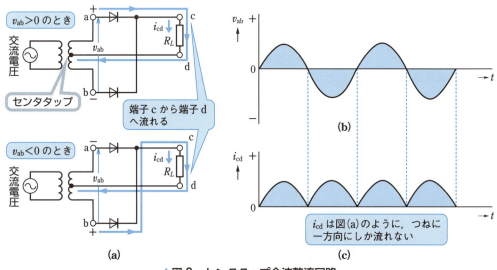

▲図8　センタタップ全波整流回路

4 平滑回路

整流された出力電流は，半波整流の場合でも全波整流の場合でも，図6(c)，図7(c)，図8(c)のような波形になる。これを**脈動電流**という。この脈動電流をできるだけ滑らかな電圧にするための回路が**平滑回路**である。この平滑回路には，図9(a)に示す小形で大容量のアルミニウム電解コンデンサを用いた**コンデンサ平滑回路**が一般に使われる。

この回路に図9(b)のように半波または全波整流電圧 v_i を加えると，v_i の増加にともなって，コンデンサ C_1 は v_i と等しい電圧になるように充電される。v_i が最大値から減少し C_1 の端子電圧より小さくなると，C_1 の電荷は抵抗 R_L を通って放電し，v_o は C_1 と R_L の大きさにより決まる時定数に応じて減少する。その放電による v_o の減少は，コンデンサの静電容量が大きいほど少ない。そのため，v_o の波形は図9(c)の太線のようになる。

▶ p. 235

図9(c)では，コンデンサの放電により，v_o が減少しているように表しているが，時定数 $C_1 R_L$ [s] を脈動電流の1周期に比べてじゅうぶん長い時間に相当する大きい値にしておけば，v_o の減少は近似的に直線的な小さい変化になり，出力波形は直流波形に近いものとなる。

❶ pulsating current

❷ 50 Hz または 60 Hz の交流電圧を半波整流した場合，脈動電流の周波数は，50 Hz または 60 Hz なので1周期は $\dfrac{1}{50}$ s または $\dfrac{1}{60}$ s である。また，全波整流した場合，脈動電流の周波数は，100 Hz または 120 Hz なので，1周期は $\dfrac{1}{100}$ s または $\dfrac{1}{120}$ s である。

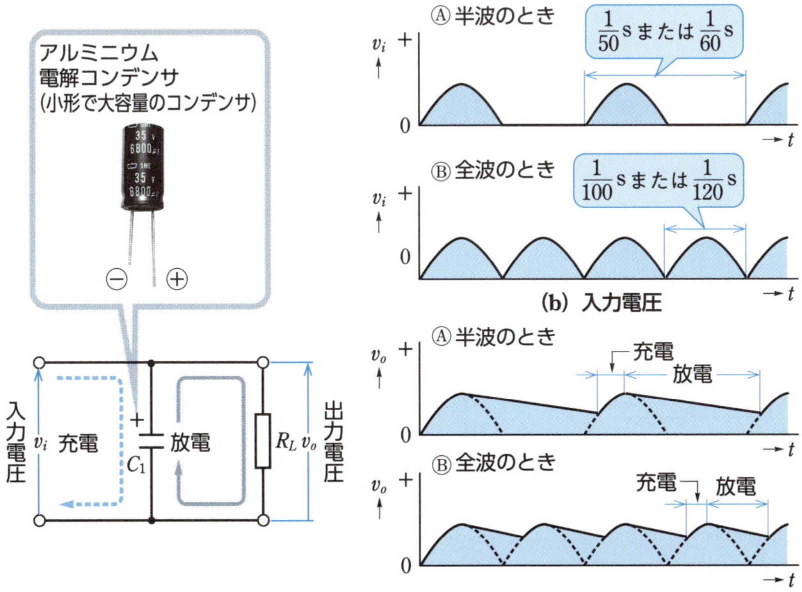

(a) コンデンサ平滑回路　(c) 出力電圧

▲図9 コンデンサ平滑回路と入出力電圧

第7章

1 電源回路の基礎 **263**

例題 2 図10の回路について，次の問いに答えよ。ただし，電源電圧の実効値は 12 V とする。

(1) 無負荷のときの端子 a-b 間の電圧は，およそ何 V か。

(2) ダイオードのせん頭逆電圧は何 V 以上必要か。 ▶ p. 26

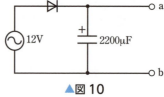
▲図10

解答 (1) 無負荷のときは，コンデンサに充電された電荷が放電しないので，端子 a-b 間の電圧は，電源電圧の最大値まで充電される。したがって，次のようになる。

$$12\sqrt{2} \fallingdotseq 17.0 \text{ V}$$

(2) ダイオードに最も大きな逆電圧が加わるのは，コンデンサが正の最大値まで充電されていて，かつ電源電圧の大きさが負の最大値になったときである。ゆえに，次のようになる。

$$12\sqrt{2} \times 2 \fallingdotseq 33.9 \text{ V}$$

したがって，ダイオードのせん頭逆電圧は，これよりも高い **34 V** 以上必要である。

問 3 図11の回路で，電源電圧の実効値が 100 V のときのダイオードのせん頭逆電圧は何 V 以上必要か。

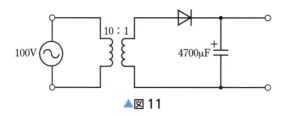
▲図11

問 4 図12の回路で，ブリッジ全波整流回路をつくりたい。ダイオードの端子①～④は，それぞれ端子 a, b のどちらに接続すればよいか。

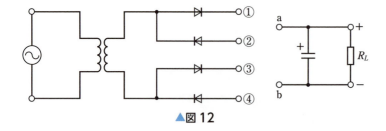
▲図12

5 電源回路の諸特性

1 電圧変動率

図13のように，電源回路では，負荷側で多くの出力電流を流すと，変圧器の巻線による内部インピーダンスやダイオードの順電流時の内部抵抗などによる電圧降下のため，出力電圧が減少してしまう。電源回路としては，出力電圧の変動の割合が小さいものが望ましい。この出力電圧の変動の割合を示すものを**電圧変動率**[1]という。無負荷時（出力電流＝0）の出力電圧を V_o，規定の負荷接続時の出力電圧を V_L とすれば，電圧変動率 δ（デルタ）は，次のように表される。

[1] voltage regulation

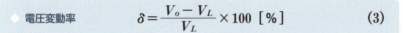

◆ 電圧変動率

$$\delta = \frac{V_o - V_L}{V_L} \times 100 \ [\%] \qquad (3)$$

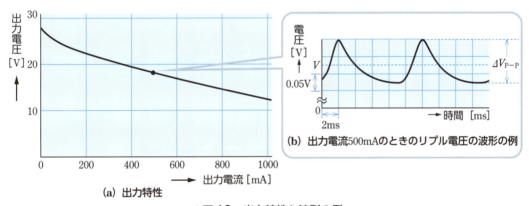

▲図13 出力特性と波形の例

問 5 図13(a)から，出力電流 500 mA のときの電圧変動率を求めよ。

問 6 無負荷時の出力電圧 V_o，規定の負荷接続時の出力電圧 V_L がそれぞれ次の場合，電圧変動率はいくらか。

 (1) $V_o = 5 \text{ V}$，$V_L = 4.5 \text{ V}$　　(2) $V_o = 15 \text{ V}$，$V_L = 14 \text{ V}$

2 リプル百分率

交流を整流して直流を得ている電源回路は，どうしても図13(b)のように出力側に交流分が残ってしまう。この交流分を**リプル**[2]といい，出力電圧のなかにどのくらい交流分が含まれているかを表す値を，**リプル百分率**[3]という。交流分のピークからピークまでの電圧（リプル電圧）を ΔV_{P-P}，直流出力電圧を V[4] とすれば，リプル百分率 γ（ガンマ）は，次のように表される。

[2] ripple

[3] ripple percentage

[4] V はリプルを含んだ出力電圧の平均値である。負荷接続時は V_L になる。

1 電源回路の基礎　265

◆ リプル百分率　　　$\gamma = \dfrac{\Delta V_{P\text{-}P}}{V} \times 100$ ［%］　　　(4)

リプル百分率は，リプルの波形を正弦波とみなして，実効値を用いて計算する方法もあるが，一般的にリプルは，図13(b)のように正弦波ではないので❶，リプル電圧を用いた式(4)により求めることが多い。

❶ 正弦波ではないが，周期性はある。

例題 3　直流電圧に正弦波の交流電圧が加わった脈動電圧がある。一周期の間の最大の電圧が 12 V，最小の電圧が 10 V であったとき，この脈動電圧のリプル百分率を求めよ。

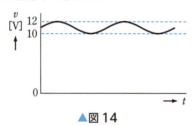

▲図 14

解答　一周期の最大電圧と最小電圧より，$\Delta V_{P\text{-}P} = 12 - 10 = 2$ V

直流出力電圧は，$V = \dfrac{12 + 10}{2} = 11$ V

リプル百分率は，$\gamma = \dfrac{\Delta V_{P\text{-}P}}{V} \times 100 = \dfrac{2}{11} \times 100 = $ **18.2 %**

問 7　図13の目盛を読み取り，リプル百分率を求めよ。また，リプルの周期と周波数を求めよ。

問 8　リプルを正弦波とみなしたとき，リプルの実効値を V_e とすると，リプル百分率は，$\gamma = \dfrac{V_e}{V} \times 100$ ［%］で求められる。この式を用いて例題3のリプルのリプル百分率を求め，例題3の結果と比べてみよ。

✏ 実効値 V_e とリプル電圧 $\Delta V_{P\text{-}P}$ は，次の関係があります。
$V_e = \dfrac{\Delta V_{P\text{-}P}}{2\sqrt{2}}$

3　整流効率

入力の交流電力のうち，出力の直流電力に変えられる割合を**整流効率**という。入力交流電力を P_i，出力直流電力を P_o とすると，整流効率 η（イータ）は次のように表される。

◆ 整流効率　　　$\eta = \dfrac{P_o}{P_i} \times 100$ ［%］　　　(5)

問 9　入力交流電力 P_i，出力直流電力 P_o がそれぞれ次の場合，整流効率 η はいくらか。

(1)　$P_i = 4$ W，$P_o = 3$ W　　(2)　$P_i = 5$ W，$P_o = 4$ W

2節 直列制御電源回路

この節で学ぶこと　p. 258 図1で学んだ電源回路の構成例において，直列制御（シリーズレギュレータ）方式の安定化回路を用いた電源回路を直列制御電源回路と呼ぶ。ここでは，直列制御電源回路における安定化回路（直列制御安定化回路）について学ぶ。

1 直列制御方式による安定化回路

電源回路は一定の大きさの電圧を安定して出力する必要がある。直列制御安定化回路❶は，図1のように，電流量を調節できるトランジスタなどの半導体素子を入力と出力の間に直列に挿入することによって❷，負荷 R_L へ流す出力電流 I_o のもとになっている電流 I_{C2} の大きさを調節し，電源回路の出力電圧 V_o を一定に制御する。

直列制御安定化回路は，以下の動作により V_o の変動を抑える。

① 何らかの理由で出力電圧 V_o が減少したとする。

② Tr_1 のベース電圧 V_2 も $V_2 = \dfrac{R_2}{R_1 + R_2} \cdot V_o$ となるため，減少する。

③ ところが，Tr_1 のエミッタ電圧は，定電圧ダイオード D_Z によって，一定電圧（基準電圧）V_Z に押さえられているので，Tr_1 のベース・エミッタ間の電圧 V_{BE1} は減少し，Tr_1 のベース電流 I_{B1} は減少する❸。

④ したがって，Tr_1 のコレクタ電流 I_{C1} が減少する。

❶ シリーズレギュレータ（series regulator）ともいう。

❷ 図1より，Tr_2 のコレクタからエミッタに流れる電流量を調節することによって，V_o が一定になるように制御する。このとき，電流量を調節するコレクタとエミッタの端子は，安定化回路の入力と出力の間に直列に入っていることになる。このため，直列制御方式と呼ばれている。

❸ $V_{BE1} = V_2 - V_Z$
V_Z は一定電圧なので，V_2 が減少すると V_{BE1} も減少する。

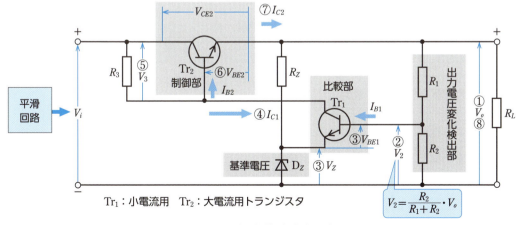

▲図1　直列制御安定化回路

⑤ そのため R_3 の両端の電圧降下 V_3 も減少する。

⑥ 一方，入力電圧 V_i がほぼ変わらず V_o が減少したことにより，Tr_2 のコレクタ・エミッタ間の電圧 V_{CE2} は増加する。❶ また，⑤の V_3 の減少により，Tr_2 のベース・エミッタ間の電圧 V_{BE2} は増加する。❷ そのため，Tr_2 のベース電流 I_{B2} も増加する。

⑦ したがって，Tr_2 のコレクタ電流 I_{C2} も増加し，出力電流 I_o も増加する。

⑧ したがって，出力電圧 V_o は増加する。

以上をまとめると，図2のようになる。

❶ $V_{CE2} = V_i - V_o$ より，V_o が減少すれば，V_{CE2} は増加する。

❷ $V_{BE2} = V_{CE2} - V_3$ であり，V_{CE2} が増加，V_3 が減少するため，V_{BE2} は増加する。

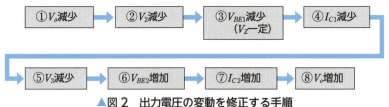

▲図2 出力電圧の変動を修正する手順

⑥，⑦に示したように，出力電流 I_o のもとになっている Tr_2 から流れ出る電流 I_{C2} の大きさを，ベース電流 I_{B2} によって調節することで出力電圧 V_o を一定に制御している。

この動作は，入力電圧 V_i が，平滑回路の出力のように電圧の大きさが変動する場合であっても，その変動の速さが回路の動作よりもじゅうぶんに遅ければ成立する。

問 1 図1において，何らかの理由で出力電圧 V_o が増加したときの制御手順を図2のように示せ。

2 3端子レギュレータ

1 出力電圧と最大出力電流

安定化回路には IC 化された **3端子レギュレータ** があり，定電圧を必要とする電源によく使われている。

図3の3端子レギュレータ 78M05 は，規格として出力電圧が 5 V，最大出力電流が 0.5 A，正電圧を出力するものである。そのほか，3端子レギュレータには出力電圧が可変できるタイプもある。

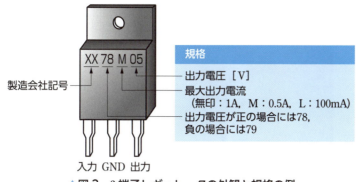

▲図3　3端子レギュレータの外観と規格の例

2　基本的な使い方

図4は，安定した正電圧を必要とする場合の一般的な3端子レギュレータの使い方を示したものである。

図4のように，入力端子と出力端子の近くに0.1μF程度のコンデンサC_2，C_3を接続する。二つのコンデンサC_2，C_3は発振防止用である。C_4は，動作オン・オフなど負荷の瞬間的な抵抗の変動による電流変化の影響を，電荷を充放電することによって軽減するためのものであり，アルミニウム電解コンデンサを用いることが多い。C_4の値を適切に選ぶことにより，たくわえる電荷量を調節でき，出力電流，出力電圧を一定にする安定化回路をつくることができる。

また，3端子レギュレータは，出力電流I_o×（入力電圧V_i－出力電圧V_o）[W]の損失が熱として発生する。そのため，その損失が大きくなればなるほど大形の放熱器が必要である。たとえば，図4において，入力電圧V_iが10V，出力電圧V_oが5V，出力電流I_oが0.5Aのときの電力損失は，0.5×(10－5)＝2.5Wとなる。

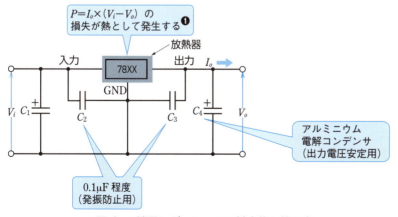

▲図4　3端子レギュレータの基本的な使い方

❶ Pが大きくなれば，大形の放熱器が必要になる。

製作コーナー

5 V, 0.5 A の直流電源の製作

出力電圧 5 V, 出力電流 0.5 A の直流電源は, p.54 で学んだ CMOS IC などを動作させることができるので便利である。3 端子レギュレータ 78M05 を使って, 図に示すような直流電源を製作し, その動作を確認してみよう。

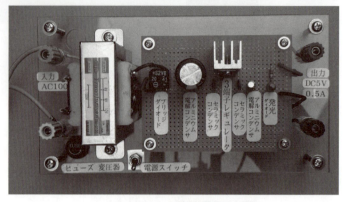

▲ 5 V, 0.5 A の直流電源の外観

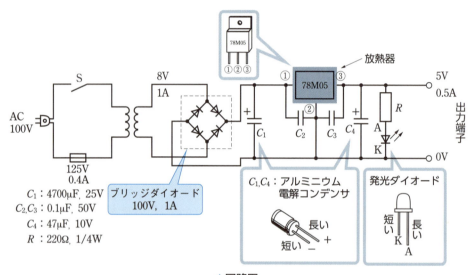

C_1: 4700 μF, 25 V
C_2, C_3: 0.1 μF, 50 V
C_4: 47 μF, 10 V
R: 220 Ω, 1/4 W

▲回路図

実験方法
(1) 実験回路のように, 出力端子に直流電圧計, 直流電流計, すべり抵抗器を接続する。
(2) すべり抵抗器の値を最大にしてから, 電源を入れる。
(3) すべり抵抗器を調整して, 出力電流 I_o の値を 0.1～0.5 A まで 0.1 A ずつ変化させながら, 出力電圧 V_o を測定して記録する。
(4) 実験結果より, 出力電流が 0.1～0.5 A に変化しても, 出力電圧が一定になることを確かめる。

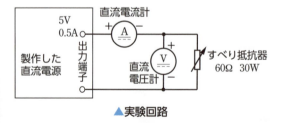

▲実験回路

▼出力電流 I_o と出力電圧 V_o の特性

出力電流 I_o [A]	0.1	0.2	0.3	0.4	0.5
出力電圧 V_o [V]					

270 第 7 章 電源回路

3節 スイッチング制御電源回路

この節で学ぶこと　スイッチング制御電源回路は，出力の負荷に流れる電流をオン・オフすることによって出力電圧を制御するスイッチングレギュレータ方式の安定化回路を用いた電源回路である。その整流効率のよさから，パソコンをはじめ多くの電子機器の電源に，スイッチング制御電源回路が使われている。ここでは，スイッチング制御電源回路の基本について学ぶ。

1　スイッチング制御

　直列制御電源回路は，負荷以外での電力の損失が大きい。その損失は熱となって放出されるだけでなく，変圧回路や整流回路をその分だけ余裕をもって大きくつくらなければならない。

　そこで，出力電圧を制御，安定化する方式として，図1(a)のように，スイッチSをオン・オフする時間を変化させて，平滑回路によって平均化して，図1(b)のように平均出力電圧を制御する方法が考え出された。これを**スイッチング制御**といい，スイッチに相当する素子と電圧を平均化するための平滑回路から構成される電圧制御方式を**スイッチングレギュレータ方式**という。また，安定化回路にスイッチングレギュレータ方式を用いた電源回路を，**スイッチング制御電源回路**という。

❶ スイッチング (switching) またはチョピング (chopping) という。
❷ p.272 図2に示すスイッチング制御電源回路を構成する平滑回路とは異なり，安定化回路に含まれる平滑回路である。
❸ switching regulator

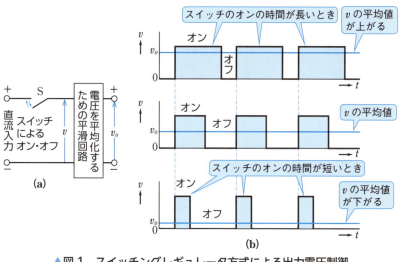

▲図1　スイッチングレギュレータ方式による出力電圧制御

2 スイッチング制御電源回路の構成

　図2に，スイッチング制御電源回路の全体構成例を示す。スイッチングレギュレータ方式の安定化回路は，オン，オフの時間を制御することによって，任意の大きさの電圧を取り出すので，変圧回路を使わずに，安定化回路において必要な電圧を得ていることが多い。このため，変圧回路で使用する大きくて重い変圧器を使わずにすむことから，電源を小形で軽量にすることができる。

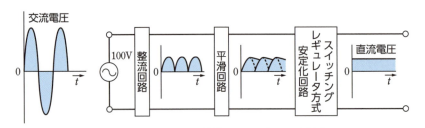

▲図2　スイッチング制御電源回路の全体構成

3 スイッチングレギュレータ方式

　スイッチングレギュレータ方式には，出力電圧を入力電圧よりも低くする**降圧型チョッパ**，出力電圧を入力電圧よりも高くする**昇圧型チョッパ**などがある。図3，4に，これらの回路の回路構成を示す。

　これらの回路には，スイッチの役割をする半導体素子があり，電流を制御信号によりオン・オフ制御している。この半導体素子を**スイッチング素子**という。また，電流による磁気エネルギーをたくわえるコイルL，電荷をたくわえるコンデンサC，スイッチングに対して電流を一定方向に流れるように整流するダイオードDなどの素子も用いる。

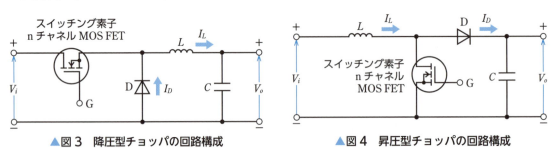

▲図3　降圧型チョッパの回路構成　　▲図4　昇圧型チョッパの回路構成

1 降圧型チョッパ

　降圧型チョッパでは，スイッチング素子（図3ではnチャンネルMOS FET）がオンのとき，図5(a)のようにLを通して電流が出力され負荷に供給さ

れる。それと同時にLには電流による磁気エネルギーが，Cには電荷がそれぞれたくわえられる。また，Dは逆方向電圧が加わっているので，Dに電流は流れない。

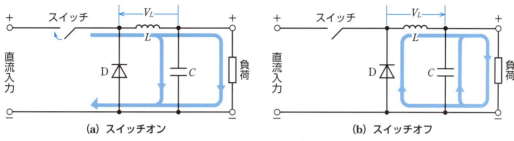

▲図5 降圧型チョッパの働き

　スイッチング素子がオフになると，Lはコイルの性質から流れていた電流を保持しようとするため，図5(b)のように電圧V_Lが発生し，L→負荷→Dの経路で電流が流れる。また，Cもたくわえられていた電荷を放出することにより負荷へ電流が流れる。出力電圧V_oは，入力電圧V_iからLに生じた電圧を引いたものとなるため，$V_i \geqq V_o$となる。

　ここでDは，スイッチング素子がオフになりV_iがない状態でも，Lにたくわえられたエネルギーによって電流を出力に流し続けるよう動作している。この働きは，はずみ車❶と同じような働きをしていることから，このダイオードDのことを**フライホイールダイオード**という。

2 昇圧型チョッパ

　図4の昇圧型チョッパは，スイッチング素子がオンのとき，図6(a)のようにLに電流が流れ磁気エネルギーがたくわえられる。この電流は，入力→L→スイッチング素子と流れ，抵抗成分が少ないことから負荷への電流よりも大きくなる。また出力では，Cにたくわえられていた電荷によって負荷に電流が供給されている❷。それによりC側の電圧が高いため，Dは非導通状態となっている。

❶ flywheel
　重い円盤が一度回ると，回転を遅くしたり速くしたりしようと外力を加えても，慣性力のためにすぐには回転の速さが変化しない。この性質を利用したものがはずみ車であり，回転運動する物体とはずみ車の回転軸をつなげることで，物体に外力が加わっても物体の回転速度が変動しないように働く。

❷　動作初期には，コンデンサには電荷がたくわえられておらず，負荷には電流が流れないが，オン，オフを繰り返すにつれて，コンデンサにたくわえられる電荷が増え，負荷に流れる電流も大きくなっていく。

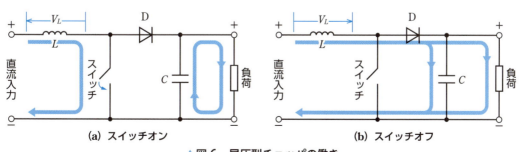

▲図6 昇圧型チョッパの働き

スイッチング素子がオフになると，図6(b)のように，電流は入力→L→D→負荷とCという負荷が加わった経路で流れる。Lはその性質から，スイッチング素子がオンのときにL自身に流れていた大きな電流を維持しようと，電流を増やす方向に電圧V_Lを発生させる。その電圧とV_iが加わった電圧がV_oとして出力されることから，$V_o ≧ V_i$となる。そしてCにはV_oによって電荷がたくわえられ，このあとスイッチング素子がオンしたときの負荷への電流出力として利用される。

4 スイッチングレギュレータによる安定化回路

実際のスイッチング制御電源回路について，ここでは比較的簡単な図7の降圧型チョッパによるスイッチングレギュレータ安定化回路の各部の動作について学ぶ。

1 各部の動作

a スイッチング素子 図7ではスイッチング素子として，ゲートに加えられる電圧によりドレーン電流をオン・オフ制御するMOS FETが使われている。

b 三角波の発振回路 スイッチング素子のオン時間の長さを，出力電圧変化検出部で検出された電圧V_o'と基準電圧V_Zの差から容易に決定できるようにするため，図7のように，基準電圧側に三角波電圧を加える。なお，この三角波の周波数が，スイッチングの速さになるので，周波数はスイッチング素子が応答できる範囲内で，高くなるように決められる。

c 比較回路 出力電圧変化検出部で検出された電圧V_o'と，基準電圧に三角波の電圧が加えられたV_{ref}を比べて，たとえばV_o'が

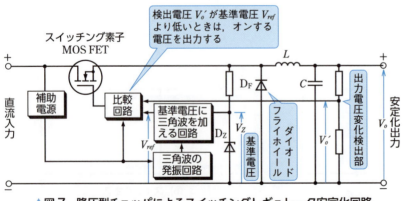

▲図7 降圧型チョッパによるスイッチングレギュレータ安定化回路

V_{ref} より小さいときにはスイッチング素子がオンとなる電圧を，大きいときにはオフする電圧を出力する。

d 補助電源 比較回路と三角波の発振回路を安定に動作させるための安定化電源で，3端子レギュレータなどが用いられている。

2 回路の動作

降圧型チョッパによるスイッチングレギュレータ安定化回路の動作は，三角波の発振回路と比較回路によって，次のように動作する。

安定した状態では，出力電圧変化検出部で検出された電圧 V_o' と基準電圧 V_z は等しい（図8(a)）。また，検出電圧 V_o' と基準電圧に三角波電圧を加えた電圧 V_{ref} が入力された比較回路の出力によって，スイッチング素子は，オンとオフの時間が同じになるように制御される（図8(b)，(c)）。よって，平滑化された出力電圧 V_o は，増加および減少する時間が同一のため，一定の値となる（図8(d)）。❶

❶ 図8(d)の波形は，電圧の増減がみやすいように，電圧差を強調している。本来は電圧差が目立たなくなるように，スイッチング素子のオン・オフ時間や，平滑化するための L や C の値などを設定している。

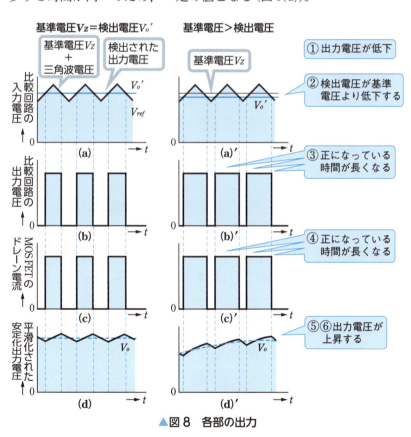

▲図8 各部の出力

何らかの理由で，出力電圧が低下した場合は，次のように動作する。

① 出力電圧が低下する。
② V_o' も，それとともに下がる（図8(a)→図8(a)'）。

③ V_o' が V_{ref} よりも小さい時間が長くなるので，比較回路の出力
は，スイッチング素子をオンする電圧の時間が長くなってくる
（図 8(b)→図 8(b)′）。

④ スイッチング素子である MOS FET がオンになっている時間
が長くなり，ドレーン電流も図 8(c)′ のようになる。

⑤ 平滑化された出力電圧 V_o は，図 8(d)′ のように，増加する時間
が減少する時間より長くなり，高くなっていく。

⑥ V_o' も，これに従って高くなるので，やがて図 8(a)の状態にな
り，出力電圧はもとの値に戻り，一定となる。

なお，何らかの理由で出力電圧が上昇したときは，逆の動作をする。

5 直列制御電源回路との比較

スイッチング制御電源回路は，2 節で学んだ直列制御電源回路と異
なり，出力電圧の制御を半導体素子による電流量の大きさの調節に
よって行わない。そのため，調節する半導体素子で発生する損失を熱
として放出することがおさえられることから，直列制御電源回路に比
べて効率がよく 80 % 以上になる。

❶ p. 267 の図 1 では，Tr_2 のコレクタ損失である。

また，p. 272 で学んだように，スイッチング制御電源回路には変圧
回路が不要であり，その分の電力消費が少ないことから，整流用ダイ
オードやスイッチング素子なども小形化できる。

さらに，安定化回路中の電圧を平均化するための平滑回路には，コ
イルやコンデンサが使われている。コイルのインピーダンスは周波数
に比例し❷，コンデンサのインピーダンスは周波数に反比例する❸。ス
イッチング電源回路のスイッチング周波数は，100 kHz 以上であり，
50 Hz(または 60 Hz)の交流電源を全波整流したときの脈動電流の 100
Hz(または 120 Hz)に比べじゅうぶんに高い。したがって，平滑用の
コイルやコンデンサも小さなものですむ。

❷ $X_L = 2\pi f L$ [Ω]

❸ $X_C = \dfrac{1}{2\pi f C}$ [Ω]

一方，スイッチング制御電源回路は，高い周波数のパルスで出力電
圧を制御しているため，雑音が発生しやすい。また，直列制御電源回
路に比べてリプル電圧が大きい。さらに，回路も複雑になるなどの欠
点もある。

以上をまとめると，表 1 のようになる。

▼表1　直列制御電源回路とスイッチング制御電源回路

	直列制御電源回路	スイッチング制御電源回路
利点	① リプル電圧が小さい。 ② 回路が簡単。	① 小形軽量。 ② 効率が高い。発熱が少ない。
欠点	① 大きくて重い。 ② 効率が低い。発熱が多い。	① リプル電圧が大きい。 ② 回路が複雑。

❶ 1万5千～4万時間程度の製品が多い。

❷ LEDランプユニットには白色LEDが使われる。白色LEDの順電圧 (V_F) は，約3Vである。

参考　LED照明

一般に使われている電球形照明には，白熱電球や電球形蛍光ランプおよび発光ダイオード (LED) を使ったLED電球がある。

同じ明るさで消費電力を比較すると，白熱電球に対して電球形蛍光ランプやLED電球は，10～20％で，最も消費電力が少ないのはLED電球である。寿命は，白熱電球に対し電球形蛍光ランプは数倍～10倍程度であり，LED電球は15～40倍程度と長寿命である。

図9に，LED電球の構成例を示す。LED電球の中に，スイッチング制御電源回路が組み込まれている。交流電圧100Vを全波整流し，コンデンサ平滑回路で脈動電圧にする。脈動電圧をスイッチングレギュレータ方式安定化回路で降圧して，LEDランプユニットを点灯している。LEDランプユニットは，多数のLEDを直並列接続して，より明るくしている。また，電流検出回路で，LEDランプユニットに流れる電流を検出し，一定の電流を流すことで，安定した点灯が得られるようにしている。

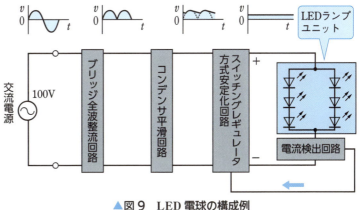

▲図9　LED電球の構成例

Let's Try

現在使われている電源回路は，図10(左)の効率のよいスイッチング制御電源回路 (図では出力5V, 1.5Aの例) が一般的であるが，1990年代頃は大きく重たい割に出力が小さい図10(右)の直列制御電源回路 (図では出力9V, 400mAの例) が一般的であった。なぜスイッチング制御電源回路が使われなかったのか，グループで理由を調べて発表してみよう。

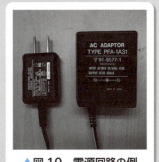

▲図10　電源回路の例

3　スイッチング制御電源回路　277

この章のまとめ

1節

① 電源回路は，基本的に，変圧回路，整流回路，平滑回路，安定化回路で構成される。▶ p. 258

② 安定化回路には，**直列制御方式**と**スイッチング制御方式**とがある。▶ p. 258

③ 変圧器の**巻数比** n および一次側と二次側の電圧と電流の関係は，次のように表される。▶ p. 259

$$（巻数比）n = \frac{V_1}{V_2} = \frac{I_2}{I_1} = \frac{N_1}{N_2}$$

$$P = V_1 I_1 = V_2 I_2 \,[\text{W}]$$

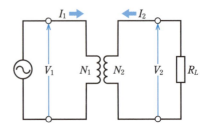

④ 無負荷時（出力電流＝0）の出力電圧を V_o，規定の負荷接続時の出力電圧を V_L とすれば，**電圧変動率** δ は，次のように表される。▶ p. 265

$$\delta = \frac{V_o - V_L}{V_L} \times 100 \,[\%]$$

⑤ 交流分のピークからピークまでのリプル電圧を ΔV_{P-P}，直流出力電圧を V とすれば，**リプル百分率** γ は，次のように表される。▶ p. 266

$$\gamma = \frac{\Delta V_{P-P}}{V} \times 100 \,[\%]$$

⑥ 入力交流電力を P_i，出力直流電力を P_o とすると，**整流効率** η は，次のように表される。▶ p. 266

$$\eta = \frac{P_o}{P_i} \times 100 \,[\%]$$

2節

⑦ **3端子レギュレータ**には，次のような規格が表示されている。▶ p. 269

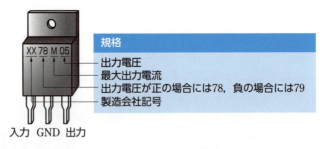

3節

⑧ **スイッチング制御電源回路**は，直流入力電圧を平滑回路の前段で，スイッチによってオン，オフ制御して，その時間から平均出力電圧を制御する回路である。▶ p. 271

⑨ **直列制御電源回路**と**スイッチング制御電源回路**を比較すると，p. 277 表1のような利点・欠点があげられる。▶ p. 277

章末問題

1. 100 V で 400 W を消費する電熱器がある。これを図 1 の変圧器の二次側に接続して使用するときの消費電力はいくらか。ただし，電熱器の抵抗 R_L は変化しないものとする。

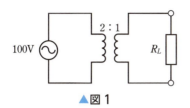

▲図 1

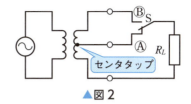

▲図 2

2. 図 2 の回路で，スイッチ S を Ⓐ 側に入れたときの消費電力が 4 W であった。スイッチを Ⓑ 側に入れたときの消費電力はいくらか。

3. 図 3 の a–b 間と b–c 間にダイオードの図記号を記入して，ブリッジ全波整流回路を完成させよ。

4. 図 4 の 3 端子レギュレータの記号からわかる規格を答えよ。

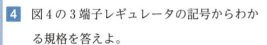

▲図 3

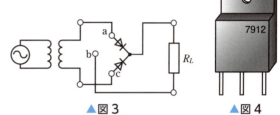

▲図 4

5. 整流効率が 30 % の整流回路がある。この整流回路に交流 100 V，1 A を入力したとき，出力として直流 5 V を取り出したい。出力から得られる最大電流はいくらか。

6. スイッチング制御電源回路に関する次の文の（ ）にあてはまる語句を，下記の語群から選び記入せよ。

   (1) 直列制御電源回路とは異なり，抑制する電圧を（ ）①で熱として発散させる必要がない。そのため，直列制御電源回路に比べて効率が（ ）②。

   (2) 電力消費が少ないことから，整流用（ ）③や（ ）④なども（ ）⑤化できる。

   (3) スイッチング周波数は，（ ）⑥ Hz 程度以上であり，50 Hz，または 60 Hz の交流電源を全波整流したときの脈動電流の（ ）⑦ Hz または（ ）⑧ Hz に比べて，じゅうぶんに高い。したがって，平滑用のコイルやコンデンサも（ ）⑨なものですむ。

   (4) 高い周波数のパルスで出力電圧を制御しているため，（ ）⑩が発生しやすい。また，直列制御電源回路に比べて（ ）⑪電圧が大きい。

   (5) 補助（ ）⑫が別に必要であるなど，回路が（ ）⑬になるという欠点もある。

   | 語群 | ア. 100 イ. 120 ウ. 100 k エ. 小形 オ. 雑音 カ. ダイオード キ. 小さ
   ク. 電源 ケ. トランジスタ コ. 複雑 サ. スイッチング素子 シ. よい ス. リプル

付録　「鳳・テブナンの定理」のコレクタ接地増幅回路への適用

1　鳳・テブナンの定理

図1(a)のように，1個以上の電源を含む回路 A と，インピーダンス Z がある。いま，回路 A の端子 a，b 間の開放電圧が v であり，端子 a，b からみた回路 A のインピーダンスが Z_o であるとする。このとき，図1(b)のように，回路 A とインピーダンス Z を接続した場合に流れる電流 i は，次の式で表される。

$$i = \frac{v}{Z_o + Z} \tag{1}$$

これを**鳳・テブナンの定理**という。

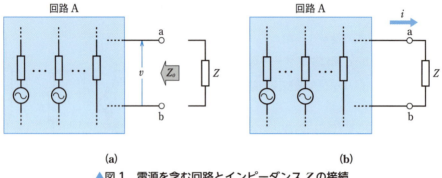

▲図1　電源を含む回路とインピーダンス Z の接続

式(1)は，図2に示すように，起電力 v の理想電圧源とインピーダンス Z_o の直列回路に，負荷としてインピーダンス Z を接続したときに流れる電流 i を表す式と同じになる。つまり，鳳・テブナンの定理は，複数の電源を含む回路であっても，起電力 v の理想電圧源と，インピーダンス Z_o の直列回路に変換できることを表している。この直列回路を**テブナンの等価電圧源**という。

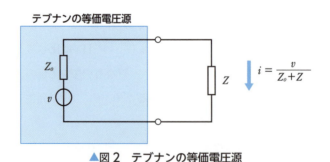

▲図2　テブナンの等価電圧源

2 テブナンの等価電圧源への変換例

図3(a)の直流電源を含む回路において，端子a，b間の開放電圧Vは，EをR_1とR_2で分圧した電圧となる。次に，端子a，bからみた抵抗値R_oを求める場合，内部の電源は，取りはずして短絡した状態と仮定して，合成抵抗として求める。❶したがって，R_oはR_1とR_2を並列接続した値となる。図3(b)に，テブナンの等価電圧源に変換した結果を示す。

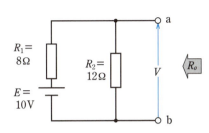

(a) 起電力と抵抗で構成された回路　　(b) テブナンの等価電圧源

▲図3　テブナンの等価電圧源への変換

3 コレクタ接地増幅回路の出力インピーダンス

図4(a)は，p.130のコレクタ接地増幅回路の等価回路である。図4(a)は，鳳・テブナンの定理により，図4(b)の等価電圧源に変換できるとする。ここで，図4(b)のZ_oを，コレクタ接地増幅回路の出力インピーダンスZ_oと定義する。端子a，b間の開放電圧をv，端子a，b間を短絡したと仮定した場合に流れる電流をi_sとすれば，式(1)より，次の式がなりたつ。

$$i_s = \frac{v}{Z_o} \tag{2}$$

したがって，出力インピーダンスZ_oは，式(3)のようになり，p.131 式(19)が得られる。

$$Z_o = \frac{v}{i_s} \tag{3}$$

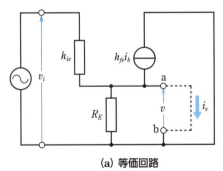
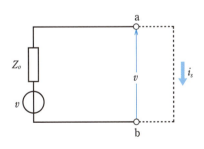

(a) 等価回路　　(b) テブナンの等価電圧源

▲図4　コレクタ接地増幅回路の等価回路

❶電圧源の内部に抵抗（インピーダンス）がある場合は，この抵抗を残して計算する。また，回路中に電流源がある場合は，取りはずして開放された状態とする。

問題解答

$$\text{解説} \quad I_C = \frac{P_{C\max}}{V_{CE}} = \frac{1}{20} = 50\ \text{mA}$$

❾ (1) (a) n チャネル接合形 FET　(b) n チャネルエンハンスメント形 MOS FET　(2) ①④ドレーン　②⑤ゲート　③⑥ソース

第 1 章　電子回路素子

1 節
[p.16]　**問 2**　p 形：価電子の数が 3 個の原子
　　　　　　n 形：価電子の数が 5 個の原子

2 節
[p.21]　**問 1**　a が負，b が正
[p.25]　**問 3**　$V_F \fallingdotseq 0.83\ \text{V}$, $I_F \fallingdotseq 52\ \text{mA}$, $V_R = 5.17\ \text{V}$
　　　　問 4　270 Ω
[p.31]　**問 5**　(a) B　(b) C　(c) A

3 節
[p.37]　**問 1**　$I_C = 1.6\ \text{mA}$, $h_{FE} = 160$
[p.39]　**問 3**　① 2.01 mA, 200　② 20 μA, 50
　　　　　　③ 0.635 mA, 126
　　　　問 4　100 mW
　　　　問 5　$I_C \fallingdotseq 41.6\ \text{mA}$

4 節
[p.43]　**問 1**　$g_m = 24\ \text{mS}$
[p.47]　**問 3**　(1) ①ウ　②③ア, カ　④ク　⑤エ
　　　　　　⑥イ　(2) ⑦コ　⑧⑨オ, ケ　⑩ア
　　　　　　⑪キ　⑫カ

章末問題 [p.59〜60]

❶ (1) ①ウ　(2) ②オ　③カ　(3) ④⑤ク, ケ　(4) ⑥イ　⑦シ　(5) ⑧キ　⑨ア　⑩⑪コ, サ　⑫エ
❷ (1) 定電圧ダイオード　(2) ショットキー接合ダイオード　(3) LED　(4) pin ダイオード
❸ 141 V

$$\text{解説} \quad V_{RM} = 100 \times \sqrt{2} \fallingdotseq 141\ \text{V}$$

❹ $R = 83.4\ \Omega$

$$\text{解説} \quad V_F = 0.83\ \text{V},$$
$$R = \frac{5 - V_F}{I_F} = \frac{5 - 0.83}{50 \times 10^{-3}} = 83.4\ \Omega$$

❺ (a) npn 形　(b) pnp 形　①④ベース　②⑤コレクタ　③⑥エミッタ
❼ (1) V_{CE}-I_C 特性　(2) 約 1.6 mA　(3) 111

$$\text{解説} \quad (3)\ h_{FE} = \frac{I_C}{I_B} = \frac{2.0 \times 10^{-3}}{18 \times 10^{-6}} \fallingdotseq 111$$

❽ $I_C = 50\ \text{mA}$

第 2 章　増幅回路の基礎

2 節
[p.66]　**問 1**　$h_{FE} = 200$, $h_{fe} = 200$
　　　　問 2　$h_{FE} = 187$, $h_{fe} = 90$
[p.73]　**問 3**　$I_B = 15\ \mu\text{A}$, $V_{CE} = 6\ \text{V}$, $I_C = 3\ \text{mA}$,
　　　　　　$V_{CE(\text{sat})} = 0.8\ \text{V}$
[p.75]　**問 4**　$V_{om} = 0.6\ \text{V}$, $I_{im} = 10\ \mu\text{A}$
　　　　問 5　$P_i = 0.01\ \mu\text{W}$, $P_o = 0.45\ \text{mW}$,
　　　　　　$A_p = 45\,000$
　　　　問 6　(1) -0.3　(2) 1.48　(3) 1.3
[p.76]　**問 7**　60 dB
　　　　問 8　0.3 mW
[p.77]　**問 9**　12 dB
[p.81]　**問 12**　$G_v \fallingdotseq 52\ \text{dB}$, $G_i \fallingdotseq 46\ \text{dB}$, $G_p \fallingdotseq 49\ \text{dB}$,
　　　　　　$Z_i \fallingdotseq 1.5\ \text{k}\Omega$, $Z_o \fallingdotseq 3\ \text{k}\Omega$

3 節
[p.88]　**問 1**　$R_B = 270\ \text{k}\Omega$, $R_C = 1\ \text{k}\Omega$
[p.89]　**問 2**　$R_B = 432\ \text{k}\Omega$, $R_C = 4\ \text{k}\Omega$
[p.91]　**問 3**　$I_B = 10\ \mu\text{A}$, $R_A = 8\ \text{k}\Omega$, $R_B = 40\ \text{k}\Omega$,
　　　　　　$R_C = 2.25\ \text{k}\Omega$, $R_E \fallingdotseq 500\ \Omega$

4 節
[p.99]　**問 1**　①結合コンデンサ　②バイパスコンデンサ　③ 3　④低域遮断周波数
　　　　　　⑤高域遮断周波数

6 節
[p.118]　**問 1**　$C_1 \fallingdotseq 0.036\ \mu\text{F}$, $C_2 \fallingdotseq 0.077\ \mu\text{F}$,
　　　　　　$C_S \fallingdotseq 129\ \mu\text{F}$
　　　　問 2　$V_{GS} \fallingdotseq 1.49\ \text{V}$
[p.120]　**問 3**　$V_{GSP} = -0.16\ \text{V}$, $I_{DP} \fallingdotseq 8\ \text{mA}$
[p.121]　**問 4**　$V_{GS} = -0.23\ \text{V}$
　　　　問 5　$Z_i \fallingdotseq 180\ \text{k}\Omega$, $Z_o \fallingdotseq 1\ \text{k}\Omega$, $A_i \fallingdotseq 7.73$,
　　　　　　$A_v = 43$
　　　　問 6　$f_{C1} \fallingdotseq 0.88\ \text{Hz}$, $f_{C2} \fallingdotseq 0.016\ \text{Hz}$,
　　　　　　$f_{CS} = 71\ \text{Hz}$

章末問題 [p.123〜124]

❷ (1) $I_B = 16\ \mu\text{A}$　(2) $h_{FE} \fallingdotseq 156$　(3) $A_v = 160$, $A_i = 160$, $A_p = 25\,600$　(4) $v_o = 1.6\ \text{V}$

$$解説 \quad (2)\ h_{FE}=\frac{I_C}{I_B}=\frac{2.5\times10^{-3}}{16\times10^{-6}}\fallingdotseq156$$

$$(3)\ A_v=\frac{h_{fe}}{h_{ie}}R_C=\frac{160}{2\times10^3}\times2\times10^3=160$$

$$A_i=h_{fe}=160 \quad A_p=A_vA_i=25600$$

$$(4)\ v_o=A_vv_i=160\times10\times10^{-3}=1.6\ \text{V}$$

❸ 自己バイアス回路，$R_B\fallingdotseq390\ \text{k}\Omega$，$R_C\fallingdotseq2.25\ \text{k}\Omega$

$$解説 \quad I_B=\frac{I_C}{h_{FE}}=\frac{2\times10^{-3}}{200}=0.01\ \text{mA}$$

$$R_C=\frac{V_{CC}-V_{CE}}{I_B+I_C}\fallingdotseq\frac{V_{CC}/2}{I_C}=\frac{9/2}{2\times10^{-3}}=2.25\ \text{k}\Omega$$

$$R_B\fallingdotseq\frac{V_{CC}-R_CI_C-V_{BE}}{I_B}=390\ \text{k}\Omega$$

❹ $R_A=13\ \text{k}\Omega$，$R_B\fallingdotseq44.8\ \text{k}\Omega$，$R_E\fallingdotseq1\ \text{k}\Omega$

$$解説 \quad I_B=\frac{I_C}{h_{FE}}=\frac{2\times10^{-3}}{200}=10\ \mu\text{A},\ I_A=20I_B=200\ \mu\text{A}$$

$$R_A=\frac{V_E+V_{BE}}{I_A}=\frac{2+0.6}{200\times10^{-6}}=13\ \text{k}\Omega$$

$$R_B=\frac{V_{CC}-V_E-V_{BE}}{I_A+I_B}=\frac{12-2-0.6}{21\times10^{-6}}\fallingdotseq44.8\ \text{k}\Omega$$

$$R_E=\frac{V_E}{I_E}\fallingdotseq\frac{V_E}{I_C}=\frac{2}{2\times10^{-3}}=1\ \text{k}\Omega$$

❺ $V_B=1.8\ \text{V}$，$V_E=1.2\ \text{V}$，$V_C=6.6\ \text{V}$

$$解説 \quad V_B=\frac{R_A}{R_A+R_B}V_{CC}=\frac{9\times10^3}{(9+51)\times10^3}\times12=1.8\ \text{V}$$

$$V_E=V_B-V_{BE}=1.2\ \text{V},\ I_E=\frac{V_E}{R_E}=\frac{1.2}{1\times10^3}=1.2\ \text{mA}$$

$$V_C=V_{CC}-R_CI_C\fallingdotseq V_{CC}-R_CI_E=12-4.5\times10^3$$

$$\times1.2\times10^{-3}=6.6\ \text{V}$$

❻ (2) $Z_i\fallingdotseq2.21\ \text{k}\Omega$，$Z_o=800\ \Omega$　(3) $A_i\fallingdotseq88.4$，$A_v=32$　(4) $C_E\fallingdotseq318\ \mu\text{F}$

$$解説 \quad (2)\ Z_i=\frac{1}{\frac{1}{50\times10^3}+\frac{1}{10\times10^3}+\frac{1}{3\times10^3}}\fallingdotseq2.21\ \text{k}\Omega$$

$$Z_o=\frac{1}{\frac{1}{1\times10^3}+\frac{1}{4\times10^3}}=800\ \Omega$$

$$(3)\ A_i=\frac{h_{fe}}{h_{ie}}Z_i=\frac{120}{3\times10^3}\times2.21\times10^3=88.4$$

$$A_v=\frac{h_{fe}}{h_{ie}}Z_o=\frac{120}{3\times10^3}\times800=32$$

$$(4)\ C_E=\frac{h_{fe}}{2\pi f_{CL}h_{ie}}=\frac{120}{2\pi\times20\times3\times10^3}\fallingdotseq318\ \mu\text{F}$$

❼ (1) $R_2\fallingdotseq119\ \text{k}\Omega$，$R_S=300\ \Omega$，$R_D=1.35\ \text{k}\Omega$

(2) $Z_i\fallingdotseq96.1\ \Omega$，$Z_o\fallingdotseq1.35\ \text{k}\Omega$

(3) $A_i\fallingdotseq4.53$，$A_v\fallingdotseq47.3$

$$解説 \quad (1)\ R_2=\frac{R_1V_G}{V_{DD}-V_G}=\frac{R_1V_G}{V_{DD}-(V_{GS}+V_S)}\fallingdotseq119\ \text{k}\Omega$$

$$R_S=\frac{V_S}{I_D}=300\ \Omega$$

$$V_{RD}=\frac{V_{DD}-V_S}{2}=6.75\ \text{V},\ R_D=\frac{V_{RD}}{I_D}=1.35\ \text{k}\Omega$$

(2) 略

$$(3)\ A_i=\frac{R_D}{R_D+R_i}g_mZ_i\fallingdotseq4.53$$

$$A_v=Z_og_m\fallingdotseq47.3$$

❽ $R_2\fallingdotseq126\ \text{k}\Omega$，$R_D\fallingdotseq1.57\ \text{k}\Omega$，$R_S\fallingdotseq429\ \Omega$，$C_1\fallingdotseq$
$0.079\ \mu\text{F}$，$C_2\fallingdotseq0.0079\ \mu\text{F}$，$C_S\fallingdotseq186\ \mu\text{F}$，$A_v\fallingdotseq33$

$$解説 \quad \text{p.111 図 7 (a) より，}I_D=3.5\ \text{mA のとき，}V_{GS}\fallingdotseq$$
1.51 V　このとき，$V_G=V_{GS}+V_S=1.51+1.5=3.01$ V
$$R_2=\frac{R_1V_G}{V_{DD}-V_G}\fallingdotseq126\ \text{k}\Omega,\ R_S=\frac{V_S}{I_S}\fallingdotseq429\ \Omega$$

$$R_D=2\times10^3-R_S\fallingdotseq1.57\ \text{k}\Omega$$

$$Z_i=\frac{R_1R_2}{R_1+R_2}\fallingdotseq101\ \text{k}\Omega \quad \text{（以降）略}$$

第3章　いろいろな増幅回路

1節

[p.127]　問1　$A_{vf}\fallingdotseq47$

　　　　問2　$\beta=0.008$

[p.129]　問3　1.4，7.91 kΩ

　　　　問4　5

[p.132]　問5　$v_{Bi}=0.5$ V

[p.134]　問6　式(24)：71 dB，式(25)：40 dB

　　　　問7　$Z_i\fallingdotseq10.3$ kΩ

2節

[p.137]　問1　$I_B=7.2\ \mu\text{A}$，$I_C=0.72\ \text{mA}$，
　　　　　　　$V_{CE}=11.9$ V

[p.138]　問2　$A_v=-200$

[p.141]　問3　$A_{vf}=21$

　　　　問4　$R_F=200$ kΩ

[p.142]　問5　$A_{vf}=-66$

　　　　問6　$R_S=2.5$ kΩ

[p.143]　問7　$R_1=30$ kΩ

[p.144]　問8　$V_O=-8$ V

　　　　問9　$V_O=-0.5$ V

[p.145]　問10　$i_S=0.2\ \mu\text{A}$

3節

[p.151]　問1　10

　　　　問2　800 Ω

[p.155]　問3　$P_{om}\fallingdotseq101\ \text{mW}$，$I_{CP}\fallingdotseq18.3\ \text{mA}$，
　　　　　　　$P_{DC}\fallingdotseq201\ \text{mW}$，$P_C=100\ \text{mW}$，
　　　　　　　$P_{cm}\fallingdotseq201\ \text{mW}$，$\eta_m\fallingdotseq0.5$

　　　　問4　$R_S\fallingdotseq6.7\ \Omega$

　　　　問5　無信号時

問題解答　**283**

[p.157] **問 6** $2V_{CC}$

[p.161] **問 8** $\pm 7.3\,\mathrm{V}$

問 9 $I_{CP} = 0.75\,\mathrm{A}$

問 10 $0.2\,\mathrm{W}$

[p.164] **問 11** ① 100 ② 101 ③ 5 050 ④ 5 151
⑤ 5 150

4 節

[p.168] **問 1** $f_{\alpha e} \fallingdotseq 6.11\,\mathrm{MHz}$

[p.171] **問 2** $B \fallingdotseq 7.58\,\mathrm{kHz}$

問 3 $Q_0 \fallingdotseq 53.5$

[p.172] **問 4** $Q_L \fallingdotseq 28.6$

章末問題 [p.177 ~ 178]

❶ $Z_i \fallingdotseq 123\,\mathrm{k\Omega},\ Z_o \fallingdotseq 25\,\Omega$

解説 $Z_i \fallingdotseq h_{ie} + h_{fe} R_E = 3 \times 10^3 + 120 \times 1 \times 10^3 = 123\,\mathrm{k\Omega}$

$Z_o \fallingdotseq \dfrac{h_{ie}}{h_{fe}} = \dfrac{3 \times 10^3}{120} = 25\,\Omega$

❷ $A_v = -75$

解説 $A_v = -\dfrac{h_{fe} R_C}{h_{ie}} = -\dfrac{150 \times 10 \times 10^3}{20 \times 10^3} = -75$

❸ $v_o = 0.5\,\mathrm{V},\ 180°$

解説 $v_o = \left| -\dfrac{R_F}{R_S} \right| v_i = \left| -\dfrac{250 \times 10^3}{50 \times 10^3} \right| \times 100 \times 10^{-3} = 0.5\,\mathrm{V}$

❹ $v_o = -(10 v_1 + v_2)$

解説 $v_o = -\left(\dfrac{R_3}{R_1} v_1 + \dfrac{R_3}{R_2} v_2 \right)$

$= -\left(\dfrac{10 \times 10^3}{1 \times 10^3} v_1 + \dfrac{10 \times 10^3}{10 \times 10^3} v_2 \right) = -(10 v_1 + v_2)$

❺ $v_o = 120\,\mathrm{mV},\ 0°$

解説 $v_o = \left(1 + \dfrac{R_F}{R_S} \right) v_i = \left(1 + \dfrac{1.05 \times 10^6}{150 \times 10^3} \right) \times 15 \times 10^{-3}$

$= 120\,\mathrm{mV}$

❻ $n \fallingdotseq 11.2$

解説 $n = \sqrt{\dfrac{R_L}{R_S}} = \sqrt{\dfrac{1\,000}{8}} \fallingdotseq 11.2$

❼ (3) $P_{om} \fallingdotseq 14.1\,\mathrm{W}$

解説 $P_{om} = \dfrac{V_{CC}^2}{2 R_L} = \dfrac{15^2}{2 \times 8} \fallingdotseq 14.1\,\mathrm{W}$

❽ (1) $L \fallingdotseq 612\,\mathrm{\mu H}$ (2) $Q \fallingdotseq 70$

(3) $B = 6.5\,\mathrm{kHz}$ (4) $R_p \fallingdotseq 122\,\mathrm{k\Omega}$

解説 (1) $L = \dfrac{1}{(2\pi f_0)^2 C} \fallingdotseq 612\,\mathrm{\mu H}$

(2) $Q = \dfrac{2\pi f_0 L}{r} \fallingdotseq 70$

(3) $B = \dfrac{f_0}{Q} = 6.5\,\mathrm{kHz}$

(4) $R_p = \dfrac{Q}{2\pi f_0 C} \fallingdotseq 122\,\mathrm{k\Omega}$

第 4 章　発振回路

1 節

[p.184] **問 1** 位相条件，振幅条件

問 2 周波数選択回路

2 節

[p.188] **問 2** 318 kHz，269 kHz

[p.190] **問 3** $L \fallingdotseq 25\,\mathrm{\mu H}$

[p.191] **問 4** $C_v \fallingdotseq 10\,\mathrm{pF},\ f \fallingdotseq 88\,\mathrm{MHz}$

3 節

[p.194] **問 1** $f \fallingdotseq 3.39\,\mathrm{kHz}$

[p.196] **問 2** $f \fallingdotseq 13.8\,\mathrm{Hz},\ R_f \geqq 290\,\mathrm{k\Omega}$

4 節

[p.199] **問 1** 誘導性リアクタンス

[p.204] **問 4** $n = 100$

章末問題 [p.206]

❶ (1) ①ア ②③ウ，ク (2) ④⑤⑥エ，オ，コ
(3) ⑦⑧⑨ケ，キ，セ ⑩シ

❷ (1) $C \fallingdotseq 127\,\mathrm{pF}$ (2) $31.8 \sim 127\,\mathrm{pF}$

解説 (1) $C = \dfrac{1}{4\pi^2 f^2 L} \fallingdotseq 127\,\mathrm{pF}$ (2) 2 MHz の場合，

$C' = C/4 = 31.8\,\mathrm{pF}$ $31.8 \sim 127\,\mathrm{pF}$

❸ 0.496 % 低くなる

解説 $f' = \dfrac{1}{2\pi\sqrt{(1 + 0.01) LC}} = \dfrac{f}{\sqrt{1.01}} \fallingdotseq f \times 0.995\,04$

❹ 159 Hz ~ 159 kHz

解説 $f_{(100)} = \dfrac{1}{2\pi CR} \fallingdotseq 159\,\mathrm{kHz},\ f_{(100\mathrm{k})} = \dfrac{1}{10^3} f_{(100)}$

$= 159\,\mathrm{Hz}$

❺ $C \fallingdotseq 396\,\mathrm{pF}$

解説 $C = \dfrac{1}{(2\pi f)^2 (L_1 + L_2 + 2M)} \fallingdotseq 396\,\mathrm{pF}$

❾ $f_o = 40.6\,\mathrm{MHz}$

解説 $f_o = \dfrac{n}{m} f_r = \dfrac{2\,030}{512} \times 10.24 \times 10^6 = 40.6\,\mathrm{MHz}$

第 5 章　変調回路・復調回路

2 節

[p.212] **問 1** $B = 15\,\mathrm{kHz}$

[p.214] **問 2** $a = 6\,\mathrm{V}$

[p.215] **問 3** 16.7 %，5.56 %，0 %

284　問題解答

3 節

[p.222] **問 1** $m_f \fallingdotseq 1.67$, $B = 80\,\text{kHz}$, $B' = 30\,\text{kHz}$

章末問題 [p.232]

❶ $16\,\text{kHz}$

解説 信号波の最高周波数は $8\,\text{kHz}$ なので，占有周波数帯域幅は，$2 \times 8 \times 10^3 = 16\,\text{kHz}$

❷ $40\,\%$ の場合：$P_c \fallingdotseq 463\,\text{W}$, $P_U = P_L \fallingdotseq 18.5\,\text{W}$
$60\,\%$ の場合：$P_c \fallingdotseq 424\,\text{W}$, $P_U = P_L \fallingdotseq 38.2\,\text{W}$

解説 （$40\,\%$ の場合）：$P_c = \dfrac{P_T}{1 + \dfrac{m^2}{2}} = \dfrac{500}{1 + \dfrac{0.4^2}{2}} \fallingdotseq 463\,\text{W}$

$P_U = P_L = \dfrac{m^2}{4} P_c = \dfrac{0.4^2}{4} \times 463 \fallingdotseq 18.5\,\text{W}$

❹ (1) 最大振幅 $1.4\,\text{V}$, 最小振幅 $0.6\,\text{V}$　(2) $7.4\,\%$

解説 (1) $a = (1 + m)V_{cm} = (1 + 0.4) \times 1 = 1.4\,\text{V}$,
$b = (1 - m)V_{cm} = (1 - 0.4) \times 1 = 0.6\,\text{V}$

(2) $P_U = P_L = \dfrac{m^2}{4} P_c = \dfrac{0.4^2}{4} P_c = 0.04 P_c$

$P_T = P_c\left(1 + \dfrac{m^2}{2}\right) = P_c\left(1 + \dfrac{0.4^2}{2}\right) = 1.08 P_c$

$\dfrac{2P_U}{P_T} \times 100 = \dfrac{2 \times 0.04 P_c}{1.08 P_c} \times 100 = 7.4\,\%$

❺ $130\,\text{kHz}$

解説 $B = 2(\Delta f_p + f_s) = 2 \times (50 + 15) \times 10^3 = 130\,\text{kHz}$

❼ $1\,000\,\text{kHz}$, $7\,\text{kHz}$, $14\,\text{kHz}$

解説 信号波：$(1\,007 - 1\,000) \times 10^3 = 7\,\text{kHz}$,
占有周波数帯域幅：$2 \times 7 \times 10^3 = 14\,\text{kHz}$

❽ (1) 振幅変調　(2) 周波数変調　(3) $6\,\text{kHz}$
(4) $120\,\text{kHz}$

解説 (3) $B = 2f_s = 2 \times 3\,000 = 6\,\text{kHz}$
(4) $B = 2(\Delta f_p + f_s) = 2 \times (50 + 10) \times 10^3 = 120\,\text{kHz}$

第 6 章　パルス回路

1 節

[p.235] **問 1** $f = 2.5\,\text{kHz}$, $D = 0.01$
[p.236] **問 2** $v_R \fallingdotseq 7.17\,\text{V}$
[p.237] **問 3** $v_C \fallingdotseq 4.51\,\text{V}$

2 節

[p.241] **問 1** $T_1 = T_2 \fallingdotseq 32.4\,\mu\text{s}$, $T = 64.8\,\mu\text{s}$,
$f \fallingdotseq 15.4\,\text{kHz}$, $D = 0.5$
問 2 $1.94\,\text{k}\Omega$
[p.244] **問 3** $f \fallingdotseq 2.27\,\text{kHz}$
[p.247] **問 4** $R \fallingdotseq 14.5\,\text{k}\Omega$

章末問題 [p.255 ～ 256]

❶ ①オ　②イ　③カ　④ウ　⑤ア

❷ $T = 0.2\,\text{ms}$, $D = 0.025$

解説 $T = \dfrac{1}{f} = \dfrac{1}{50 \times 10^3} = 0.2\,\text{ms}$

$D = \dfrac{w}{T} = \dfrac{5 \times 10^{-6}}{0.2 \times 10^{-3}} = 0.025$

❸ ①エ　②ウ　③イ

❹ $\tau = 1\,\text{ms}$

解説 $\tau = CR = 20 \times 10^{-6} \times 50 = 1\,\text{ms}$

❺ $w \fallingdotseq 4.86\,\text{ms}$

解説 $w \fallingdotseq 0.69 RC = 0.69 \times 15 \times 10^3 \times 0.47 \times 10^{-6}$
$= 4.86\,\text{ms}$

第 7 章　電源回路

1 節

[p.260] **問 1** (1) $n = 20$　(2) $I_1 = 0.05\,\text{A}$
(3) $R_L = 5\,\Omega$

問 2 (1) $n = 2$　(2) $V_2 = 50\,\text{V}$　(3) $I_2 = 0.6\,\text{A}$
(4) $P = 30\,\text{W}$　(5) $R_L \fallingdotseq 83.3\,\Omega$

[p.264] **問 3** $28.3\,\text{V}$

問 4 ①と③が a，②と④が b

[p.265] **問 5** $50\,\%$

問 6 (1) $11.1\,\%$　(2) $7.14\,\%$

[p.266] **問 7** $\gamma \fallingdotseq 0.694\,\%$, $10\,\text{ms}$, $100\,\text{Hz}$

問 8 $\gamma \fallingdotseq 6.43\,\%$

問 9 (1) $\eta = 75\,\%$　(2) $\eta = 80\,\%$

章末問題 [p.279]

❶ $100\,\text{W}$

解説 $R_L = \dfrac{V^2}{P} = \dfrac{100^2}{400} = 25\,\Omega$, $P' = \dfrac{V'^2}{R_L} = \dfrac{50^2}{25} = 100\,\text{W}$

❷ $16\,\text{W}$

解説 $P = \dfrac{V'^2}{R_L} = \dfrac{(2V)^2}{R_L} = 4\dfrac{V^2}{R_L} = 4 \times 4 = 16\,\text{W}$

❹ 出力電圧 $-12\,\text{V}$, 最大出力電流 $1\,\text{A}$

❺ $6\,\text{A}$

解説 $P_i = 100 \times 1 = 100\,\text{W}$, $P_o = 5I$
$\eta = \dfrac{P_o}{P_i} \times 100 = \dfrac{5I}{100} \times 100 = 30$ より，$I = 6\,\text{A}$

❻ (1) ①ケ　②シ　(2) ③カ　④サ　⑤エ
(3) ⑥ウ　⑦ア　⑧イ　⑨キ　(4) ⑩オ　⑪ス
(5) ⑫ク　⑬コ

問題解答　**285**

索引

あ 行

あ アクセプタ……………… 15
圧電現象……………… 197
圧電効果……………… 197
アナログIC……………… 56
アナログ変調……………… 209
アノード……………… 19, 22
安定化回路……………… 258
安定抵抗……………… 90
安定度……………… 85
い 位相条件……………… 183
位相同期ループ……………… 202
位相偏移変調……………… 228
位相変調……………… 210, 227
位相補償コンデンサ……………… 145
イマジナリショート……………… 141
インピーダンス整合… 83, 172
う ウィーンブリッジ形発振回路
……………… 193
え エピタキシャル技術……………… 51
エミッタ……………… 35
エミッタ接地……………… 35
エミッタ接地遮断周波数
……………… 167
エミッタ接地増幅回路… 69
エミッタホロワ……………… 130
演算増幅器……………… 56, 139
エンハンスメント形……………… 41
お オフ状態……………… 38, 46
オペアンプ……………… 139
オン状態……………… 38, 46
音声増幅器……………… 63

か 行

か 拡散……………… 16
拡散電流……………… 16
拡散容量……………… 98
加算回路……………… 143
仮想短絡……………… 141
カソード……………… 19, 22
下側波……………… 212
価電子……………… 11
過変調……………… 213
可変容量ダイオード……………… 27
緩衝増幅器……………… 132
き 帰還……………… 126
帰還率……………… 126
帰還量……………… 127
基本増幅回路……………… 69
逆相増幅回路……………… 141

逆電圧……………… 20
逆電流……………… 20
逆方向電圧……………… 20
逆方向電流……………… 20
キャリヤ……………… 14
キャリヤの再結合……………… 17
キャリヤの発生……………… 14
共振回路……………… 165
狭帯域増幅回路……………… 165
共有結合……………… 12
く 空乏層……………… 18
クラップ発振回路……………… 190
クランプ……………… 251
クリッパ……………… 249
クロスオーバひずみ…… 157
クワッドラチャ検波回路
……………… 224
け ゲート……………… 41
ゲート接地増幅回路…… 110
結合コンデンサ……………… 92
検波……………… 208
こ 降圧型チョッパ……………… 272
高域……………… 95
高域遮断周波数……………… 95
高域通過フィルタ……………… 173
高域フィルタ……………… 173
高輝度発光ダイオード…… 30
高周波増幅器……………… 64
高周波変成器……………… 165
広帯域増幅回路……………… 165
光導電性セル……………… 50
降伏現象……………… 21
降伏電圧……………… 21
交流等価回路……………… 93
交流負荷線……………… 152
固定バイアス回路……………… 87
コルピッツ発振回路…… 188
コレクタ……………… 35
コレクタ・エミッタ間飽和電
圧……………… 72
コレクタ出力容量……… 98, 167
コレクタ接地増幅回路 69, 83
コレクタ損失……………… 38
コレクタバイアス電圧…… 72
コレクタバイアス電流…… 72
コレクタ変調回路……………… 215
コンデンサ平滑回路……………… 263
コンプリメンタリ……………… 157

さ 行

さ サーミスタ……………… 50

最大周波数偏移……………… 220
最大定格……………… 26, 38
最適負荷……………… 152
サイリスタ……………… 49
雑音余裕……………… 55
三角波……………… 149, 274
し しきい値電圧……………… 45, 108
自己バイアス回路……………… 88
時定数……………… 235
遮断周波数……………… 173
遮断状態……………… 38
集積化……………… 47
集積回路……………… 51
自由電子……………… 12
周波数シンセサイザ……………… 204
周波数スペクトル… 212, 221
周波数選択回路……………… 183
周波数偏移……………… 220
周波数偏移変調……………… 228
周波数変調……………… 209, 220
周波数変調波……………… 220
主増幅器……………… 63
出力アドミタンス……………… 78
出力インピーダンス……………… 79
シュミットトリガ回路…… 252
順電圧……………… 20
順電流……………… 20
順方向電圧……………… 20
順方向電流……………… 20
昇圧型チョッパ……………… 272
衝撃係数……………… 235
小信号増幅器……………… 62
小信号電流増幅率…… 65, 77
少数キャリヤ……………… 16
上側波……………… 212
蒸着……………… 52
ショットキー接合……………… 18
ショットキー接合ダイオード
……………… 22
シンク電流……………… 55
信号波……………… 208
真性半導体……………… 14
振幅……………… 7, 208
振幅条件……………… 183
振幅偏移変調……………… 228
振幅変調……………… 209
振幅変調回路……………… 215
振幅変調波……………… 211
真理値表……………… 243
す 吸い込み電流……………… 55
水晶振動子……………… 197
水晶発振回路……………… 197
スイッチング作用… 38, 46
スイッチング制御……………… 271
スイッチング制御電源回路
……………… 271
スイッチング素子……………… 272

スイッチングレギュレータ方
式……………… 271
スーパヘテロダイン方式… 173
スライサ……………… 250
スレッショルドレベル… 243
スロープ検波……………… 223
せ 正帰還……………… 126
正クランプ……………… 251
正孔……………… 13
正相増幅回路……………… 140
静特性……………… 35
整流回路……………… 258, 260
整流効率……………… 266
整流作用……………… 20, 22
積分回路……………… 237
絶縁体……………… 10
接合形FET……………… 41, 42
接合面……………… 17
接合容量……………… 27, 98
セット状態……………… 247
センタタップ全波整流回路
……………… 262
前置増幅器……………… 63
占有周波数帯域幅… 212, 221
専用IC……………… 56
そ 双安定マルチバイブレータ
……………… 247
相互コンダクタンス……………… 43
増幅……………… 36, 62
増幅器……………… 62
相補形……………… 54, 157
ソース……………… 41
ソース接地増幅回路…… 110
ソース電流……………… 56

た 行

た ダーリントン接続……………… 162
ターンオフ……………… 49
ターンオン……………… 49
帯域通過フィルタ……………… 173
帯域幅……………… 95, 169
帯域フィルタ……………… 173
大信号増幅器……………… 62
タイムチャート……………… 247
多数キャリヤ……………… 16
多段増幅回路……………… 76
単安定マルチバイブレータ
……………… 246
ち チップ……………… 53
チャタリング……………… 253
チャネル……………… 42
中域……………… 95
中間周波増幅回路……………… 173
中間周波変成器……………… 173
中心周波数……………… 220
注入キャリヤ……………… 17
直線検波……………… 218
直流増幅器……………… 63

直流電流増幅率………37, 65
直流負荷線………72
直列制御安定化回路………267
直列制御電源回路………267
直交復調………228
チョピング………271
つ ツェナーダイオード………28
ツェナー電圧………28
て 低域………95
低域遮断周波数………95
低域通過フィルタ………173
低域フィルタ………173
ディジタル IC………56
ディジタル変調………209, 228
低周波増幅器………63
定電圧ダイオード………28
テブナンの等価電圧源………280
デプレション形………41
デューティ比………235
電圧帰還バイアス回路………89
電圧帰還率………78
電圧制御形………41
電圧制御発振器………191
電圧増幅度………74, 127
電圧変動率………265
電圧利得………75
電源回路………258
電源効率………154
電子殻………11
点接触ダイオード………27
電流帰還バイアス回路………89
電流制御形………41
電流増幅度………74
電流-電圧信号変換回路………145
電流利得………75
電力効率………154
電力増幅器………62
電力増幅度………74
電力利得………75
と トゥエルブナインの純度………14
等価回路………79
動作点………72
動作量………155
同相増幅回路………140
導体………10
同調回路………165, 168
同調周波数………165
ドナー………15
トランジション周波数………167
トランジスタ………34
ドリフト………16, 135
ドリフト電流………16
ドレーン………41
ドレーン接地増幅回路………110

な 行
に 入力インピーダンス………78
ね 熱暴走………85

は 行
は ハートレー発振回路………187
バイアス………67
バイアス回路………92
バイアス電圧………71
バイアス電流………71
バイパスコンデンサ………92
ハイブリッド IC………53
バイポーラ IC………54
バイポーラトランジスタ………34
ハウリング現象………181
吐き出し電流………56
発光ダイオード………30
発振回路………180
バッファ回路………252
バラクタダイオード………27
バリキャップ………27
パルス………234
パルス位相変調………230
パルス位置変調………230
パルス振幅変調………230
パルス幅変調………230
パルス符号変調………230
パルス変調………209, 230
反結合発振回路………185
搬送波………208
反転増幅回路………141
半導体………10
半波整流回路………260
汎用 IC………56
ひ ピアス BE 発振回路………199
ピアス CB 発振回路………199
非安定マルチバイブレータ………238, 243
ピーククリッパ………249
ヒートシンク………147
比較回路………144
比較器………145
光起電力………32
光ディスク………32
ヒステリシス………252
非反転増幅回路………140
微分回路………236
微分抵抗………21
ピンチオフ電圧………42, 108
ふ フィルタ………172
フォトダイオード………32
フォトトランジスタ………49
負荷 Q………172
負荷線………72
負荷抵抗………93
不感領域………21
負帰還………126
負帰還増幅回路………126
復調………208
負クランプ………251
不純物半導体………14

フライホイールダイオード………273
ブリーダ抵抗………89
ブリーダ電流………90
ブリッジ全波整流回路………261
フリップフロップ………247
プルイン過程………203
フルカラー発光ダイオード………30
プレーナ構造………52
フレーム接続………69
分周器………204
分布容量………98
へ 平滑回路………258, 263
ベース………35
ベースクリッパ………249
ベース接地増幅回路………69
ベース変調回路………215
変圧回路………258, 259
変成器結合電力増幅回路………150
変調………208
変調指数………221
変調度………212
変調波………208
変調率………213
ほ 方形パルス………234
鳳・テブナンの定理………131, 280
放熱器………147
包絡線………211
飽和状態………38
飽和領域………43
ホール素子………50
保持状態………247
ホトエッチング………52
ボルテージホロワ………145

ま 行
み 脈動電流………263
ミラー効果………98
む 無負荷 Q………170
め メモリ………57
も モノリシック IC………53

や 行
ゆ 誘導放出………32
ユニポーラトランジスタ………34

ら 行
り リセット状態………247
理想演算増幅器………139
理想電圧源………79
理想電流源………79
利得………75
リニア IC………56
リプル………265
リプル百分率………265

リミタ………250
る ループゲイン………127
れ レーザダイオード………31
ろ ロックイン過程………203

英数字
AM 波………209
ASIC………57
ASK………228
A 級シングル電力増幅回路………150
B 級電力増幅回路………149
B 級プッシュプル電力増幅回路………149, 157
CMOS IC………54
CPU………57
CR 移相形発振回路………194
CR 発振回路………193
C 級電力増幅回路………149
D 級電力増幅回路………149
D フリップフロップ………248
FF………247
FM 波………209
FPGA………57
FSK………228
h パラメータ………77
IC………51
JK フリップフロップ………248
LC 発振回路………185
LED………30
LED 電球………277
MOS FET………41, 44
MOS IC………54
NAND 回路………246
NOT 回路………55, 243
npn 形トランジスタ………34
n 形半導体………14
n チャネル………41
OTL 方式………157
pin ダイオード………29
PLL………202
PM 波………210
pnp 形トランジスタ………34
pn 接合………17
PSK………228
p 形半導体………15
p チャネル………41
RS フリップフロップ………248
SBD………22
SEPP-OTL 回路………157
SEPP 電力増幅回路………157
T フリップフロップ………248
VCO………191
1 電源方式………86
2 電源方式………86
3 端子レギュレータ………268

●本書の関連データが web サイトからダウンロードできます。

https://www.jikkyo.co.jp で

「新訂電子回路概論」を検索してください。

■監修

東京工業大学名誉教授
髙木茂孝（たかぎしげたか）

国立明石工業高等専門学校名誉教授
神戸女子短期大学教授
堀桂太郎（ほりけいたろう）

■協力

鈴木憲次（すずきけんじ）

■編修

幸田憲明（こうだのりあき）

佐藤幸一（さとうこういち）

髙田直人（たかだなおと）

田中伸幸（たなかのぶゆき）

都築正孝（つづきまさたか）

吉田元直（よしだもとなお）

実教出版株式会社

写真提供・協力――キオクシアホールディングス㈱
キーサイト・テクノロジー㈴　京セラドキュメントソリューションズ㈱　AMD　㈱ニコン
Intel Corporation

表紙デザイン――難波邦夫
本文基本デザイン――DESIGN＋SLIM　松利江子

First Stage シリーズ
新訂電子回路概論

2024 年 9 月 20 日　初版第 1 刷発行

©著作者　髙木茂孝　堀桂太郎
ほか 7 名（別記）

●発行者　小田良次

●印刷者　株式会社太洋社

●発行所　実教出版株式会社
〒102-8377　東京都千代田区五番町 5
電話〈営業〉(03)3238-7765
〈企画開発〉(03)3238-7751
〈総務〉(03)3238-7700
https://www.jikkyo.co.jp

無断複写・転載を禁ず

© S. Takagi,　K. Hori

ISBN978-4-407-36471-2

おもな電気用図記号

名　称	図記号	摘　要
直　流		
交　流		計器の場合 Ⓐ　Ⓥ
導線の分岐・交わり（接続する場合）	(a)　(b)	(b) は　とも表す。
導線の交わり（接続しない場合）		
端　子	○	
接　地		
フレーム接続		誤りを生じるおそれのない場合は，斜線を省略することができる。
抵抗器		
可変抵抗器		
しゅう動接点付抵抗器		
半固定抵抗器		
インダクタ，巻線，コイル		
相互インダクタンスまたは変圧器（変成器）		磁心入り　とくに磁心入りであることを示す必要がある場合。
1次電池2次電池		長線が陽極（＋）を表し，短線が陰極（－）を表している。
交流電源		

名　称	図記号	摘　要
指示計器	(*)	アスタリスクは，種類を表す文字または図記号に置き換える。A, V, W など。
ヒューズ		
コンデンサ		
スイッチ（メーク接点）		
半導体ダイオード		
発光ダイオード（LED）		
フォトダイオード		
pnp 形トランジスタ		
npn 形トランジスタ		● は，コレクタが外囲器に接続されていることを示す。
フォトトランジスタ（pnp 形）		
接合形 FET（nチャネル）		
接合形 FET（pチャネル）		
MOS　FET（デプレション形）	nチャネル　pチャネル	
MOS　FET（エンハンスメント形）	nチャネル　pチャネル	
増幅器	(a)　(b)	三角形は，伝送方向に向ける。

❹見返し

オシロスコープによる波形測定

オシロスコープは，電気信号の波形を見ることができる測定器で，実際に製作した電子回路に生じる電圧の波形を観測することができる。以下に，小信号増幅回路と振幅変調波の復調回路を左写真のようなディジタルオシロスコープで観測した波形を示す。測定にあたっては，測定するチャネルごとに，水平方向1目盛（DIV：division）の時間や垂直方向1目盛（DIV）の電圧の大きさなどを調整し，見やすい波形を表示する。なお，ディジタルオシロスコープでは，電圧値などが波形とは別に数値でも表示できる。

トランジスタによる小信号増幅回路（固定バイアス回路）の測定

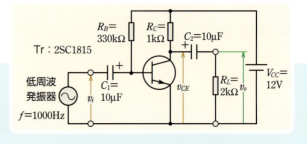

CH1（上）とCH2（下）でほとんど同じ大きさの波形に見えますが，垂直方向1目盛の電圧の大きさが異なっていることに注意してください。

v_o は v_i の約150倍の大きさで，位相が180°（π [rad]）ずれていることがわかります。

v_{CE} は，約6Vのバイアス電圧が加わっていて，C_2 によって直流分がカットされて，v_o の波形になっています。

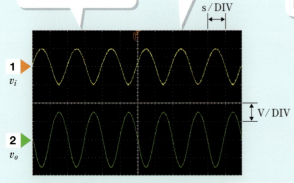

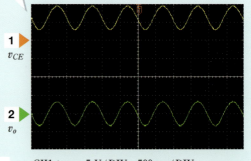

▶ 各チャネルの基準（0V）位置

CH1：v_i　20 mV/DIV　500 µs/DIV
CH2：v_o　2 V/DIV　500 µs/DIV

CH1：v_{CE}　5 V/DIV　500 µs/DIV
CH2：v_o　5 V/DIV　500 µs/DIV

振幅変調波の復調回路の測定

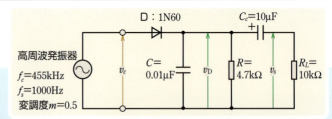

v_D は，コンデンサ C がないときの波形で，v_c の負の半分がなくなります。

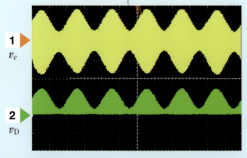

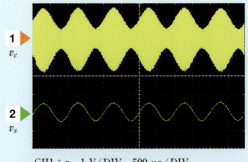

CH1：v_c　1 V/DIV　500 µs/DIV
CH2：v_D　1 V/DIV　500 µs/DIV

CH1：v_c　1 V/DIV　500 µs/DIV
CH2：v_s　1 V/DIV　500 µs/DIV